高等学校通用教材

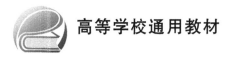

机械系统动力学与振动学基础

杨毅青　高瀚君　编著

北京航空航天大学出版社

内容简介

以动力学为核心的动态设计方法经历多年发展，目前已贯穿于高速器械的设计、制造、运行全生命流程。本书从振动系统特性分析与结构响应求解两个方面出发，对机械刚体动力学和机械振动的一般理论及其在工程中的应用进行介绍，包括机械刚体动力学，弹性体动力学中的单自由度、多自由度与连续系统振动理论，以及模态测试与分析等内容。

本书旨在使高年级本科生掌握机械刚体动力学及弹性体动力学的基本概念和理论，具备机械系统动态分析的思想，了解振动理论的工程应用。本书也可用于研究生课程的教学，还可供学术同行从事科学研究时参考。

图书在版编目(CIP)数据

机械系统动力学与振动学基础 / 杨毅青，高瀚君编著. -- 北京 ：北京航空航天大学出版社，2023.1(2024.1)

ISBN 978-7-5124-4017-3

Ⅰ. ①机… Ⅱ. ①杨… ②高… Ⅲ. ①机械动力学－高等学校－教材 Ⅳ. ①TH113

中国国家版本馆 CIP 数据核字(2023)第 005648 号

机械系统动力学与振动学基础
杨毅青　高瀚君　编著
策划编辑　蔡　喆　　责任编辑　龚　雪　陈守平
*
北京航空航天大学出版社出版发行
北京市海淀区学院路 37 号(邮编 100191)　http://www.buaapress.com.cn
发行部电话：(010)82317024　传真：(010)82328026
读者信箱：goodtextbook@126.com　邮购电话：(010)82316936
北京富资园科技发展有限公司印装　各地书店经销
*
开本：787×1 092　1/16　印张：11.25　字数：288 千字
2023 年 1 月第 1 版　2024 年 1 月第 2 次印刷　印数：1 001-1 500 册
ISBN 978-7-5124-4017-3　定价：39.00 元

前　言

随着科学技术的进步，机械设备不断向高速化、大型化、信息化方向发展，其中，高速化是现代机械产品最为突出的特征之一。随着设备运转速度的提高，以往只做简单静力学校核的方法已无法满足设计要求，故需要研究机械系统动力学特性并根据结构的动态特性进行产品设计。因此，现代工程技术人员应当了解和掌握机械系统动力学和振动学基础相关的理论和方法。

机械系统动力学与振动学基础是机械、动力、航空航天和土木建筑等专业必修或选修的一门重要课程。机械系统动力学是研究机械系统在运行过程中受外力作用时系统运动状态的一门学科，是机械科学的一个重要分支。机械系统在其平衡位置附近做往复运动称为机械振动。机械振动理论是最早的机械动力学理论。近年来，检测、计算和设计方法得到飞速发展，使得机械振动理论得到广泛应用。

本书结合编者多年研究成果，历时数年，在多年本科与研究生教学的基础上编写而成，共分 6 章。第 1 章介绍机械刚体动力学，主要包括机构的平衡措施、刚性回转体的平衡设计以及平面机构的平衡等。第 2 章介绍单自由度机械系统的振动，主要包括振动微分方程的建立、系统固有频率、等效系统的质量和刚度计算以及外界激励下系统的响应求解等。第 3 章介绍两自由度系统振动微分方程的建立，模态坐标求解的方法以及单自由度动力吸振器的工程应用。第 4 章介绍多自由度机械振动系统的建模及求解、系统特性分析以及系统受迫振动响应的计算。第 5 章针对连续体系统的振动进行介绍，对三种常见的弹性体（杆、轴和梁）振动进行讨论，并给出系统响应的求解方法。第 6 章对模态测试与分析作简要概述，包括模态分析技术的理论和方法，以及模态分析技术在数控机床动态特性测试与分析中的应用。此外，各章均配有一定量的例题和习题，供读者学习、思考。

本书经北京航空航天大学张以都教授悉心审阅。张老师从事本课程教学十余年，对本书出版提供了大量支持及教学案例。编者在此表示衷心的感谢。编者及研究团队长期开展机械系统动力学及相关研究，书中部分案例来自科研实践，包括编者的博士学位论文研究、王云飞的减振铣刀研究、代巍的两自由度吸振器研究等。此外，本书编写过程中得到研究生申睿、陈培豪、杨国庆、李龙鹏、袁昊、周乐、喻晨等的协助，陈培豪对本书进行了统稿，马文硕对全书进行了校核，在此一并表示感谢。

由于编者水平有限，书中难免出现错误、不妥之处，恳请广大读者批评指正。

编　者

2023 年 1 月

目　　录

绪 论

现代化的工业、交通、生活，使人们对机械产品的性能提出了更高的要求。其中，高速化是现代机械产品最为突出的特征之一。随着机械运行速度的提高，分析机械运行精度、可靠性的方法从静力学、动态静力学，逐渐发展到动力学、弹性动力学，对不同运行状况下的机械系统构建的物理模型越来越精确。例如，随着机床转速上限的提高，工程师们发现转速与颤振的发生有着密不可分的关系，这推动了机床系统动力学的发展，使刀具在不同转速下的动力学响应特性得到了较为充分的研究。

机械系统动力学是研究机械在运行过程中受外力作用时，系统运动状态的一门学科。动力即表示系统所受的力是随时间变化的，相比于静力学，其运动方程多出了惯性项和时间变量，相对而言，动力学问题在数学求解上要困难得多。在动力学分析中，机械或结构在其平衡位置附近的往复运动称为振动。近代以来，人们在制造动力机械、建造桥梁等工程实践中遇到大量灾害性振动现象及由此产生的噪声、疲劳问题，吸引众多的力学家和工程师致力于工程振动问题的研究。随着现代技术的发展，高速、高效、高精度、重载的机械装备大量运用于国防、国民经济行业，这些装备的设计及运用离不开系统动力学与振动学基础理论的研究。

0.1 机械动力学及其发展简史

0.1.1 机械动力学在力学体系中的位置

动力学是力学的分支学科，研究作用于物体上的力与物体运动之间的关系。

力学是一个庞大的体系，主要分为经典力学和量子力学。经典力学是力学的一个传统的、重要的分支，是以牛顿运动定律为基础、在宏观世界和低速状态下研究物质机械运动规律的科学。而量子力学则研究的是微观世界粒子和高速状态下物体的运动规律。量子力学认为微观粒子或高速物体的行为不能用时、空的确定函数来表达，故是非经典的。

在经典力学中，按照研究对象的构成属性可将其分为：固体力学，如材料力学、结构力学、弹性力学、塑性力学、断裂力学等；流体力学，如水力学、空气动力学、气体动力学、多相流体力学、渗流力学、非牛顿流体力学等；一般力学，如理论力学（狭义）、分析力学、外弹道学、振动理论、刚体动力学、陀螺力学、运动稳定性等。按照研究对象的运动属性，经典力学包括运动学（研究物体的运动规律，位移、轨迹、速度和加速度等，一般不涉及受力关系）、静力学（研究静止物体或匀速运动物体的力平衡问题）、动力学（针对运动速度远小于光速的宏观物体，研究其作用力与物体运动之间的关系）。

可见，机械动力学属于经典力学中的一般力学与动力学范畴，其研究对象为运动速度远小于光速的宏观物体。而原子和亚原子粒子的动力学研究则属于量子力学，近光速的高速运动物体研究则属于相对论力学。

通常情况下，为便于求解机械动力学中的问题，必须对实际机械系统进行简化和分类。根据是否考虑零部件的弹性变形，机械动力学可分为刚体动力学和弹性体动力学；根据是否考虑零部件的弹性和质量分布，机械动力学可分为离散体动力学和连续体动力学。此外，根据研究对象应用行业或领域的不同，机械动力学又可分为机床动力学、车辆动力学、转子动力学、机器人动力学、机构动力学、航天飞行器动力学、航空飞行器动力学、武器系统动力学等。动力学是物理学和天文学的基础，也是经济学科、管理学科和其他许多工程学科的基础。

0.1.2 机械动力学发展简史

机械动力学研究机械在力的作用下的运动以及机械在运动中产生的力，并从力与运动相互作用的角度进行机械的设计和改进，是机械科学的一个重要分支。

人类使用机械已有几千年的历史。在古代，机械大多以人力、畜力和水力作为动力，结构简单且构件的运转速度低，此时人们对动力学问题的研究尚未深入。从动力学角度考虑机器的设计和使用，对其进行定性和定量的研究，并逐步形成相应的理论体系，是从经典力学的诞生开始的。

17 世纪下半叶，牛顿的《自然哲学的数学原理》出版，标志着经典力学的诞生，开辟了科学发展的新时代，为机械动力学的发展奠定了坚实的理论基础。该书为经典力学规定了一套基本概念，提出了力学的三大定律和万有引力定律，从而使经典力学成为一个完整的理论体系。书中所建立的经典力学的理论体系成了近代科学的标尺。

1769 年，瓦特在历经一系列有关蒸汽机的试验之后，最终制成了一台效率较高的样机。动力的变革导致了第一次工业革命，催生了各类机械的发明，如：织布机、蒸汽机车以及各类加工机床等。第二次工业革命中，电动机、发电机与汽轮机等陆续出现。机械的大量使用和不断发明也向科学理论研究提出了新的问题。对机器的分析首先是运动分析，这样就推动了机构学学科，首先是机构结构学和机构运动学的建立。此后随着机械的高速化、轻量化、精密化和自动化(特别是高速化)，先后提出了力分析、振动分析、隔振、减振、平衡等需求，要求从理论上给予分析，在实践中给予解决。在这种背景下，到 20 世纪上半叶，线性振动理论基本建立起来，机械动力学的若干分支也有一定程度的发展。它们是后来形成的机械动力学体系的基础。

20 世纪 40 年代以后，机械动力学逐步发展为一个内容丰富的综合学科。一方面，高速运载工具、大型动力机械、机器人等先进机械的研制以及航空航天事业的发展不断提出各种动力学问题，推动着机械动力学的发展。另一方面，相关科技领域的全面进步也反映到机械动力学的发展中，将机械动力学提升到一个全新的水平，呈现出全新的面貌。

从研究对象上看，机械动力学发展出机构动力学、机械传动动力学、转子动力学、机器人动力学、车辆动力学、机床动力学等分支领域。机械动力学在横向的发展体现出的动力学理论与机械工程实践日益广泛和紧密的联系，是机械动力学中直接付诸应用的部分。

从研究内容和研究方法上看，今天的广义机械动力学已发展为包括动力学建模、动力学分析、动力学仿真、动力学设计、减振与动力学控制，以及状态监测和故障诊断等一系列领域的内容丰富的综合学科；从单质点、单刚体、多刚体的研究发展到多弹性体系统、多柔体系统的研究。微积分和变分法等数学工具为振动微分方程的定性分析和求解做出了巨大贡献。随着计算机科学技术的发展，各种复杂的微分方程，包括代数微分方程、刚性微分方程的数值方法也得到迅速发展。此外，图论等数学工具也被应用到动力学分析中来。

0.2　机械振动及研究概况

0.2.1　常见机械振动问题

机械振动是一种随处可见的物理现象，其种类繁多，形式各异。公元前6世纪，古希腊的数学家、哲学家毕达哥拉斯通过实验观测了弦线振动的声音与弦线长度、直径和张力的关系。我国战国时期（公元前300年左右）的《庄子·杂篇·徐无鬼第二十四》中记载了共振现象（“……，于是乎为之调瑟，废一于堂，废一于室，鼓宫宫动，鼓角角动，音律同矣。”）。在现代，振动现象有行驶中的车辆由于路面的颠簸不平而发生振动、加工时机床和刀具的振动以及机械钟表中摆的振动等。对于有害的振动，人类与其展开了百折不挠的斗争，以减少和消除它带来的危害；另一方面，人类总是设法利用那些有用的振动，使它能够更好地为人类服务，造福人类。

在很多情况下，振动是有害的。在动力机械、桥梁建造等工程领域存在着大量灾害性振动及由其产生的噪声、疲劳等问题。机器的振动使零部件产生附加动载荷，从而降低其精度，缩短其使用寿命，当振动超出容许范围后，甚至会影响周围仪器的正常使用。切削加工中刀具和工件的振动会造成产品质量下降，严重时甚至会对刀具结构造成破坏；一些重型机械设备屡屡因为振动而发生重大事故，造成工作人员的安全问题以及巨大的经济损失等。针对有害振动的控制，技术手段主要包括被动控制和基于反馈控制原理的主动/半主动控制，其中被动控制具有结构简单、易于维护且造价较低的优点；主动/半主动控制适应性强，能够实现宽频带抑制。两者在工程中均有广泛应用。

此外，合理巧妙地利用振动还能够造福人类，改善人类的生活环境与条件，科研人员对于如何利用振动进行了深入研究。在医疗方面，利用超声波能够诊断、治疗疾病；在土木建设工程中，利用振动进行沉桩、拔桩、夯土以及混凝灌注时的振动捣实等；在电子和通信工程方面，录音机、电视机、收音机、程控电话等诸多电子元件以及电子计时装置和通信设备使用的谐振器等都是由于振动才能有效工作；在工程地质方面，利用超声波进行检测、地质勘探、油水混合以及油水分离；在石油开采上，还可利用弹性波来提高石油产量；在海洋工程方面，海浪波动的能量可以用来发电；在结构无损检测方面，还可使用超声波及波动信息来诊断缺陷的存在。

从上面的例子中不难看出，振动对人类的生活和生产十分重要。这些问题的研究和解决将会极大地促进工农业生产和科学技术的发展。

0.2.2　机械振动的研究概况及其发展

机械振动理论是最早发展起来的机械动力学理论。

现代物理科学的奠基人伽利略对振动问题进行了开创性的研究，计算了单摆的周期。在17世纪，英国的虎克于1678年发表的弹性定律和牛顿于1687年发表的运动定律均为机械振动学的发展奠定了极其重要的物理基础。在18世纪，线性振动理论逐渐发展和成熟。瑞士的欧拉于1728年求解了阻尼单摆的运动微分方程，并于1739年研究了无阻尼简谐受迫振动，从理论上解释了共振现象。1762年，法国的拉格朗日建立了离散系统振动的一般理论。欧拉于1744年、伯努利于1751年研究了梁的横向振动，推导了梁的频率方程和模态函数。1802年，德国的开拉尼研究了杆的轴向和扭转振动。19 世纪后期，随着航海运输和动力机械的发展，机械振动学的工程应用得到重视，人们提出了各种近似计算方法，并开始关注非线性振动问题，解决轴系扭振问题的 Holzer 法于 1921 年提出，解决轴系横向振动问题的 Stodla 法于 1924 年提出。1965 年，库利和图基提出了快速傅里叶变换(FFT)算法，使随机振动的应用越来越广泛。计算固有频率和振型的子空间迭代法和计算系统响应的 Wilson - θ 法也在 1971 年和 1972 年相继问世。近年来，检测方法、计算方法、设计方法得到飞速发展，使得机械振动理论得到广泛应用。

机械振动可根据不同的特征加以分类：

1）按振动的规律性分为周期振动、随机振动。

2）按振动系统的质量分布分为离散系统振动、连续体振动。

3）按振动方程的数学特性分为线性振动、非线性振动。

4）按独立振动方程的个数分为单自由度、多自由度。

5）按是否有阻尼情况分为有阻尼振动、无阻尼振动。

6）按振动产生的原因分为自由振动、受迫振动、自激振动。

工程中多数系统发生微振动时，系统的惯性力、阻尼力、弹性恢复力分别与加速度、速度、位移成线性关系，因此可以用线性微分方程(组)对振动进行描述，这样的系统称为线性系统，其振动称为线性振动。线性微分方程的解满足线性叠加原理，这给分析、计算和实验带来很大方便。线性振动分析已比较完善，为振动系统的设计、分析、监测和控制等奠定了基础。但是，工程中还有不少振动系统必须用非线性微分方程(组)来描述，否则无法正确揭示或利用其特有的行为，这样的系统称为非线性系统，其振动是非线性振动。单摆的大幅摆动就是非线性振动，其频率与摆动幅度有关，这是线性振动不具备的特征。非线性振动分析无法利用线性叠加原理，且非线性系统的振动行为非常复杂，迄今人们的认识尚处在不断深化之中。值得指出的是，非线性振动已成为一门重要的学科分支，并在工程中起到日益重要的作用。

本书主要针对线性振动进行讨论。一个完整的振动系统包含三个方面：输入、输出和系统特性。从三者的关系来说，振动问题的研究可归纳为三类。

第一类：已知系统模型和外载荷，求系统响应，称为响应计算或正问题。这是研究最为成熟的问题。对于比较简单的系统，本书将介绍一些解析方法求解其响应。对于复杂系统，目前已发展了许多有效的数值方法来进行计算，例如计算一般结构振动的有限元方法、计算复杂结构的子结构方法和计算轴系振动的传递矩阵法等。

第二类：已知输入和输出，求系统特性，称为系统识别或参数识别。表达系统特性的方式是多种多样的，例如系统的质量、刚度和阻尼，系统的频响函数、脉冲响应函数等。它们彼此在理论上等效，但各有其优点。问题是如何从实测数据中精确地估计出所需要的描述系统特性的参数。如果需要的是频率、阻尼和振型等模态参数，则称为模态参数识别。这方面的研究日趋成熟，有许多商品化软件可供使用。如果需要系统在物理坐标下的质量、刚度和阻尼，则称为物理参数识别。求解系统识别问题的目的之一是检验用分析方法所建立的系统模型是否正确，能否用于后续的振动计算。与系统识别，特别是与物理参数识别相关的一个问题是系统动态设计，即根据输入和输出设计系统特性。这一类问题的解一般不唯一，目前多借助数值优化方法来解决。

第三类:已知系统特性和响应求载荷,称为载荷识别。确定系统在实际工况下的振源及其数学描述是振动工程中最棘手的问题,一般需要具体问题具体处理。要使这一类问题取得精确的结果,系统特性的获取应该建立在可靠的基础上。作为振动理论基础教材,本书不涉及这方面的内容。

0.3 课程研究意义及内容简介

本书旨在使高年级本科生掌握机械刚体动力学及弹性体动力学的基本概念和理论,建立机械系统动态分析的思想,了解振动的工程应用。本书也可用于研究生课程的教学,还可供学术同行从事科学研究时参考。

在运转速度较低、精度要求较低的应用场景下,使用静态设计分析方法可以满足设计需求。但对于高转速、高精度机械设备,如精密加工机床、直升机螺旋桨等对系统稳定性、可靠性、寿命要求较高的工业应用环境,必须运用动平衡设计方法减小系统振动幅值,或调整系统运转速度以避开共振区间。随着转速的进一步提高,系统弹性、柔性特征逐渐凸显,还需采用全方位的综合措施。

以动力学为核心的动态设计方法经历多年发展,目前已贯穿于高速器械的设计、制造、运行全生命流程。具体地讲,机械系统动力学与振动基础要解决的问题大体可分为以下几个方面:

(1) 确定系统的共振频率,预防、抑制共振的发生。随着机械设备性能的高速重载化和结构的轻量化,其固有频率下降,机械的运转速度可能进入机械自身的共振区,引发强烈共振,导致机械系统的损坏或使用寿命的大幅降低。现代化机械通常在设计阶段对机械结构进行动力学设计,以使机械系统固有频率避开其运转区间,从而避免共振的发生。一些对自身与外界振动敏感度较高的精密设备,通常还会配合减振、隔振措施以提高其运行精度。

(2) 计算结构的动力响应以确定机械的动载荷,从而对机械寿命做出更高精度的预测。随着机械系统轻量化、高速化特征逐渐凸显,传统机械寿命分析方法的预测精度大幅下降。现代化机械设计方法正由静态设计向动态设计过渡,将机械构件弹性振动考虑进来。以系统动力学为基础,设备寿命预测的精度得到大幅提高,为用户做出正确维护决策提供了可靠依据。

(3) 机械故障诊断在工业界得到广泛关注。在各种故障诊断任务中,基于振动分析方法判断机械工作状态、识别故障类型和位置、预测故障趋势的振动诊断分析方法占据着主导地位。通过检测、提取、利用机械系统运行中所产生的振动、噪声等信号,识别其技术状态,确定故障的性质,分析故障产生的原因,寻找故障部位,预报故障的发展趋势,并提出相应的对策。

本书从振动系统特性分析和结构响应求解两个方面出发,对机械刚体动力学和机械振动的一般理论及其在工程中的应用进行介绍。其中,第 1 章介绍机械刚体动力学的相关知识,内容主要包括机构的平衡措施、刚性回转体的平衡设计以及平面机构的平衡等。第 2 章介绍单自由度线性振动的基本理论,主要包括振动微分方程的建立、系统固有频率的确定、等效系统的质量和刚度计算以及外界激励下系统的响应求解等。由于工程中的大量振动问题往往需要简化成多个自由度的系统才能合理解决,故研究两自由度系统是分析和了解多自由度系统振动特性的基础，因此第 3 章首先针对两自由度系统的相关理论以及在动力吸振器上的工程应用进行介绍。第 4 章是多自由度离散振动系统的建模及求解，包括振动微分方程的建立、系统特性分析以及系统的受迫振动响应的计算。第 5 章针对连续系统的振动进行介绍，对三种常见的弹性体杆、轴和梁发生的振动进行讨论，并给出系统响应的求解方法。第 6 章对模态测试作简要概述，包括模态分析技术的理论和方法，以及在数控机床动态特性测试与分析的应用。

第1章　机械刚体动力学

当机构高速运动时，运动构件的惯性力成为影响机械系统强度和刚度的重要载荷之一，因此需要在设计阶段对机构进行平衡设计和计算。在动力学阶段学习的主要对象为刚体，即不考虑构件形变对其动力学特性的影响。本章将介绍机构平衡的概念、分类及机构平衡的设计方法，分析的对象从简单的回转体到复杂的平面机构。

1.1　机构平衡的概念

1.1.1　机构平衡的目的

1. 不平衡惯性载荷造成的危害

1）不平衡惯性载荷（力/力矩）的大小和方向是周期性变化的，会引起机构在机座上的振动，使机械的精度和工作可靠性下降，产生噪声，甚至引起共振，危及人身、设备和厂房的安全。

2）不平衡惯性载荷的周期性变化加剧了驱动构件上平衡力矩的波动，会在传动系统中产生冲击载荷，或造成系统的扭转振动。

3）不平衡惯性载荷在构件中引起附加的动应力，影响构件的强度；在运动副中引起附加动反力，加剧磨损并降低机械效率。

2. 机构平衡的目的

机构平衡的目的是设法平衡机械系统中的不平衡惯性载荷，减小因惯性载荷引起的振动、冲击与噪声，消除不平衡惯性载荷所造成的危害，以满足高速化、轻量化和精密化等要求。

1.1.2　机构平衡的分类

机构平衡就是采用构件质量再分配等手段完全或部分地消除惯性载荷的方式，是在机构设计完成之后进行的一种动力学设计。

虽然惯性载荷会引起机构在机座上的振动，但在进行机构平衡分析时，一般不需列出振动微分方程进行振动频率分析和响应分析，而仅着眼于全部消除或部分消除引起振动的激振力。

根据平衡的作用位置，机构平衡可以分为三类：

1）机构在机座上的平衡。机构在机座上的平衡是将各运动构件视为一个整体系统进行的平衡，目标是消除或部分消除摆动力和摆动力矩，从而减轻机构整体在机座上的振动。这类平衡问题是人们长期以来注意的重点。

2）机构输入转矩的平衡。为维持主动构件等速回转，需要在主动构件上施加一平衡力矩，该平衡力矩随机构位置的变化而变化。由于作周期性非匀速运动的构件的惯性载荷是正负交变的，因此该平衡力矩会产生剧烈波动。为减小这种波动，需要进行机构输入转矩（“输入转矩”是指“平衡力矩”，非原动机的驱动力矩）的平衡。

3）运动副中动压力的平衡。为解决机构中某些运动副中由惯性力引起的动压力过大的问题,可进行运动副中动压力的平衡。

根据采用的平衡措施的不同,机构平衡可分为两类:

1) 通过加配重的方法来进行平衡。这是比较通用的方法,也是历来平衡问题研究的重点。

2) 通过机构的合理布局或设置附加机构的方法来平衡。这类措施在应用上不具有普遍性。

根据惯性载荷被平衡的程度,机构平衡又可分为三类:

1) 部分平衡。无论采用什么方法来进行平衡,都将导致机械质量的增加和结构更复杂。为了兼顾机械的质量、结构和动力学特性,常采用仅使摆动力部分平衡的方法,例如内燃机中的曲柄滑块机构。

2) 完全平衡。摆动力的部分平衡是不完美的,且不具备普遍性。至今仍在探索能适用于多种多样机构的完全平衡方法。完全平衡有两类:一种是摆动力完全平衡,一种是摆动力和摆动力矩的完全平衡。

3) 优化综合平衡。优化综合平衡是一种综合考虑摆动力或摆动力矩的平衡,或同时综合考虑机构在机座上的平衡、输入转矩的平衡和运动副动压力的平衡的平衡方法。

根据被平衡机构的几何特征,机构平衡又可分为两大类:回转体的平衡(刚性或柔性)和非回转体的平衡。

如图 1-1 所示,各类发动机和大部分电动机的动力输出形式是输出轴的高速转动,故回转体的平衡问题是工程中最常见的一种动力学问题。

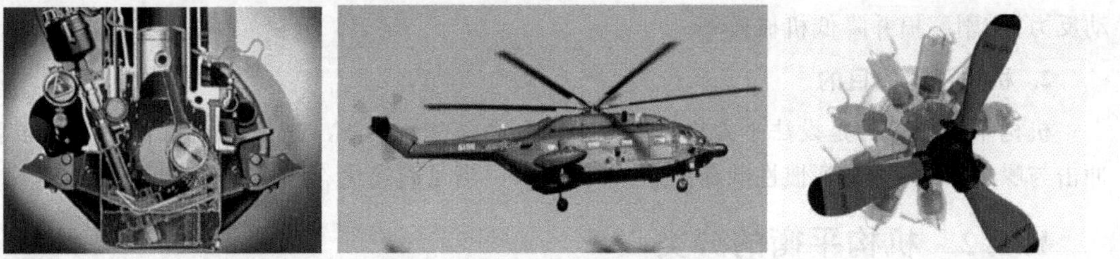

图 1-1 机械系统的高速回转运动

1.2 刚性回转体的平衡

回转体是指绕固定轴线转动的构件,也称为转子。回转体的平衡是指使转子惯性力和惯性力矩得到平衡的平衡。回转体平衡可分为两类:静平衡,只要求其惯性力的平衡;动平衡,同时要求其惯性力和惯性力矩的平衡。

在机械设计阶段,应采取措施消除产生有害振动的不平衡惯性力,使经平衡设计的机械在理论上达到平衡。在刚性回转体(转子)的设计阶段,特别是对高速转子和精密转子进行结构设计时,必须对其进行平衡计算,以检查其惯性力和惯性力矩是否平衡。若不平衡,则需要在结构上采取措施消除不平衡惯性力的影响,这一过程称为刚性回转体的平衡设计。回转体的平衡设计是按理论力学中的力系平衡理论进行的,图 1-2 所示为工程中机构在机座上的平衡。

图 1－2　机构在机座上的平衡

由于制造不精确、材料不均匀及安装不准确等非设计方面的因素，实际制造出来的结构往往达不到设计要求，仍存在不平衡现象，故需要通过试验的方法加以平衡。图 1－3 所示为机械平衡实验设备。

图 1－3　机械平衡实验设备

1.2.1　刚性回转体的静平衡

1. 适用于静平衡的回转体几何特征

轴向尺寸较小的盘状刚性回转体（轴向宽度与直径之比 $b/D<0.2$），可以近似地认为其质量分布在垂直于其回转轴线的同一平面内，如齿轮、砂轮、自行车轮等。

2. 静不平衡现象

若刚性回转体的重心（或质心）不在回转轴线上，则当其回转时，其偏心质量会产生惯性力从而在运动副中引起附加动压力。这种不平衡现象在转子静态时就表现出来，故称其为静不平衡回转体。

3. 刚性回转体的静平衡方法

使回转体的惯性力得到平衡的方法称为回转体的静平衡。对静不平衡的刚性回转体，可在其上增加（或除去）一部分质量，令其重心与回转轴线重合，使转子的惯性力得以平衡。

【例 1－1】 某航发涡轮盘的静平衡设计。图 1－4 所示为某航发涡轮盘，可简化为一盘状刚性回转体。已知各偏心重量 Q_1、Q_2、Q_3、Q_4，从回转中心到各偏心重量中心的向径分别为 $\boldsymbol{r}_1$、$\boldsymbol{r}_2$、$\boldsymbol{r}_3$、$\boldsymbol{r}_4$，方位如图 1－4 所示。构件的等角速度为 ω，确定需要添加的配重 Q 及其向 $\boldsymbol{r}$（回转半径的大小和方位）。

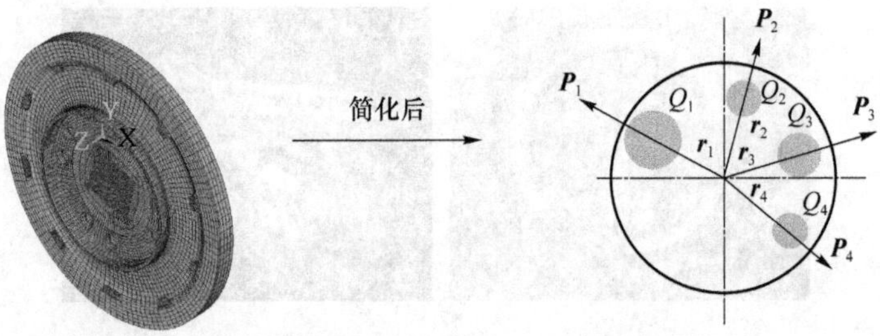

图 1-4　航发涡轮盘简化示意图

解　当涡轮盘以等角速度 ω 旋转时,各偏心重量所产生的离心惯性力分别为

$$\boldsymbol{P}_1=\frac{Q_1}{g}\omega^2\boldsymbol{r}_1 \tag{1.2.1}$$

$$\boldsymbol{P}_2=\frac{Q_2}{g}\omega^2\boldsymbol{r}_2 \tag{1.2.2}$$

$$\boldsymbol{P}_3=\frac{Q_3}{g}\omega^2\boldsymbol{r}_3 \tag{1.2.3}$$

$$\boldsymbol{P}_4=\frac{Q_4}{g}\omega^2\boldsymbol{r}_4 \tag{1.2.4}$$

各偏心重量产生的离心惯性力因合力不为零,使涡轮盘处于静不平衡状态,故需增加一个配重 Q,使其离心惯性力 $\boldsymbol{P}$ 与 $\boldsymbol{P}_1$、$\boldsymbol{P}_2$、$\boldsymbol{P}_3$ 和 $\boldsymbol{P}_4$ 相平衡,即

$$\sum\boldsymbol{F}=\boldsymbol{P}+\boldsymbol{P}_1+\boldsymbol{P}_2+\boldsymbol{P}_3+\boldsymbol{P}_4=0 \tag{1.2.5}$$

即

$$\frac{Q}{g}\omega^2\boldsymbol{r}+\frac{Q_1}{g}\omega^2\boldsymbol{r}_1+\frac{Q_2}{g}\omega^2\boldsymbol{r}_2+\frac{Q_3}{g}\omega^2\boldsymbol{r}_3+\frac{Q_4}{g}\omega^2\boldsymbol{r}_4=0 \tag{1.2.6}$$

即

$$Q\boldsymbol{r}+Q_1\boldsymbol{r}_1+Q_2\boldsymbol{r}_2+Q_3\boldsymbol{r}_3+Q_4\boldsymbol{r}_4=0 \tag{1.2.7}$$

配重 Q 的重径积 $\boldsymbol{W}=Q\cdot\boldsymbol{r}$ 的大小和方向可利用图解法求得,其矢量图如图 1-5 所示。

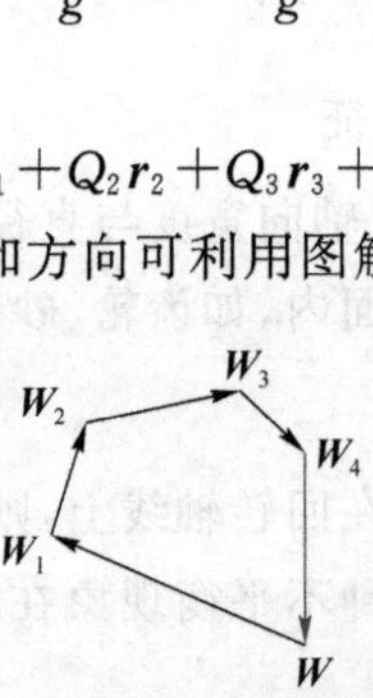

图 1-5　图解法矢量表示

设定比例尺为 N·cm/mm,则

$$\mu_w=\frac{Q_i\boldsymbol{r}_i}{\boldsymbol{W}_i} \tag{1.2.8}$$

按各向径 $\boldsymbol{r}_i$ 的方向分别作代表重径积的矢量 $\boldsymbol{W}_i$,则封闭矢量 $\boldsymbol{W}$ 代表配重的重径积 $Q\cdot\boldsymbol{r}$。其大小为

$$Q\cdot\boldsymbol{r}=\mu_w\cdot\boldsymbol{W} \tag{1.2.9}$$

求出 $Q \cdot \boldsymbol{r}$ 后，根据涡轮盘（回转体）的结构特点可选定 $\boldsymbol{r}$，即可确定所需配重 Q 的大小，安装方向为矢量图 1-5 上 $\boldsymbol{W}$ 所示方向。为了使设计出来的转子重量不致过大，一般应尽可能将 r 选大些，这样可使配重 Q 小些。通过如此增加配重后，涡轮盘的总重心与其回转轴线重合了，转子得到了静平衡，配重后的平衡状态如图 1-6 所示。

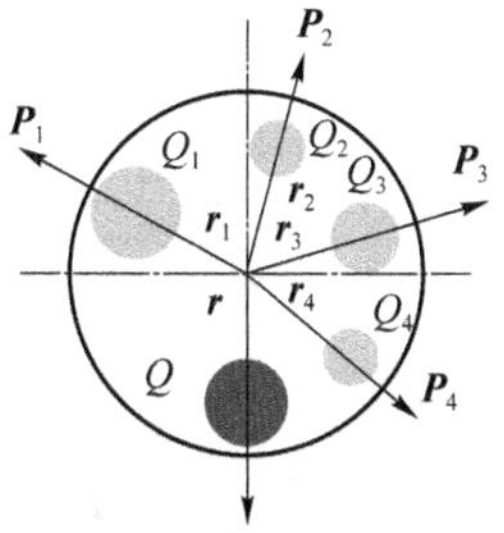

图 1-6　配重后的静平衡示意图

当回转体的实际结构不允许在向径 $\boldsymbol{r}$ 的方向上安装配重时，也可以在向径 $\boldsymbol{r}$ 的相反方向，即在向径 $\boldsymbol{r}'$ 的方向上去掉一部分材料 Q'（$Q'\boldsymbol{r}'=Q\boldsymbol{r}$），使回转体得到平衡。

通过此例题，可以得出以下结论：

（1）回转体静平衡的条件

分布于该回转体上所有偏心重量的离心惯性力的合力等于零或重径积的矢量和等于零。

（2）静平衡的具体方法

对于静不平衡的回转体，无论有多少个偏心重量，均只需增加（或去除）一个适当的配重，即可使其达到平衡。

回转体静平衡又可称为单面平衡，是回转体平衡中最简单的一种平衡方法。

1.2.2　刚性回转体的动平衡

1. 适用于动平衡的回转体几何特征

轴向尺寸较大的刚性回转体（轴向宽度与其直径之比 $b/D \geqslant 0.2$），其质量分布于沿轴向的许多互相平行的回转面内。如：航空发动机转子（如图 1-7 所示）、直升机尾水平轴和斜轴、内燃机曲轴、电动机和发电机转子、高速机床主轴、高速铣刀等。

图 1-7　航空发动机转子

2. 动不平衡现象

考虑到轴向尺寸，即使回转体重心在回转轴线上，但当其回转时，各偏心质量产生的离心惯性力不在同一回转面内，所形成的惯性力偶仍使转子处于不平衡状态。因这种不平衡只在转子运动时才显现，故称其为动不平衡。各种不平衡类型如图 1－8 所示。

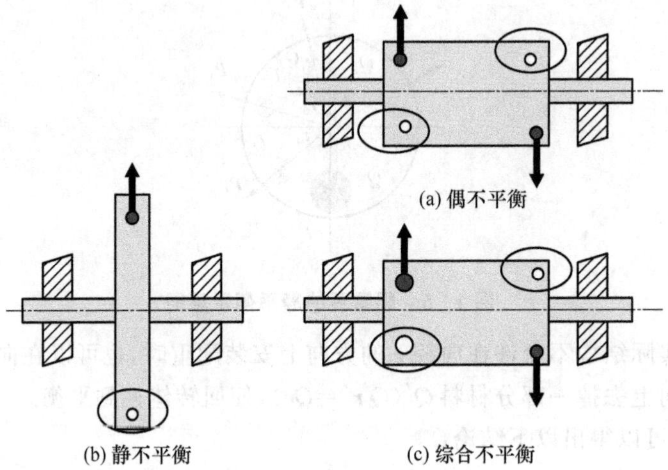

图 1－8　不平衡类型示意图

3. 刚性回转体的动平衡方法

为使动不平衡的转子获得动平衡，先要选定两个回转平面Ⅰ及Ⅱ作为平衡基面，再分别在这两个面上增加或去除适当的平衡质量，使转子在运转时各偏心质量所产生的惯性力和惯性力偶同时得到平衡。这种平衡方法称为动平衡法。

【例 1－2】 某航发转子的动平衡设计。图 1－9 为一航空发动机转子（长回转体）的空间力系示意图。已知在三个互相平行的平面 1、2 及 3 内，分别有偏心重量 Q_1、Q_2、Q_3，试对该转子进行动平衡设计。

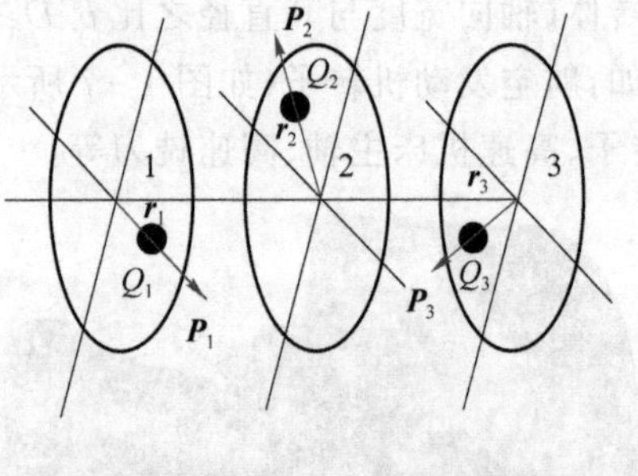

图 1－9　航发转子空间力系示意图

解　动平衡设计的思路是什么呢？转子的动平衡设计可用静平衡设计的方法来解决：只要在两平衡基面内各加一适当的配重，使两基面内的惯性力之和分别为零，转子即得以平衡。

根据转子的结构特点，选定两个便于安装配重的平衡基面Ⅰ和Ⅱ，轴向距离如图 1－10 所示，并将各偏心重量产生的离心惯性力 $\boldsymbol{P}_1$、$\boldsymbol{P}_2$、$\boldsymbol{P}_3$ 分解为 $\boldsymbol{P}_{1\mathrm{I}}$、$\boldsymbol{P}_{2\mathrm{I}}$、$\boldsymbol{P}_{3\mathrm{I}}$（平面Ⅰ内）和 $\boldsymbol{P}_{1\mathrm{II}}$、$\boldsymbol{P}_{2\mathrm{II}}$、$\boldsymbol{P}_{3\mathrm{II}}$（平面Ⅱ内）。

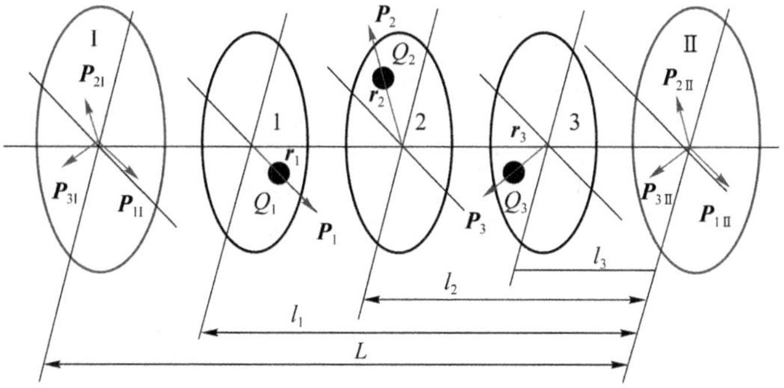

图 1-10　动平衡配重空间力系示意图

这样该空间力系的平衡问题就转化为两个平面交汇力系的平衡问题了。只要在平面Ⅰ和Ⅱ内适当地各加一个配重，使两平面内的惯性力之和均等于 0，转子就可完全平衡。

对平衡基面Ⅰ而言，平衡条件是

$$\boldsymbol{P}_{1Ⅰ}+\boldsymbol{P}_{2Ⅰ}+\boldsymbol{P}_{3Ⅰ}+\boldsymbol{P}_{Ⅰ}=\boldsymbol{0} \tag{1.2.10}$$

式中，$P_Ⅰ$ 是配重 $Q_Ⅰ$ 产生的离心惯性力。各力的大小为

$$P_Ⅰ=\frac{Q_Ⅰ}{g}\omega^2 r_Ⅰ \tag{1.2.11}$$

$$P_{1Ⅰ}=P_1\ \frac{l_1}{L}=\frac{Q_1}{g}\omega^2 r_1\ \frac{l_1}{L} \tag{1.2.12}$$

$$P_{2Ⅰ}=P_2\ \frac{l_2}{L}=\frac{Q_2}{g}\omega^2 r_2\ \frac{l_2}{L} \tag{1.2.13}$$

$$P_{3Ⅰ}=P_3\ \frac{l_3}{L}=\frac{Q_3}{g}\omega^2 r_3\ \frac{l_3}{L} \tag{1.2.14}$$

代入平衡条件(1.2.10)，得

$$Q_1\boldsymbol{r}_1\ \frac{l_1}{L}+Q_2\boldsymbol{r}_2\ \frac{l_2}{L}+Q_3\boldsymbol{r}_3\ \frac{l_3}{L}+Q_I\boldsymbol{r}_Ⅰ=\boldsymbol{0} \tag{1.2.15}$$

配重 $Q_Ⅰ$ 的重径积 $Q_Ⅰ\cdot\boldsymbol{r}_Ⅰ$ 的大小、方向也可利用图解法求得。易知向径 $\boldsymbol{r}_1$ 的方向可代表重径积 $\boldsymbol{W}_{i1}$的方向，设定重径积比例尺为 μ_w，则表达式为

$$\mu_w=\frac{Q_1\boldsymbol{r}_1 l_1}{L\boldsymbol{W}_{1Ⅰ}} \tag{1.2.16}$$

分别作出其他重径积矢量 $\boldsymbol{W}_{i1}$，则封闭矢量 $\boldsymbol{W}_Ⅰ$ 代表配重的重径积 $Q_Ⅰ\cdot\boldsymbol{r}_Ⅰ$，其大小为

$$Q_Ⅰ\cdot r_Ⅰ=\mu_w\cdot W_Ⅰ \tag{1.2.17}$$

求出 $Q_Ⅰ\cdot\boldsymbol{r}_Ⅰ$ 之后，根据转子的结构特点可选定配重安装位置 $\boldsymbol{r}$，则所需配重 $Q_Ⅰ$ 的大小即可确定，安装方向即为矢量图 1-11 上 $\boldsymbol{W}_Ⅰ$ 所示方向。

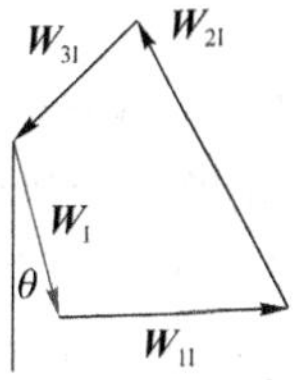

图 1-11　动平衡配重安装位置示意图

同理，平面Ⅱ上的配重 $Q_Ⅱ$ 的大小、安装位置和方位可用同样的方法加以确定，配重后动平衡如图 1-12 所示。

通过此例题，可以得出以下结论：

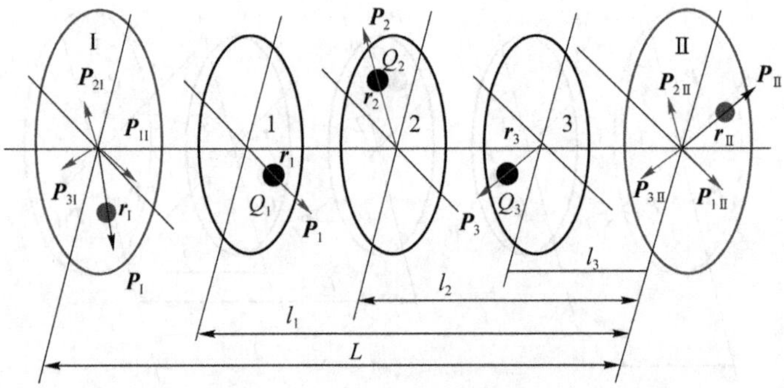

图 1-12　配重后的动平衡示意图

(1) 回转体动平衡的条件

分布于回转体上所有偏心重量的离心惯性力的合力等于零，同时惯性力引起的力偶的合力偶矩也等于零。

(2) 动平衡的具体措施

对于动不平衡的回转体，无论它有多少个偏心重量，都只需要在任选的两个平衡基面内各加上（或除去）一个适当的配重，即可使其达到平衡。故动平衡又称为双面平衡。

此外，由于动平衡同时满足静平衡的条件，故经过动平衡的回转体一定是静平衡的；反之，经过静平衡的回转体不一定是动平衡的。对于重量分布在同一平面的回转体，在它达到静平衡以后，可以认为也达到了动平衡。

1.2.3　柔性轴(转子)的平衡

前面介绍了刚性回转体的平衡。同样，也有柔性回转体或柔性轴（转子）的平衡。怎样区分刚性轴和柔性轴？一般规定：转速≤0.7 倍临界转速的轴为刚性轴，转速＞临界转速的轴为柔性轴，转速为 0.7～1 倍临界转速的轴为准刚性轴（临界转速：转子振幅最大时的转速，其角速度等于转子的固有圆频率，是转子系统的固有特性之一）。

柔性回转体的平衡与刚性回转体的平衡有很大差异。柔性回转体的平衡只能在有限个平面上进行，在某一转速下已经平衡的回转体，在另一转速可能会呈现不平衡现象。

柔性转子平衡有两个要求：①作用于机座或轴承上的力最小；②柔性转子的挠度或变形最小。柔性转子平衡有两个常用方法，分别为模态平衡法和影响系数法。

在实际工作中，基于以下两个假设条件，常用某些工程实用方法对柔性转子进行平衡。假设 1：忽略转轴本身的不平衡。对于工作转速超过其一阶临界转速的柔性轴（例如多级风机、套装有叶轮的汽轮机转子或航空发动机转子）来说，其转轴质量和直径与轴上的叶轮相比都较小，转轴不平衡可以忽略。假设 2：不平衡是由轴上零件（叶轮）偏心引起的。由于叶轮轴向宽度较小，可认为转子不平衡值是由各叶轮偏心引起的。平衡这类柔性转子只须采用刚性转子平衡方法，把各叶轮的偏心距降到合理范围内即可。

具体步骤如下：如果转轴上套装有多个叶轮，每个叶轮套装之前需先做静平衡；每套装 1～2 个叶轮，按刚性回转体（转子）做一次动平衡，且每次配重都加在新套装的叶轮上。虽然不是按柔性转子平衡法进行的平衡，但所加的平衡质量与转子不平衡轴向分布基本一致，转轴上存在的内力矩很小，因而还是能保证柔性转子平稳运行的。

这种平衡方法虽然较为繁琐，但对提高柔性转子平衡质量、降低转子平衡费用有利。

1.3　平面机构的平衡

在平面机构中，除驱动构件等速回转外，其余构件均一般作往复运动或平面复合运动，惯性载荷普遍存在。当驱动构件等速回转时，各构件的惯性力和惯性力矩均与驱动构件转速的平方成正比，图 1-13 所示为摆杆齿条机构。转速高时，惯性载荷影响大，必须采取必要的平衡措施。

图 1-13　摆杆齿条机构

1.3.1　质量代换

在研究机构平衡问题时，为了分析问题的方便，常采用质量代换的方法：将构件的质量用若干集中质量来代换，使这些代换质量与原有质量在动力学上等效。该方法在计算平衡配重时十分方便。

1. 质量代换的条件

设一构件如图 1-14 所示，其质量为 m，质心位于 S，构件对质心 S 的转动惯量为 J_s，则构件惯性力 F 在 x、y 方向的投影分别为

$$\left.\begin{aligned} F_x &= -m\ddot{x}_s \\ F_y &= -m\ddot{y}_s \end{aligned}\right\} \tag{1.3.1}$$

惯性力矩为

$$M = -J_s\alpha \tag{1.3.2}$$

式中，$\ddot{x}_s$、$\ddot{y}_s$为质心 S 的加速度在 x、y 方向的分量；α 为构件的角加速度。

现以 n 个集中质量 m_1、m_2、…、m_n 来代替原有构件的质量 m 和转动惯量 J_s。若使代换后的系统与原来构件在动力学上等效，代换时应满足以下三个条件：

① 各代换质量的总和应等于原来构件的质量，即

$$\sum_{i=1}^{n} m_i = m \tag{1.3.3}$$

② 各代换质量的总质心应与原来的质心相重合，即

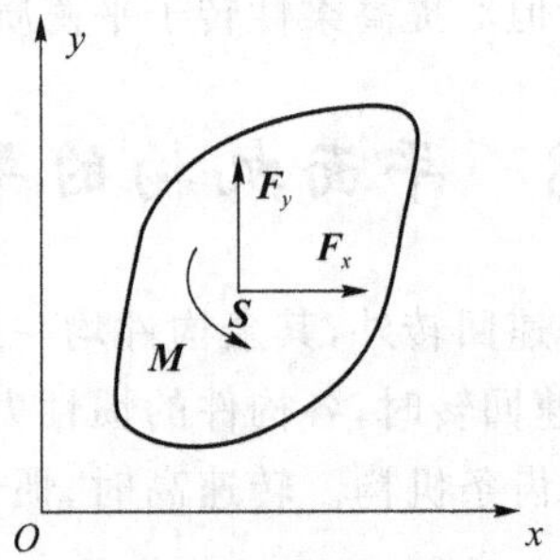

图 1-14 构件空间力系示意图

$$\left.\begin{aligned}\sum_{i=1}^{n} m_i x_i &= m x_s \\ \sum_{i=1}^{n} m_i y_i &= m y_s\end{aligned}\right\} \tag{1.3.4}$$

式中，x_s、y_s 为构件质心在图示坐标系中的坐标；x_i、y_i 为第 i 个集中质量在图示坐标系中的坐标。

③ 各代换质量对质心的转动惯量之和应等于原构件对质心的转动惯量，即

$$\sum_{i=1}^{n} m_i (x_i^2 + y_i^2) = J_s + m(x_s^2 + y_s^2) \tag{1.3.5}$$

对条件②中式(1.3.4)求导两次并变号，有

$$-\sum_{i=1}^{n} m_i \ddot{x}_i = -m\ddot{x}_s \tag{1.3.6}$$

$$-\sum_{i=1}^{n} m_i \ddot{y}_i = -m\ddot{y}_s \tag{1.3.7}$$

此式左边为各代换质量惯性力的合力，右边为原构件惯性力之合力。这说明满足了条件①、②，则代换后惯性力不变。

若取坐标原点与质心 S 重合，将条件③公式两边同乘以构件的角加速度 $-\alpha$ 则有

$$-\alpha\sum_{i=1}^{n} m_i (x_i^2 + y_i^2) = -J_s\alpha \tag{1.3.8}$$

此式两边为代换前后的惯性力矩。这说明满足了第 3 个条件，代换前后的惯性力矩才能相等。

满足前两个条件，使惯性力保持不变的代换称为静代换。满足全部三个条件，使惯性力和惯性力矩均保持不变的代换称为动代换。在只研究摆动力的平衡时，不涉及惯性力矩，可以采用静代换；而当同时也研究摆动力矩的平衡时，则必须采用动代换。

2. 实质量代换

代换质量的数目越少，计算也越方便。一般工程计算中常用两个或三个代换质量进行代换。一般情况下，代换点选在运动参数容易确定的点上，如回转运动副处。现仅介绍用两个质量的代换，掌握了两质量代换，三质量代换的公式也不难导出。

(1) 两点动代换

如图 1-15 所示，将构件 AB 两质量 m_A、m_K 进行动代换。

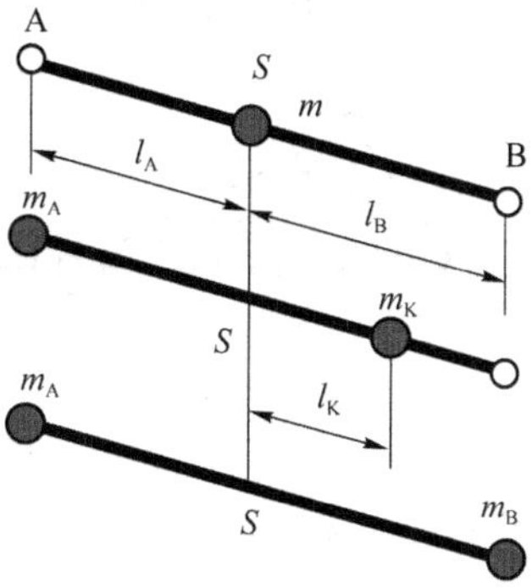

图 1 - 15　构件 AB 动代换示意图

根据前述的条件，应满足

$$\left.\begin{aligned} m_A + m_K &= m \\ -m_A l_A + m_K l_K &= 0 \\ m_A l_A^2 + m_K l_K^2 &= J_S \end{aligned}\right\} \tag{1.3.9}$$

此方程组满足条件②，式中有四个待求量：m_A、m_K、l_A、l_K。指定任何一个，可求出另外三个。

一般将 m_A 设置在铰链 A 处，此时 l_A 是已知的，有

$$\left.\begin{aligned} l_K &= \frac{J_S}{m l_A} \\ m_A &= \frac{m J_S}{m l_A^2 + J_S} \\ m_K &= \frac{m^2 l_A^2}{m l_A^2 + J_S} \end{aligned}\right\} \tag{1.3.10}$$

满足条件③，经过动代换后的系统与原有系统在动力学上是完全等效的。

(2) 两点静代换

当只进行摆动力平衡时，可以不考虑构件的惯性力矩，也即可以不考虑转动惯量。这时，代换条件成为

$$\left.\begin{aligned} m_A + m_K &= m \\ -m_A l_A + m_K l_K &= 0 \end{aligned}\right\} \tag{1.3.11}$$

满足条件②，方程中有四个待求量，可以任意指定两个，求出另外两个。因为 A、B 是两个回转副，在运动分析时这两个点的运动参数，即位移、速度、加速度是必须求出的，因而选择 A、B 为代换点计算很方便。由此可求出

$$\left.\begin{aligned} m_A &= m\,\frac{l_B}{l_A + l_B} \\ m_B &= m\,\frac{l_A}{l_A + l_B} \end{aligned}\right\} \tag{1.3.12}$$

1.3.2　曲柄滑块机构的摆动力部分平衡

曲柄滑块机构是最早广泛应用的连杆机构之一，在高速下它的往复运动质量引起的振动

促使人们研究这类机构的平衡问题。图 1－16 为曲柄滑块机构示意图。

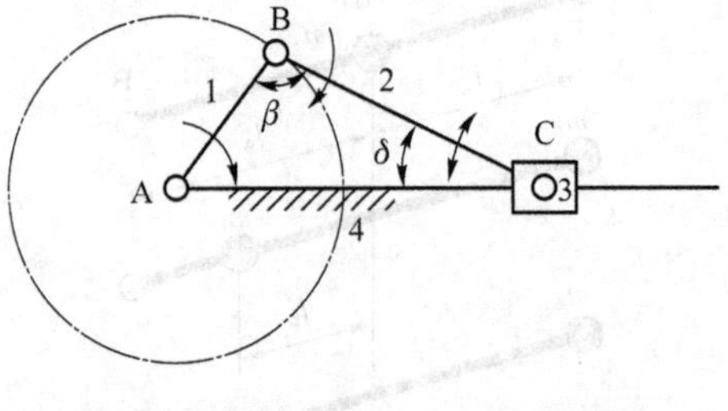

图 1－16　曲柄滑块机构示意图

用质量代换法可以很容易地使这种机构得到摆动力的完全平衡。但这有可能需要增加很大的配重，导致机械的重量大为增加。长期以来人们都用加配重使摆动力部分被平衡的方法来减小曲柄滑块机构的振动。

1. 曲柄滑块机构的惯性力分析

如图 1－17 所示，一曲柄滑块机构，用质量静代换法可以将连杆质量 m_2 用集中于铰链 B、C 的两个集中质量 m_{B2}、m_{C2} 来代替，有

$$\left.\begin{aligned} m_{B2}&=\frac{b}{l}m_2 \\ m_{C2}&=\frac{a}{l}m_2 \end{aligned}\right\} \tag{1.3.13}$$

曲柄质量 m_1 可以用集中于 A、B 的两个集中质量 m_{A1}、m_{B1} 来代换。由于 A 点是静止的，m_{A1} 不引起惯性力，可以不用计算，而

$$m_{B1}=\frac{c}{l}m_1 \tag{1.3.14}$$

质量经代换后可以认为只存在着两个集中质量 m_B、m_C，且有

$$\left.\begin{aligned} m_B&=m_{B1}+m_{B2} \\ m_C&=m_{C2}+m_3 \end{aligned}\right\} \tag{1.3.15}$$

式中，m_3 是滑块质量。

因此，要分析 B、C 两点的加速度才能求出惯性力。滑块位移 S 为

$$S=r\cos\theta+l\cos\varphi \tag{1.3.16}$$

式中，角 θ 为曲柄转角，是自变量，角 θ 可由下面三角形关系求出：

$$\sin\varphi=\frac{r}{l}\sin\theta=\lambda\sin\theta \tag{1.3.17}$$

式中，λ 称为连杆比，是曲柄长度和连杆长度之比值，是一个对曲柄滑块机构的动力学特性有主要影响的机构参数。

将 $\cos\varphi$ 展开成角 θ 的幂级数

$$\begin{aligned} \cos\varphi&=(1-\lambda^2\sin^2\theta)^{\frac{1}{2}}=1-\frac{1}{2}(\lambda^2\sin^2\theta)-\frac{1}{8}(\lambda^4\sin^4\theta)-\frac{1}{16}(\lambda^6\sin^6\theta)-\cdots \\ &=\lambda\left(A_0+\frac{1}{4}A_2\cos 2\theta+\frac{1}{16}A_4\cos 4\theta+\frac{1}{36}A_6\cos 6\theta+\cdots\right) \end{aligned} \tag{1.3.18}$$

式中，$A_0=\frac{1}{\lambda}-\frac{1}{4}\lambda-\frac{3}{64}\lambda^3-\frac{5}{286}\lambda^5$，$A_2=\lambda+\frac{1}{4}\lambda^3+\frac{15}{128}\lambda^5+\cdots$，$A_4=\frac{1}{4}\lambda^3+\frac{3}{16}\lambda^5+\cdots$，$A_6=\frac{9}{128}$

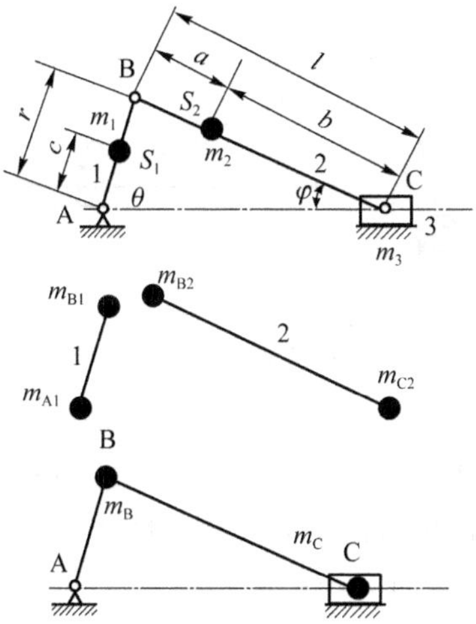

图 1-17　曲柄滑块惯性力分析示意图

$\lambda^5+\cdots$。

代入公式得到 S 和 θ 的关系式，再求导两次得到 C 点加速度 a_C 为

$$\begin{aligned}a_C=&r\dot{\theta}^2(-\cos\theta-A_2\cos 2\theta+A_4\cos 4\theta-A_6\cos 6\theta+\cdots)\\&+r\ddot{\theta}\left(-\sin\theta-\frac{A_2}{2}\sin 2\theta+\frac{A_4}{4}\sin 4\theta-\frac{A_6}{6}\sin 6\theta+\cdots\right)\end{aligned}\tag{1.3.19}$$

对一般内燃机，$\lambda=0.16\sim0.40$，$\ddot{\theta}=0$。

C 点加速度为

$$a_C=-r\dot{\theta}^2(\cos\theta+\lambda\cos 2\theta+\cdots)\tag{1.3.20}$$

在铰链 B 处的转动质量的惯性力为

$$F_{1B}=-m_B r\dot{\theta}^2\tag{1.3.21}$$

往复移动质量的惯性力为

$$F_{1C}=-m_C a_C=m_C r\dot{\theta}^2(\cos\theta+\lambda\cos 2\theta)=m_C r\dot{\theta}^2(\cos\omega t+\lambda\cos 2\omega t)\tag{1.3.22}$$

在式(1.3.22)中，$\theta=\omega t$，θ 为曲柄的角速度 r/s。该式第一项称为一阶惯性力(ω)，第二项称为二阶惯性力(2ω)。

2. 平衡配重的计算

图 1-18 中铰链 B 处的回转质量 m_B 产生的惯性力 F_{IB} 可以通过在点 E 处加平衡配重 m_{E1} 的方法来平衡，即

$$m_{E1}=\frac{r}{r'}m_B\tag{1.3.23}$$

m_C 产生的惯性力为

$$F_{1C}=-m_C a_C=m_C r\dot{\theta}^2(\cos\theta+\lambda\cos 2\theta)\tag{1.3.24}$$

在 E 点处可再增加一平衡配重 m_{E2}，用它来部分地平衡 m_C 产生的惯性力。m_{E2} 产生的惯性力为

$$\left.\begin{aligned}F_{1Ex}&=-m_{E2}\dot{\theta}^2 r'\cos\theta\\F_{1Ey}&=-m_{E2}\dot{\theta}^2 r'\sin\theta\end{aligned}\right\}\tag{1.3.25}$$

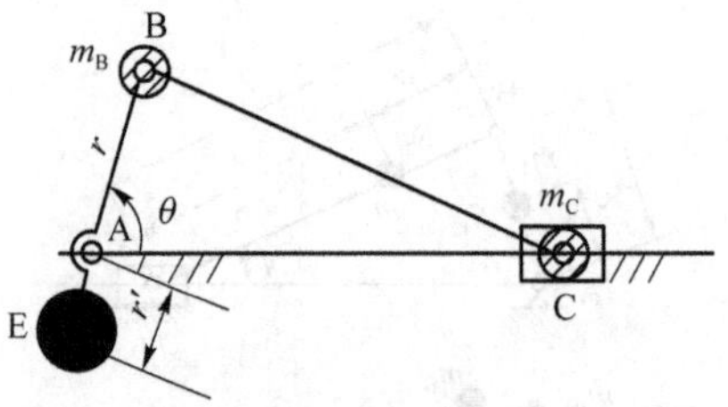

图 1-18　曲柄滑块惯性力分析示意图

通过选择 m_{E2} 和 r'，可以用 F_{1Ex} 平衡掉一阶惯性力，但无法平衡二阶惯性力。同时，又在 y 方向产生了新的不平衡惯性力 F_{1Ey}，其幅值与 x 向惯性力相同。为此，可将配重 m_{E2} 减小一些，使一阶惯性力部分地被平衡，从而在 y 向产生的惯性力 F_{1Ey} 也不致过大。

此时，加于 E 点的平衡配重可如下计算：

$$m_E = m_{E1} + m_{E2} = \frac{r}{r'}(m_B + km_C) \tag{1.3.26}$$

式中，k 一般取为 1/3～2/3。选择 k 值时可有不同的考虑，如使残余的惯性力的最大值尽可能小，也可考虑不同的附加要求，如在摆动力平衡的同时使一运动副中的反力不超过许用值，或不平衡力矩较小等。

1.3.3　内燃机平衡的定性分析

1. 内燃机工作原理及动力学要求

当前，曲柄滑块机构最广泛的应用领域是内燃机，特别是在汽车发动机中的应用。传统的四冲程往复式汽油发动机的工作原理如图 1-19 所示。

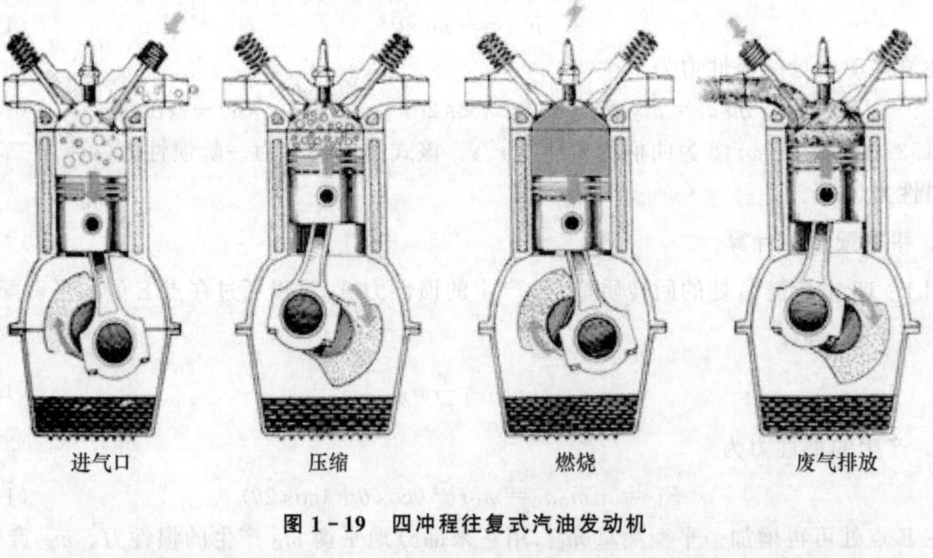

图 1-19　四冲程往复式汽油发动机

对比汽车四冲程往复式发动机中的曲柄滑块机构与“曲柄滑块机构平衡”中的机构会发现以下区别：首先是驱动件不同，前者的曲柄或滑块为主动件，存在死点。其次是机构的数量不同，前者为克服死点，提高平顺性，需要多个曲柄滑块机构并联。最后是发动机曲柄滑块机构的转子轴向尺寸大，需要考虑转子动平衡问题。故动平衡时，需考虑转子动平衡、曲柄滑块机构平衡以及组合机构（发动机本体）的平衡，希望能够获得各机构在机座上的平衡和各运动副中动压力的平衡。

驾驶和乘坐汽车时，人体对纵向振动比较敏感，除了路面的激励外，汽车发动机是引起振动的主要因素。因此，设计上要求发动机尽量减小该方向的不平衡载荷（冲击和振动）。

2. 现有发动机的布置形式

根据发动机气缸（曲柄滑块机构）布置的方位分类，常见的汽车发动机类型包括：L 型（直列）、V 型、W 型和 H 型（水平对置）等。图 1－20 所示为 L 型、V 型、H 型。

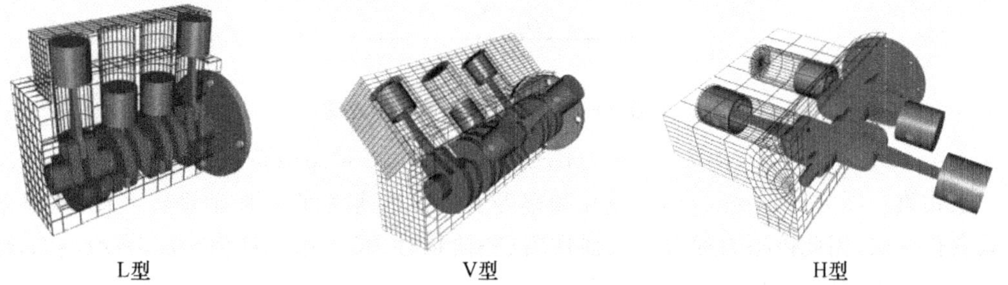

图 1－20　不同类型布置形式的发动机气缸

一般来说，在同排量、同缸数的情况下，平顺性：H 型＞W 型、V 型＞L 型。缸数越多，油耗越大。除了上述常见的内燃式发动机结构形式外，还有一些其他形式的内燃式发动机，如内燃轴流活塞往复式发动机、内燃转子发动机等。

3. 四冲程往复式发动机主要内激励源

1）气缸内气体压力：主要是做功冲程中，油气燃烧引起的冲击，会对发动机产生使其振动的力和力矩。

2）曲柄连杆机构的惯性力：活塞、连杆和曲轴的质量或转动惯量在发动机运转时会产生较大的惯性力，这些力最后均由发动机机体承受。

3）配气机构等运动部件的惯性力：与上文所述（1）、（2）中的力相比，此力较小。

此外，各运动副中也存在较大摩擦力，可能会影响其效率，但对减振有益。

4. 直列多缸往复式发动机的力学分析

针对单缸机构，为简化问题，常在保证重心位置和总质量不变的条件下，把整套曲柄连杆的质量用集中在曲柄销与活塞销上的两个质量 m_1 和 m_2 来代替，如图 1－21 所示。

集中在曲柄销的质量等速圆周运动的离心惯性力为

$$P_r = m_1 r\omega^2 \tag{1.3.27}$$

经过推导和简化活塞位移、速度和加速度计算公式，可得活塞销上集中质量的往复惯性力为

$$P_j = m_2\ddot{x} = -m_2 r\omega^2(\cos\omega t + \lambda\cos 2\omega t) \tag{1.3.28}$$

式中，λ 为连杆比，取值范围为 0.16～0.4。

活塞销上集中质量的往复惯性力可进一步分解为

$$P_j = -m_2 r\omega^2(\cos\omega t + \lambda\cos 2\omega t)$$

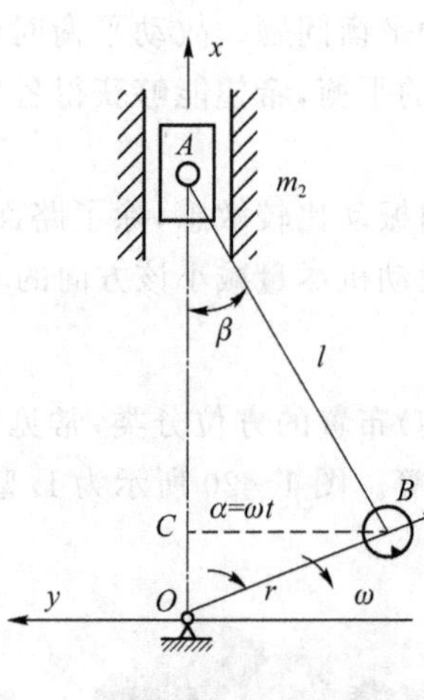

图 1-21　单缸机构简化示意图

$$=-m_2 r\omega^2\cos\omega t-m_2\lambda r\omega^2\cos 2\omega t \tag{1.3.29}$$

上式第一项为$-m_2 r\omega^2\cos\omega t$，变化频率等于曲轴角速度即$\omega$，曲轴每转一转，该项力的表达式变化一次，因此该项力称为一次惯性力（一阶惯性力）。第二项为$-m_2\lambda r\omega^2\cos 2\omega t$，变化频率等于2倍的曲轴角速度即$2\omega$，曲轴每转一转，该项力的表达式变化两次，因此该项力称为二次惯性力（二阶惯性力）。

当发动机工作时，作用在曲柄连杆机构上的主动力是P_g。单缸发动机的受力如图1-22所示。

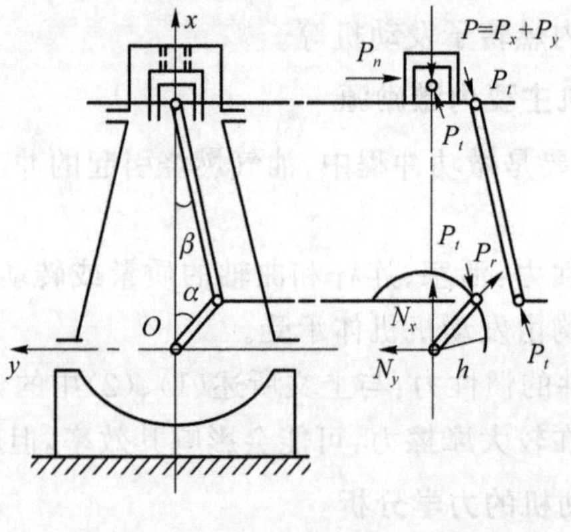

图 1-22　单缸发动机受力示意图

考虑多缸情况，如图1-23所示，建立x,y,z坐标系，分别考虑沿三个坐标的力和力矩。

$$P_j=-m_2 r\omega^2(\cos(\omega t+\varphi)+\lambda\cos 2(\omega t+\varphi)) \tag{1.3.30}$$

$$P_r=m_1 r\omega^2 \tag{1.3.31}$$

$$P_{rx}=m_1 r\omega^2\cos(\omega t+\varphi) \tag{1.3.32}$$

$$P_{ry}=m_1 r\omega^2\sin(\omega t+\varphi) \tag{1.3.33}$$

x方向干扰力为

$$F_x=\sum P_{rx}+\sum P_j$$

$$=(m_1+m_2)r\omega^2\sum_{i=1}^{n}\cos(\omega t+\varphi_i)+m_2\lambda r\omega^2\sum_{i=1}^{n}\cos 2(\omega t+\varphi_i) \tag{1.3.34}$$

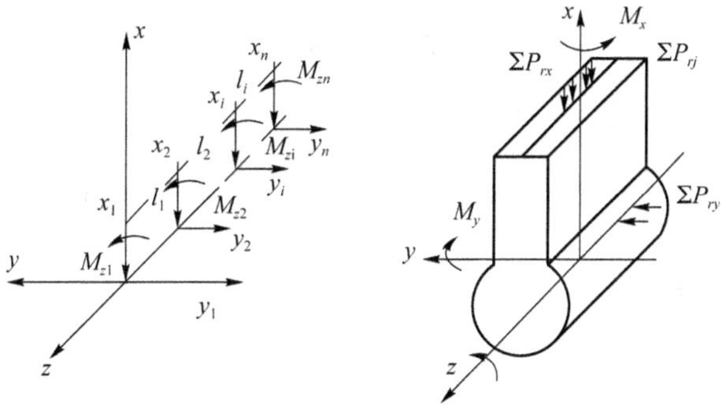

图 1-23　多缸发动机受力示意图

y 方向干扰力仅与旋转质量的离心惯性力的水平分量有关，为

$$F_y = \sum P_{ry} = m_1 r\omega^2 \sum_{i=1}^{n} \sin(\omega t + \varphi_i) \tag{1.3.35}$$

绕水平 y 轴转动的干扰力矩 M_y 等于各缸 x 向干扰力对 y 轴的力矩，即

$$M_y = (m_1 + m_2) r\omega^2 \sum_{i=1}^{n} l_i \cos(\omega t + \varphi_i) + m_2 \lambda r\omega^2 \sum_{i=1}^{n} l_i \cos 2(\omega t + \varphi_i) \tag{1.3.36}$$

式中，l_i 为第 i 个曲柄到简化中心的距离。

绕 x 轴的干扰力矩等于各缸水平干扰力对 x 轴的力矩，它仅与旋转惯性力有关：

$$M_x = m_1 r\omega^2 \sum_{i=1}^{n} l_i \sin(\omega t + \varphi_i) \tag{1.3.37}$$

绕曲轴轴线的扭转干扰力矩是与惯性力及气体压力有关的周期函数：

$$M_z = \sum_{i=1}^{n} (P_g + P_j) \frac{\sin(\omega t + \varphi_i + \beta_i)}{\cos \beta_i} r \tag{1.3.38}$$

从上述公式可知：作用在直列多缸发动机上的干扰力和干扰力矩均为曲轴转角的周期函数，极易引发发动机和车架的振动。对于 V 型和 H 型发动机，受力分析方法与之类似。

5. 发动机缸数和布局对运动平顺性的影响

在发动机四个冲程中，活塞往复运动会产生一定的惯性力，特别是当活塞到了上止点、点火做功时，活塞受到向下冲击，对曲轴产生一个沿连杆轴线方向的斜向冲击力。当发动机是单缸（如摩托车）时惯性力可以通过配重被平衡，但做功冲击力难以平衡，故单缸发动机振动大，不平顺，应用较少。为了平衡惯性力和惯性力矩，发动机常采用 4 缸或更多缸的形式。

在 4 缸布局的组合中，图 1-24 所示布局最理想。点火顺序一般为 1—2—4—3 或 1—3—4—2。1 缸与 3 缸的运动过程同步（1 缸上止点即 3 缸上止点）。2 缸与 4 缸则是相反的（为下止点）。1 缸做功点火时 3 缸完成吸气压缩，3 缸点火时 4 缸完成吸气压缩，4 缸点火时 2 缸完成吸气压缩，如此往复运转。这种对称结构能够同时平衡活塞往复运动所带来的惯性力和惯性力矩问题，保证发动机的平稳工作。

评价发动机振动的指标之一是对“一阶振动”“二阶振动”等的抑制程度。车辆的 NVH（Noise、Vibration、Harshness）指标代表了汽车振动噪声方面的性能。振动频率与发动机转速 ω 相同的振动称为一阶振动，振动频率是发动机转速的 2 倍（2ω）的振动称为二阶振动，依

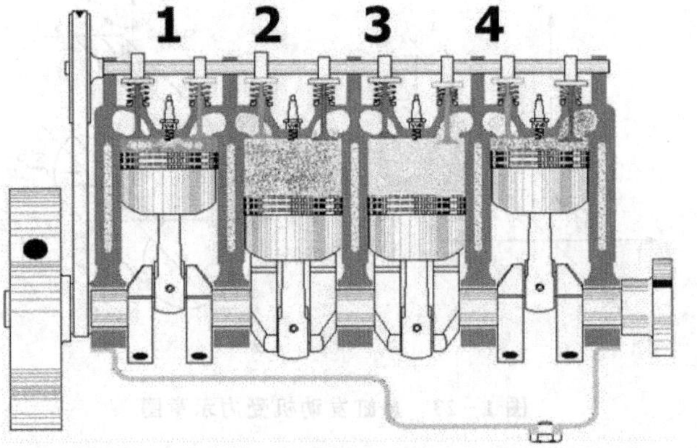

图 1-24　四缸发动机理想布局图

此类推，还有三阶、四阶等振动。“一阶惯性力”和“二阶惯性力”事实上就是发动机受迫振动时的两个激振力，对应于一阶振动和二阶振动。（在数学上，这里的“阶”是指傅里叶等级数中的“项”；频域（角速度 ω）中，$n\omega$ 就是指 n 阶。）

一阶振动是由曲柄滑块机构往复运动的惯性引起的振动，而二阶振动主要由点火做功冲击加速度所引起。以上述 4 缸发动机工作过程为例来加以解释：当活塞 1 位于上止点时，开始点火做功，活塞快速下推，这时对曲轴的力矩最大，其他活塞没有受到燃烧气体推力作用，运行的速度变化不大。做功活塞的加速度大于其余三个活塞，冲击加速度会引起振动。这种冲击伴随着发动机曲轴每转一圈发生两次，这可以理解为是二阶振动的原因之一。

通常，一阶振动占整个振动的 70%左右，是振动的主要来源，二阶振动占近 30%，故三阶以上的振动可忽略不计。数学上可以证明，L4 发动机解决了一阶振动问题，但没有解决二阶振动问题；而 6 缸发动机（L6 和 V6）或 8 缸发动机则同时平衡了一阶和二阶振动。因此，在兼顾制造成本和废气排放的前提下，通过增加发动机气缸（曲柄滑块机构）数量可以有效平衡发动机中一阶和二阶惯性载荷，使运动更平顺。

四冲程发动机每个曲柄-滑块机构需要旋转两周（720°）才能有一次有效做功，每缸可驱动曲轴转动 180°。对于 4 缸发动机，曲轴相位角 90°，在 720°中，每间隔 720°/4 即 180°有一次点火做功，动力无间断。对于 6 缸发动机，在 720°中，每隔 120°有一次点火做功，动力有重叠。所以 6 缸机比 4 缸机做功密度大，扭转振动频率提高，幅度相对减小，平顺性更好。随着国家对发动机排放要求的提高，为了降低油耗、减少排放和减少机械摩擦，市场上出现了大量安装 L3 发动机的汽车。

如前所述，四冲程发动机曲柄-滑块机构需要旋转两周（720°）才能有一次有效做功，每缸可驱动曲轴转动 180°。对于三缸发动机，曲轴相位角为 120°，在 720°中，每间隔 240°才有一次点火做功，三缸共可有效驱动曲轴转动 $3\times180°=540°<720°$。即每气缸做功一次将有 60°的沉默期，发动机不做功，动力输出间断，周向运动不平稳。

对 L3 发动机，为了平衡惯性力矩，需要安装一重量较大的平衡轴（配重），且只能平衡部分惯性载荷，故 L3 发动机与 L4 相比在平顺性上始终存在差距。

【例 1－3】 回转体静平衡设计。如图 1－25 所示，一盘形回转体(厚度方向可忽略)，上有四个不平衡质量，它们的大小及质心到回转体的距离分别为：$m_1=10$ kg，$m_2=14$ kg，$m_3=16$ kg，$m_4=20$ kg，$r_1=200$ mm，$r_2=400$ mm，$r_3=300$ mm，$r_4=140$ mm。如果该回转体满足平衡条件，请求出需要加载的平衡质径积 $m_b\boldsymbol{r}_b$ 的大小和方位。

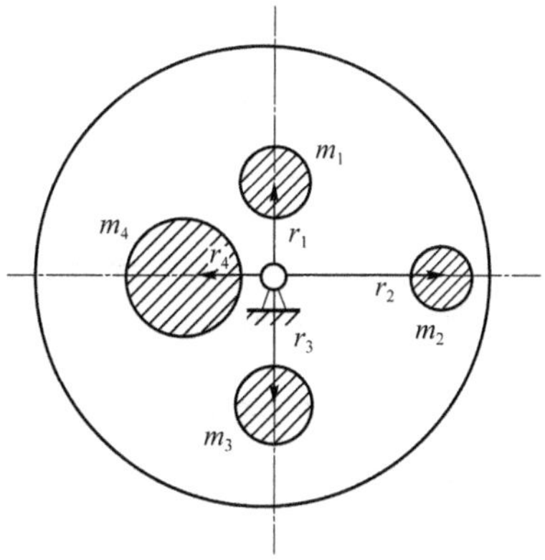

图 1－25　盘形回转体

解　先求出各质径积大小，分别为

$$m_1r_1=10\times0.2=2\ \text{kg}\cdot\text{m}$$
$$m_2r_2=14\times0.4=5.6\ \text{kg}\cdot\text{m}$$
$$m_3r_3=16\times0.3=4.8\ \text{kg}\cdot\text{m}$$
$$m_4r_4=20\times0.14=2.8\ \text{kg}\cdot\text{m}$$

由平衡矢量公式得

$$m_1\boldsymbol{r}_1+m_2\boldsymbol{r}_2+m_3\boldsymbol{r}_3+m_4\boldsymbol{r}_4+m_b\boldsymbol{r}_b=\boldsymbol{0}$$

方法①：作图法。

首先确定比例尺为 $\mu_{mr}=0.1$ kg·m/mm，质径积矢量图如图 1－26 所示，由图量得 $m_br_b=3.96$ kg·m，方向与 m_4r_4 的夹角为 45°。

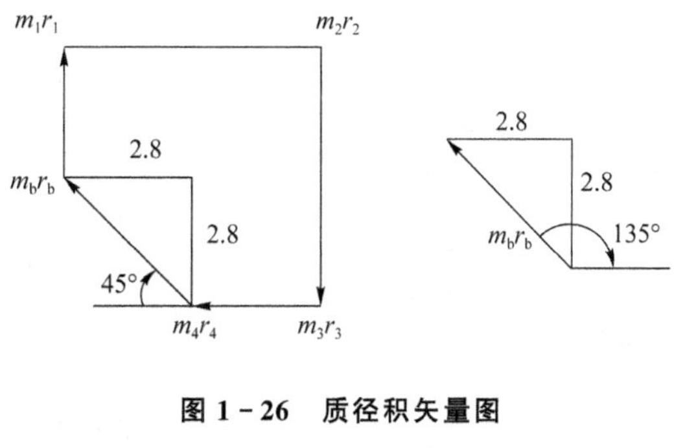

图 1－26　质径积矢量图

方法②：解析法。

$$m_br_b=\sqrt{(m_3r_3-m_1r_1)^2+(m_2r_2-m_4r_4)^2}$$
$$=\sqrt{2.8^2+2.8^2}=3.96\ \text{kg}\cdot\text{m}$$

与 m_2r_2 的夹角为 $\theta_b=135°$。

【例 1-4】 回转体动平衡设计。如图 1-27 所示，一个转子上有两个不平衡质量 $m_1=200\ \text{kg}$，$m_2=100\ \text{kg}$，$r_{\text{Ⅰ}}=50\ \text{mm}$，$r_{\text{Ⅱ}}=40\ \text{mm}$，选定平面Ⅰ、Ⅱ为平衡校正面，若两个平面内平衡质量的回转半径 $r_{\text{bⅠ}}=r_{\text{bⅡ}}=60\ \text{mm}$，求平衡质量 $m_{\text{bⅠ}}$、$m_{\text{bⅡ}}$ 的大小及方位。

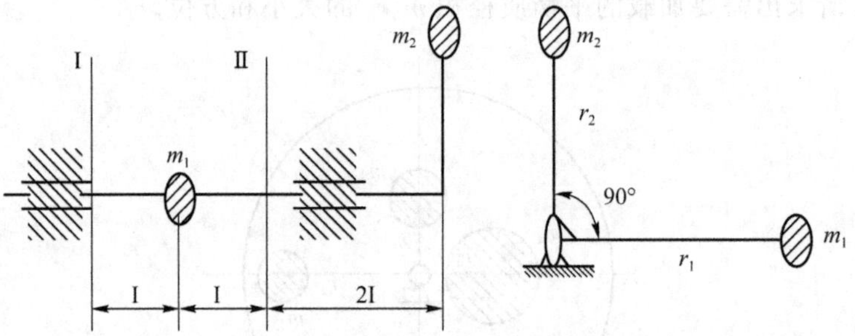

图 1-27　不平衡转子示意图

解　1) m_1、m_2、m_b 三个质径积在平面Ⅰ投影后质径积分别为

$$m_2'\boldsymbol{r}_2'=\frac{-2l}{2l}100\times40=-4\ 000\ \text{kg}\cdot\text{mm}$$

$$m_1'\boldsymbol{r}_1'=\frac{l}{2l}200\times50=5\ 000\ \text{kg}\cdot\text{mm}$$

$$m_b'\boldsymbol{r}_b'=320\times20\approx6\ 400\ \text{kg}\cdot\text{mm}$$

2) m_1、m_2、m_b 三个质径积在平面Ⅱ投影后质径积分别为

$$m_2''\boldsymbol{r}_2''=\frac{4l}{2l}100\times40=8\ 000\ \text{kg}\cdot\text{mm}$$

$$m_1''\boldsymbol{r}_1''=\frac{l}{2l}200\times50=5\ 000\ \text{kg}\cdot\text{mm}$$

$$m_{\text{bⅠ}}=\frac{6400}{60}=106.67\ \text{kg}$$

$$m_{\text{bⅡ}}\approx9400/60\approx156.67\ \text{kg}$$

角度如图 1-28 所示。

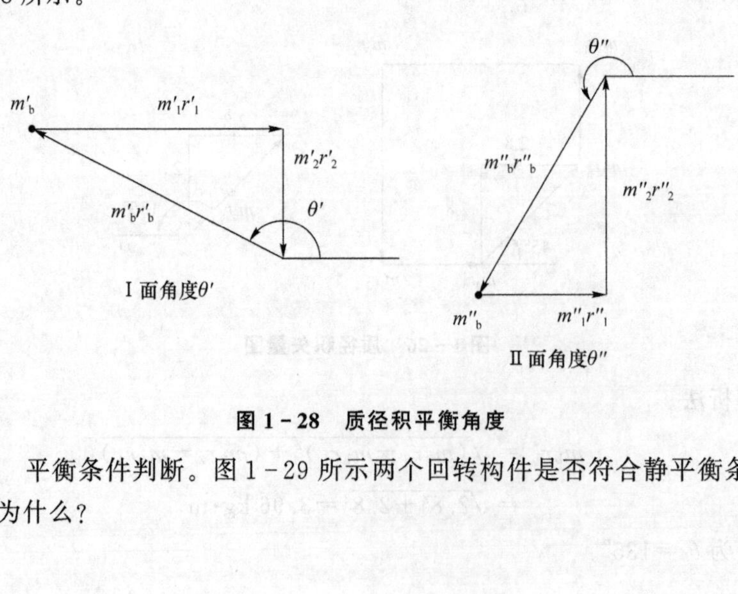

图 1-28　质径积平衡角度

【例 1-5】 平衡条件判断。图 1-29 所示两个回转构件是否符合静平衡条件？是否符合动平衡条件？为什么？

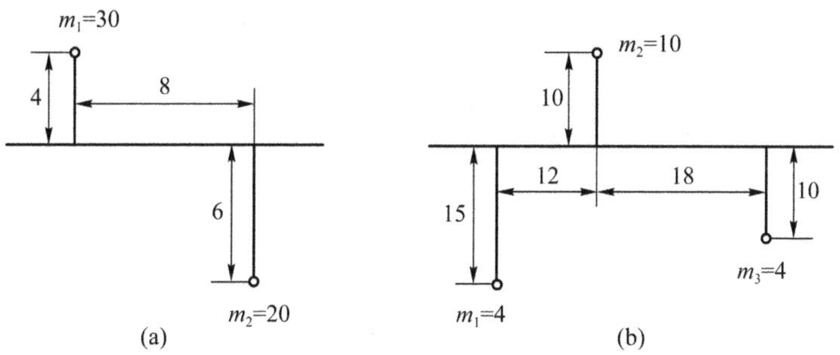

图 1-29　回转构件示意图

解　图(a)所示转子符合静平衡条件,但不符合动平衡条件。因为 $\sum m_i\boldsymbol{r}_i=30\times4-20\times6=0$,但惯性力偶矩不等于 0。

图(b)所示转子符合动平衡条件。因为 $\sum m_i\boldsymbol{r}_i=4\times15-10\times10+4\times10=0$,$m_1$ 与 m_3 惯性力合力与 m_2 惯性力等值共线反向,故惯性力偶矩等于 0。

【例 1-6】　平衡条件判断。图 1-30 所示刚性转子是否符合动平衡条件,为什么?

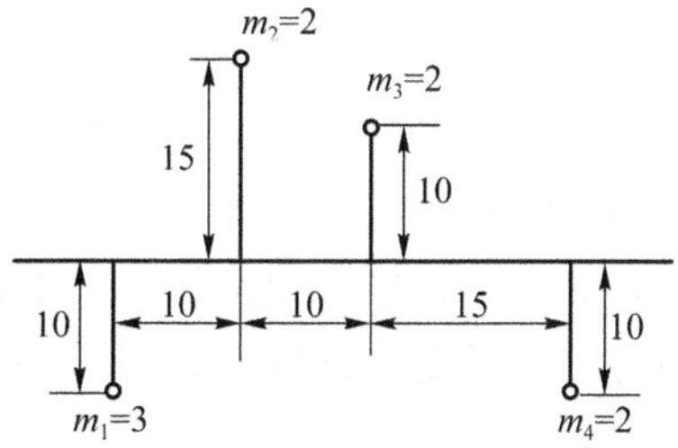

图 1-30　刚性转子构件示意图

解　平面 m_1 处:$\sum m_i\boldsymbol{r}_i=2\times15\times10+2\times10\times20-2\times10\times35=0$。平面 m_4 处:$\sum m_i\boldsymbol{r}_i=2\times10\times15+2\times15\times25-3\times10\times35=0$。所以,符合动平衡条件。

1.3.4　平面连杆机构的完全平衡

1. 平面连杆机构完全平衡的条件

为分析简便起见,下面考虑一种最简单的情况——共面平面连杆机构,即假定它的各构件均在同一平面 Oxy 内运动,如图 1-31 所示。

设第 i 个构件的质量为 m_i,对质心的转动惯量为 J_i,质心坐标为 x_i、y_i,构件的位置角为 φ_i。构件总数为 n,则运动构件数为 $n-1$。每个构件产生一个惯性力,它有两个分量。若要使摆动力、摆动力矩均为零,则应有

$$F_x=-\sum_{i=1}^{n-1}m_i\ddot{x}_i=0 \tag{1.3.39}$$

$$F_y=-\sum_{i=1}^{n-1}m_i\ddot{y}_i=0 \tag{1.3.40}$$

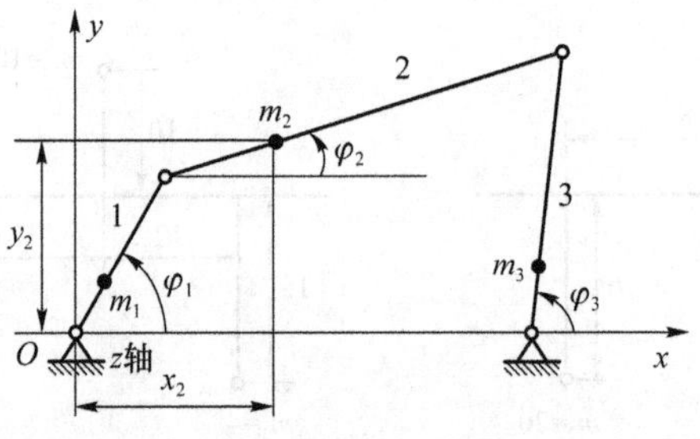

图 1-31　共面平面连杆机构

$$M_z = -\sum_{i=1}^{n-1}\left[m_i(x_i\ddot{y}_i - y_i\ddot{x}_i) + J_i\ddot{\varphi}_i\right] = 0 \tag{1.3.41}$$

上述三式为共面平面连杆机构摆动力和摆动力矩完全平衡的条件，其中式(1.3.39)和式(1.3.40)为机构摆动力完全平衡的条件。因为机构的总质心坐标可表示为

$$\left.\begin{aligned} x_s &= \frac{1}{m}\sum_{i=1}^{n-1} m_i x_i \\ y_s &= \frac{1}{m}\sum_{i=1}^{n-1} m_i y_i \end{aligned}\right\} \tag{1.3.42}$$

式中，m 为机构的总质量，故式(1.3.39)和式(1.3.40)的物理意义是：机构总质心的加速度为零。机构的总质心加速度为零只有两种可能：总质心做匀速直线运动或总质心静止不动。由于机构的运动具有周期性，总质心的运动轨迹只能是某一封闭曲线，所以总质心是不可能做匀速直线运动的。因而，机构摆动力完全平衡的条件可以表达为：机构运动时，其总质心保持静止不动。定义 $\sum_{i=1}^{n-1} m_i x_i$、$\sum_{i=1}^{n-1} m_i y_i$ 为机构的质量矩，则机构摆动力完全平衡的条件也可表达为：机构的质量矩为常数。将式(1.3.41)改写为

$$M_z = -\frac{\mathrm{d}H_0}{\mathrm{d}t} = -\frac{\mathrm{d}}{\mathrm{d}t}\left\{\sum_{i=1}^{n-1}\left[m_i(x_i\dot{y}_i - y_i\dot{x}_i) + J_i\dot{\varphi}_i\right]\right\} = 0 \tag{1.3.43}$$

式中，$H_0 = \sum_{i=1}^{n-1}\left[m_i(x_i\dot{y}_i - y_i\dot{x}_i) + J_i\dot{\varphi}_i\right]$ 称为机构的动量矩。因此，机构摆动力矩完全平衡的条件可表达为：机构的动量矩为常数。

2. 用质量再分配实现摆动力的完全平衡

现在已提出了多种通过质量再分配，即加配重来实现摆动力完全平衡的分析方法，主要有广义质量代换法、线性独立矢量法、质量矩替代法和有限位置法等。由 Berkof 和 Lowen 提出的线性独立矢量法是其中概念清晰、易于理解的一种。用线性独立矢量法进行机构摆动力完全平衡的步骤如下：

1) 建立机构总质心的表达式，表达式中含有机构的几何、物理参数(质量、杆长、质心位置等)和各杆的运动参数(位置角)。

2) 该表达式中的运动参数不是独立的，应将机构封闭矢量方程式引入总质心表达式。

3) 根据摆动力完全平衡的条件：总质心保持静止不动，令总质心表达式中随时间变化的项的系数为零，这样就得到了机构的几何、物理参数应满足的条件——平衡方程。

4）根据平衡方程，确定所加配重的位置和大小。

下面以图 1-32 所示的平面铰链四杆机构为例加以说明。图中各杆位置角以 φ_i 表示，各杆质心用 r_i 和 θ_i 两个参数定位。设机构总质心所在位置为 S，由原点 O 到 S 的矢量 $\boldsymbol{r}_s$ 为

$$\boldsymbol{r}_s = \frac{1}{m}\sum_{i=1}^{3} m_i \boldsymbol{r}_{si} \tag{1.3.44}$$

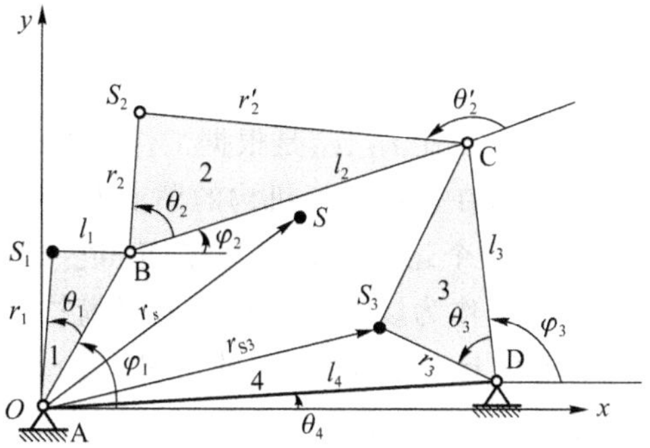

图 1-32　摆动力完全平衡的线性独立矢量法

式中，m_i 为构件 i 的质量；$\boldsymbol{r}_{si}$ 为构件 i 的质心 S_i 的位置矢量；m 为机构总质量。为方便起见，用 $\boldsymbol{r}_s$ 复数形式表示为

$$\left.\begin{aligned}\boldsymbol{r}_{s1} &= r_1 e^{i(\varphi_1+\theta_1)}\\ \boldsymbol{r}_{s2} &= l_1 e^{i\varphi_1} + r_2 e^{i(\varphi_2+\theta_2)}\\ \boldsymbol{r}_{s3} &= l_4 e^{i\theta_4} + r_3 e^{i(\varphi_3+\theta_3)}\end{aligned}\right\} \tag{1.3.45}$$

将式(1.3.45)代入式(1.3.44)得

$$\boldsymbol{r}_s = \frac{1}{m}\left[(m_1 r_1 e^{i\theta_1} + m_2 l_1)e^{i\varphi_1} + (m_2 r_2 e^{i\theta_2})e^{i\varphi_2} + (m_3 r_3 e^{i\theta_3})e^{i\varphi_3} + m_3 l_4 e^{i\theta_4}\right] \tag{1.3.46}$$

式中，$e^{i\varphi_1}$、$e^{i\varphi_2}$、$e^{i\varphi_3}$ 为与时间有关的矢量，但这些矢量并不是线性独立的，它们必须满足机构的封闭矢量方程式

$$l_1 e^{i\varphi_1} + l_2 e^{i\varphi_2} - l_3 e^{i\varphi_3} - l_4 e^{i\theta_4} = 0 \tag{1.3.47}$$

$e^{i\varphi_1}$、$e^{i\varphi_2}$、$e^{i\varphi_3}$ 中只有两个是独立的，将式(1.3.47)代入式(1.3.46)可消去其中一个，例如若消去 $e^{i\varphi_1}$，则式(1.3.46)变为

$$\boldsymbol{r}_s = \frac{1}{m}\left[(m_1 r_1 e^{i\theta_1} + m_2 l_1 - m_2 r_2 l_{12} e^{i\theta_2})e^{i\varphi_1} + (m_3 r_3 e^{i\theta_3} + m_2 r_2 l_{12} e^{i\theta_2})e^{i\varphi_3} + (m_3 l_4 + m_2 l_2 l_{42} e^{i\theta_2})e^{i\varphi_4}\right] \tag{1.3.48}$$

式中，$l_{ij} = l_i / l_j$，要使机构总质心保持不动，应使 $\boldsymbol{r}_s$ 成为常量。在 $\boldsymbol{r}_s$ 的表达式中，e^{i1}、$e^{i\varphi_3}$ 是与时间有关的矢量，令 $e^{i\varphi_1}$、e^{ip_3} 前面的系数为零，则有

$$\left.\begin{aligned} m_1 r_1 e^{i\theta_1} + m_2 l_1 - m_2 r_2 l_{12} e^{i\theta_2} = 0\\ m_3 r_1 e^{i\theta_1} + m_2 r_2 l_{32} e^{i\theta_2} = 0\end{aligned}\right\} \tag{1.3.49}$$

这两个方程式中所含的量都是机构的几何参数和物理参数，它们就是摆动力完全平衡的平衡方程。在此，引入线性独立矢量法来更清楚地表达摆动力平衡条件，其示意图见图 1-32，可见

$$r_2 e^{i\theta_2} = l_2 + r_2' e^{i\theta_2'} \tag{1.3.50}$$

将此式代入式(1.3.49)中的第 1 式，则式(1.3.49)可改为

$$\left.\begin{aligned} m_1 r_1 \mathrm{e}^{\mathrm{i}\theta_1} &= m_2 l_{12} r_2' \mathrm{e}^{\mathrm{i}\theta_2'} \\ m_3 r_3 \mathrm{e}^{\mathrm{i}\theta_3} &= -m_2 r_2 l_{32} \mathrm{e}^{\mathrm{i}\theta_2} \end{aligned}\right\} \tag{1.3.51}$$

这样可得到平衡条件

$$\left.\begin{aligned} m_1 r_1 &= m_2 r_2' l_{12} \\ \theta_1 &= \theta_2' \\ m_3 r_3 &= m_2 r_2 l_{32} \\ \theta_3 &= \theta_2 + \pi \end{aligned}\right\} \tag{1.3.52}$$

式中，$\boldsymbol{m_i r_i}$ 称为质量矩。式中杆的长度比 l_{12}、l_{32} 是根据工作要求经运动设计确定的，在进行平衡时不能再修改。式(1.3.52)表示，在铰链四杆机构的摆动力完全平衡时，若一个运动构件的质量和质心位置已经确定，则另外两个运动构件的质量矩和它们的位置就应该用此式求出。为此，可以取三个运动构件中的两个作为设置平衡配重的平衡构件。此处仅取构件 1、3 为平衡构件的情况作一讨论。若连杆 2 上不放配重，它的质量、质心位置都是已知的，θ_2、θ_2'、m_2、r_2、r_2' 均为已知量，则可用式(1.3.52)计算出 m_1r_1、m_3r_3、θ_1、θ_3。所计算出的这四个量均指加了配重以后的量。如果描述构件 1、3 未加配重前的质量和质心位置的原始参数为 m_1^0、m_3^0、r_1^0、r_3^0、θ_1^0、θ_3^0，则所应加的平衡配重的参数 m_1^*、m_3^*、r_1^*、r_3^*、θ_1^*、θ_3^* 便不难导出。根据静力学原理，有

$$\left.\begin{aligned} m_1 r_1 \mathrm{e}^{\mathrm{i}\theta_1} &= m_1^0 r_1^0 \mathrm{e}^{\mathrm{i}\theta_1^0} + m_1^* r_1^* \mathrm{e}^{\mathrm{i}\theta_1^*} \\ m_3 r_3 \mathrm{e}^{\mathrm{i}\theta_3} &= m_3^0 r_3^0 \mathrm{e}^{\mathrm{i}\theta_3^0} + m_3^* r_3^* \mathrm{e}^{\mathrm{i}\theta_3^*} \end{aligned}\right\} \tag{1.3.53}$$

求解此式可得到配重的质量矩和位置角为

$$\left.\begin{aligned} m_i^* r_i^* &= \sqrt{(m_i r_i)^2 + (m_i^0 r_i^0)^2 - 2 m_i r_i m_i^0 r_i^0 \cos(\theta_i - \theta_i^0)} \\ \tan\theta_i^* &= \frac{m_i r_i \sin\theta_i - m_i^0 r_i^0 \sin\theta_i^0}{m_i r_i \cos\theta_i - m_i^0 r_i^0 \cos\theta_i^0} \end{aligned}\right\} \quad (i=1,3) \tag{1.3.54}$$

式中，$m_i = m_i^0 + m_i^*$。同理也可以导出以构件 1、2 或构件 2、3 为平衡构件时所应加的平衡量。

【例 1-7】 四杆机构平衡设计。图 1-33 所示之四杆机构，曲柄 1 为输入杆，各杆长度、质量、质心位置等参数如表 1-1 所列。确定在曲柄 1 和摇杆 3 上为实现摆动力的完全平衡所需加的配重。

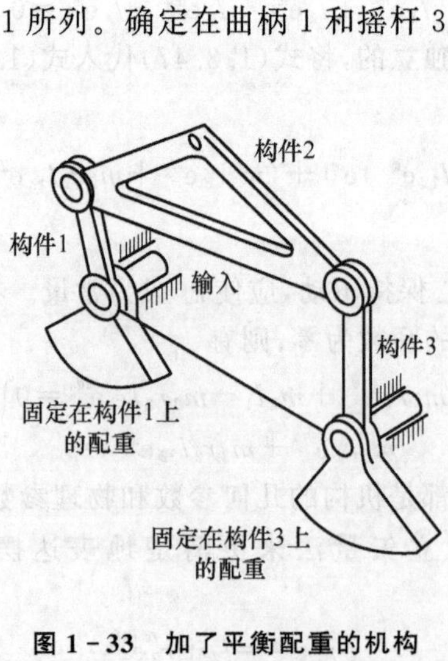

图 1-33 加了平衡配重的机构

表 1-1　一个未经平衡的四杆机构的参数

项　目	杆编号			
	1	2	3	4
l_i/mm	50	150	75	140
r_2/mm	/	80	/	/
r_i^0/mm	25	/	40	/
θ_i/(°)	0	15	0	/
r_2'/(°)	/	75.6	/	/
θ_2'/(°)	/	164.1	/	/
m_i/kg	0.046	0.125	0.054	/

解　由式(1.3.52)可求出

$$m_1 r_1 = m_2 r_2' l_{12} = 0.125 \times 75.6 \times \frac{50}{150}\ \text{g·m} = 3.15\ \text{g·m}$$

$$\theta_1 = \theta_2' = 164.1^\circ$$

$$m_3 r_3 = m_2 r_2 l_{32} = 0.125 \times 80 \times \frac{75}{150}\ \text{g·m} = 5\ \text{g·m}$$

$$\theta_3 = \theta_2 + \pi = 15^\circ + 180^\circ = 195^\circ$$

注意，$m_1 r_1$、$m_3 r_3$ 是设置了配重后的质量矩。由给定条件可知，构件 1、3 未加配重前的质量矩为

$$m_1^0 r_1^0 = 0.046 \times 25\ \text{g·m} = 1.15\ \text{g·m}$$

$$m_3^0 r_3^0 = 0.054 \times 40\ \text{g·m} = 2.16\ \text{g·m}$$

用式(1.3.54)可求出在曲柄 1 上应设置的配重的质量矩为

$$\begin{aligned} m_1^* r_1^* &= \sqrt{(m_1 r_1)^2 + (m_1^0 r_1^0)^2 - 2 m_1 r_1 m_1^0 r_1^0 \cos(\theta_1 - \theta_1^0)} \\ &= \sqrt{3.15^2 + 1.15^2 - 2 \times 3.15 \times 1.15 \times \cos(164.1^\circ - 0^\circ)}\ \text{g·m} = 4.27\ \text{g·m} \end{aligned}$$

这个配重的相位为

$$\theta_1^* = \arctan \frac{m_1 r_1 \sin\theta_1 - m_1^0 r_1^0 \sin\theta_1^0}{m_1 r_1 \cos\theta_1 - m_1^0 r_1^0 \cos\theta_1^0} = 168.3^\circ$$

同理，对摇杆 3 也可求出

$$m_3^* r_3^* = 7.11\ \text{g·m} \quad \theta_3^* = 190.5^\circ$$

图 1-33 所示为配置了两个配重的机构。

本节所介绍的线性独立矢量法是针对结构比较简单的机构提出的。对多环机构则要列出多个封闭矢量方程式，较为烦琐。质量矩替代法在理论上更具一般性。质量矩替代法的基本思想是：

1) 基本回路数为 v 的连杆机构，可分解为 v 个连枝构件和一个连接机架的树系统。如，图 1-34 所示的六杆机构，包含两个回路 ABCDE 和 CFGD，取出构件 3、4 为连枝构件，其余构件组成一个树系统。

2) 连枝构件的质量矩可以表述为作用在树枝构件上的附加质量矩。

3) 建立全部树枝构件的摆动力完全平衡条件，并计入连枝构件附加质量矩的作用，即可得到机构的摆动力完全平衡条件。

4）按照摆动力完全平衡条件，对每一树枝构件附加适当的配重。

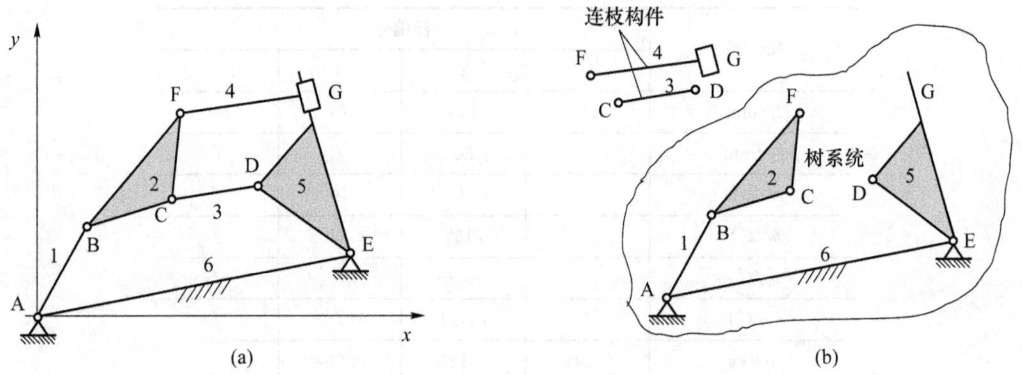

图 1-34　机构分解为连枝结构和树系统

1.3.5　平面连杆机构的优化综合平衡

1. 优化综合平衡问题的提出

从理论上说，惯性力的计算是建立在主动构件作理想运动（如等速回转）的假定基础上的。但是，输入转矩是有波动的，主动构件的角速度并不是恒定的。在加配重进行摆动力平衡后，输入转矩的波动可能更剧烈。此外，在上述的平衡计算中也没有考虑运动副中的动压力。

单目标动力平衡的实际结果也表明，通过平衡来改善某一动力学特性，常常以其他动力学特性的恶化为代价。优化方法的出现，突破了长期以来仅围绕单目标平衡进行研究的局面。优化是一个综合过程，但它是包含了多次分析过程，通过数值方法来逐步收到一个相对优化的方案来进行综合的，因而用优化方法来进行平衡，不需要推导平衡方程。这就给研究者提供了这样一种可能：摆脱单目标动力平衡的局限性，兼顾多项动力学指标。

优化综合平衡是一个多目标的优化问题，多个指标都达到完全平衡是不可能的。所以，优化综合平衡当然也是一种部分平衡，但它是出现在新的研究水平上的、具有新的内涵的部分平衡。机构平衡问题的研究从简单机构的摆动力部分平衡开始，发展到机构摆动力与摆动力矩的完全平衡，又发展到优化综合平衡，走过了一个螺旋式上升的发展过程。

2. 优化综合平衡的数学模型

在优化综合平衡中，平衡问题被表述为一个多目标的非线性规划问题。目前多用各项动力学指标的加权和来构成目标函数。例如，当同时考虑摆动力、摆动力矩和输入转矩等平衡问题时，目标函数可构造为

$$f(\boldsymbol{x})=w_1 f_1(\boldsymbol{x})+w_2 f_2(\boldsymbol{x})+w_3 f_3(\boldsymbol{x})+w_4 f_4(\boldsymbol{x}) \tag{1.3.55}$$

式中，$\boldsymbol{x}$ 为设计变量列阵，其元素为配重的大小和位置等参数；$f(\boldsymbol{x})$ 为总目标函数；$f_1(\boldsymbol{x})$、$f_2(\boldsymbol{x})$、$f_3(\boldsymbol{x})$、$f_4(\boldsymbol{x})$ 分别为考虑 x 向摆动力、y 向摆动力、摆动力矩和输入转矩等各量变化幅度的分目标函数；w_1、w_2、w_3、w_4 分别为各分目标函数的权重系数，它们的作用是平衡各分目标函数的数值量级，也反映设计者对各目标的重视程度。各分目标函数可构造如下：

$$\left.\begin{aligned}
f_1(\boldsymbol{x})&=(F_x)_{\max}-(F_x)_{\min}\\
f_2(\boldsymbol{x})&=(F_y)_{\max}-(F_y)_{\min}\\
f_3(\boldsymbol{x})&=(F_{\mathrm{m}})_{\max}-(F_{\mathrm{m}})_{\min}\\
f_4(\boldsymbol{x})&=T_{\max}-T_{\min}
\end{aligned}\right\} \tag{1.3.56}$$

式中，$(F_x)_{max}$、$(F_x)_{min}$为一个运动周期中 x 向摆动力的最大值和最小值；$(F_y)_{max}$、$(F_y)_{min}$为一个运动周期中 y 向摆动力的最大值和最小值；$(F_m)_{max}$、$(F_m)_{min}$为一个运动周期中摆动力矩的最大值和最小值；T_{max}、T_{min}为一个运动周期中输入转矩的最大值和最小值。建立这一数学模型的主要困难在于确定权重系数。所有的文献都指出，权重系数应根据经验选取，设计者无所依从，这实际上是一个迄今未能很好解决的问题。根本原因在于：在这一综合目标函数中的各动力学指标如摆动力、摆动力矩等，并不是设计者真正关心的质量指标。以机构在机座上的振动来说，摆动力和摆动力矩虽然是引起振动的激振力，但设计者真正感兴趣的质量指标是动力响应，即机构上某一点在各个方向的振动幅度。而摆动力和摆动力矩这些量是怎样影响动力响应呢？这一问题过去并未深入探讨。这是因为在传统的平衡研究中，仅着眼于消除或减小激振力，而不列出振动的微分方程，不进行振动响应分析。

下述数学模型将对上述问题作进一步阐述。对于机器在机座上的平衡问题，将机器用一个三自由度受迫振动的力学模型来描述，如图 1－35 所示。图中 M 为系统等效质量所在的点，$F_x(t)$、$F_y(t)$、$F_m(t)$分别为机构的 x 向摆动力、y 向摆动力和摆动力矩。以 M 点的位移 x、y 和系统的转角 θ 为三个广义坐标，可写出振动方程组

$$\left.\begin{aligned}&m\ddot{x}+k_3x=F_x(t)\\&m\ddot{y}+(k_1+k_2)y-(k_2l_2-k_1l_1)\theta=F_y(t)\\&J_M\ddot{\theta}-(k_2l_2-k_1l_1)y+(k_1l_1^2+k_2l_2^2)\theta=F_m(t)\end{aligned}\right\}\tag{1.3.57}$$

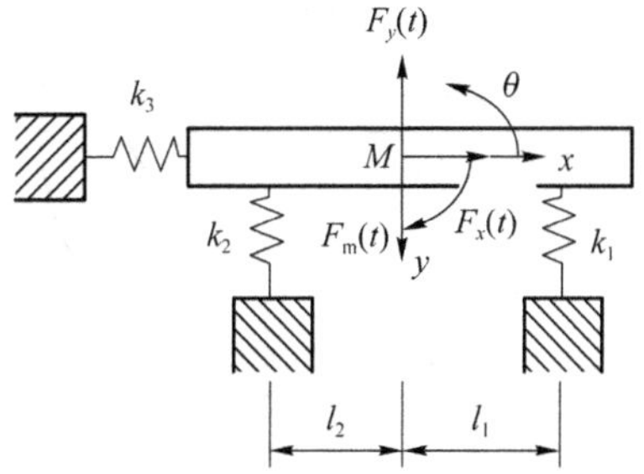

图 1－35　机构的三自由度振动模型

式中，k_1、k_2、k_3 为系统的刚度系数；m 为系统质量；I_M为系统对点 M 的转动惯量。求解这个振动方程组，可得出振动响应，并进而求出振动幅度

$$\left.\begin{aligned}&B_x=x_{max}-x_{min}\\&B_y=y_{max}-y_{min}\\&B_\theta=\theta_{max}-\theta_{min}l\end{aligned}\right\}\tag{1.3.58}$$

取目标函数为

$$f(\boldsymbol{x})=w_xB_x+w_yB_y+w_\theta B_\theta\tag{1.3.59}$$

式中，$\boldsymbol{x}$ 为设计变量列阵，包含施加配重的大小和位置等参数。以动态响应的变化幅度 B_x、B_y、B_θ 的加权和为目标函数，这里的权重系数 w_x、w_y、w_θ 可根据设计者的期望来选取。

按传统的目标函数式(1.3.55)和新的目标函数式(1.3.59)来进行优化平衡，存在着一些本质性的区别。首先，系统的振动响应不仅与激振力的变化有关，而且也与系统的固有特性-质量和刚度有关。用传统的目标函数式(1.3.55)就无法反映出这一点。从传统的观点看，一个机构的平衡是与机座-机构系统无关的；而从式(1.3.59)看，机构的综合平衡却是与机座-机

构系统有关的。此外,系统的三个广义坐标随转速的变化情况是不同的,在某一转速下,某个广义坐标,例如横向位移 x 的值可能特别大,那么式(1.3.55)中的权重系数 w_1 就应当取得大些。但是设计者不经过振动分析,根本无法"凭经验"做出这种决定。而在式(1.3.59)的目标函数中,包含了系统的所有参数,是经过了振动分析而构造成的,因而就克服了传统目标函数式中权重系数难以确定这一困难。

把机构平衡问题的分析和系统的振动分析相结合,是今后平衡问题研究的新特点。机构的平衡问题虽然是一个传统的课题,但其理论至今不能认为已认识穷尽。工程实际中目前应用着多种多样的中、高速机械,其中许多机械振动问题常常是由于平衡问题没有解决好,因此机构平衡的理论与技术在实践中仍大有可为。

习　题

1-1　如图1.1所示,盘形回转件上存在三个不平衡质量 $m_1=10$ kg,$m_2=15$ kg,$m_3=10$ kg,$\boldsymbol{r}_1=50$ mm,$\boldsymbol{r}_2=100$ mm,$\boldsymbol{r}_3=70$ mm,设所有不平衡质量分布在同一回转平面内,问:应在什么方位上加上多大的平衡质径才能达到平衡?

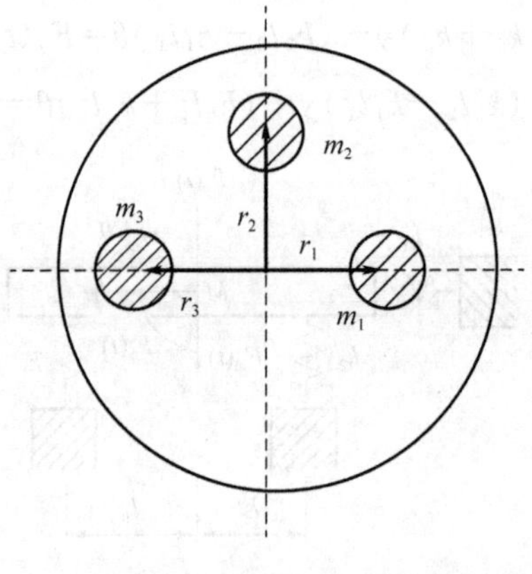

图1.1　习题1-1用图

1-2　如图1.2所示,一回转体上有三个质量:$m_1=3$ kg,$m_2=1$ kg,$m_3=4$ kg,绕 z 轴等角速度旋转,$\boldsymbol{r}_1=60$ mm,$r_2=140$ mm,$\boldsymbol{r}_3=90$ mm,其余尺寸如图所示。试用图解法求应在平面Ⅰ和Ⅱ处各加多大平衡质量才能得到动平衡(设平衡质量 $m_{b\text{I}}$ 和 $m_{b\text{II}}$,离转动轴线的距离 $\boldsymbol{r}_{b\text{I}}=\boldsymbol{r}_{b\text{II}}=100$ mm)。

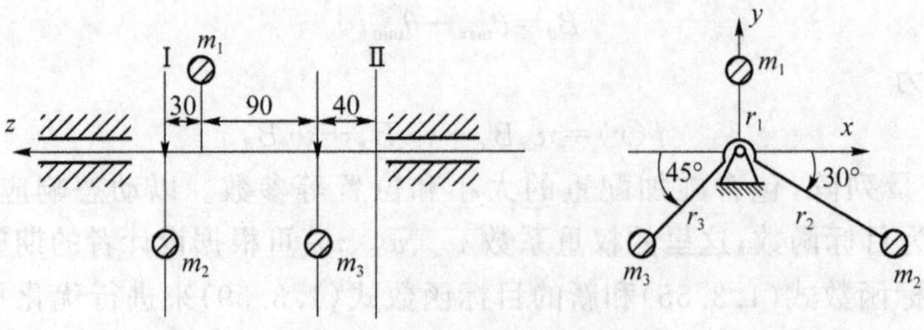

图1.2　习题1-2用图

1-3　图1.3所示为一钢制圆盘形回转体,在向径 $\boldsymbol{r}_1=200$ mm 处有一不平衡质量 $m_1=$

20 kg，在向径 $\boldsymbol{r}_2=150$ mm 处有一不平衡质量 $m_2=40$ kg，欲使该圆盘在向径 $\boldsymbol{r}_3=100$ mm 处去除材料以满足静平衡条件，试求该圆盘去除材料的质量及方位。

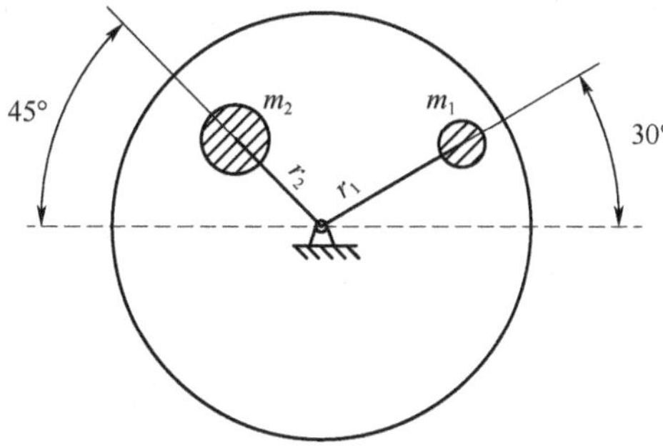

图 1.3　习题 1-3 用图

1-4　某平面回转体质量分布如图 1.4 所示，各质量在铰链处固连，其中 $m_1=2$ kg，$m_2=10$ kg，$m_3=8$ kg，$m_4=12$ kg，向径 $\boldsymbol{r}_1=80$ mm，$\boldsymbol{r}_2=160$ mm，$\boldsymbol{r}_3=100$ mm，$\boldsymbol{r}_4=200$ mm，求使该回转体达到静平衡的质径积。

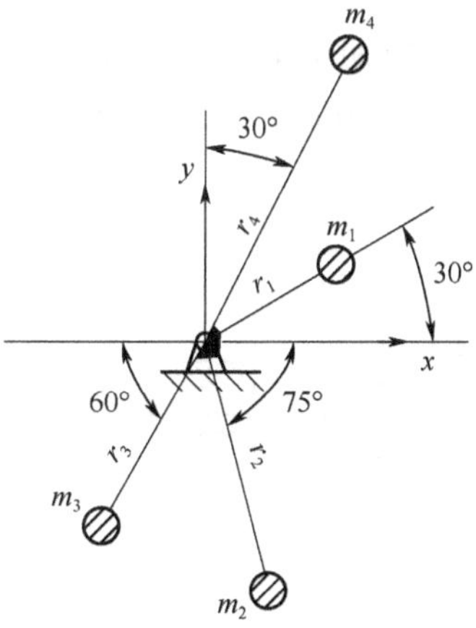

图 1.4　习题 1-4 用图

1-5　图 1.5 所示为一圆盘，其有三处位置被挖空，质量 $m_1=5$ kg，$m_2=7$ kg，$m_3=4$ kg，向径 $\boldsymbol{r}_1=180$ mm，$\boldsymbol{r}_2=120$ mm，$\boldsymbol{r}_3=80$ mm，现在要在 x、y 轴上各挖去 5 kg 质量使圆盘达到静平衡，求 x、y 轴挖去质量的位置。

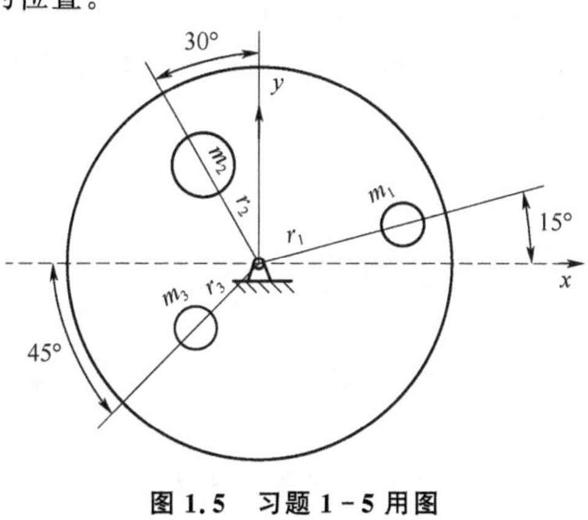

图 1.5　习题 1-5 用图

1-6　如图1.6所示，有一厚度为20 mm的圆盘，其材料密度为$7.85\times10^3\ kg/m^3$，$m_1=5\ kg$，$m_2=2\ kg$，$m_3=3\ kg$，向径$\boldsymbol{r}_1=200\ mm$，$\boldsymbol{r}_2=160\ mm$，$\boldsymbol{r}_3=100\ mm$，现需在圆盘$\boldsymbol{r}_4=150\ mm$处挖一圆形孔洞使其达到静平衡，求该孔洞的圆心位置及半径。

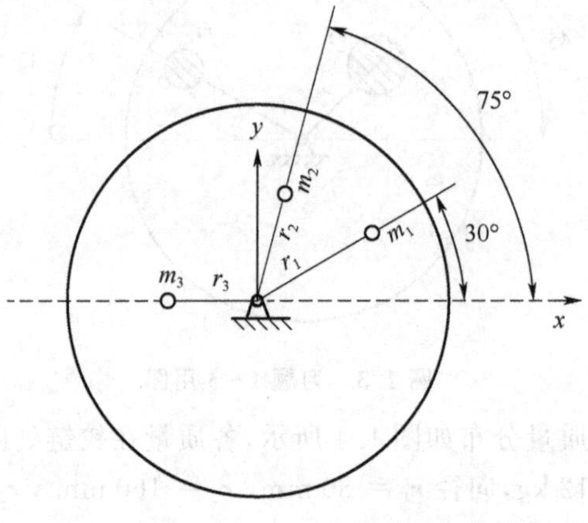

图1.6　习题1-6用图

1-7　如图1.7所示，回转体上有两个集中分布的质量$m_1=30\ kg$，$m_2=50\ kg$，其轴向尺寸如图所示，向径$r_1=240\ mm$，$r_2=150\ mm$，现通过在Ⅰ、Ⅱ平面增加质量的方式使回转体达到动平衡，求增加的质径积大小和方向。

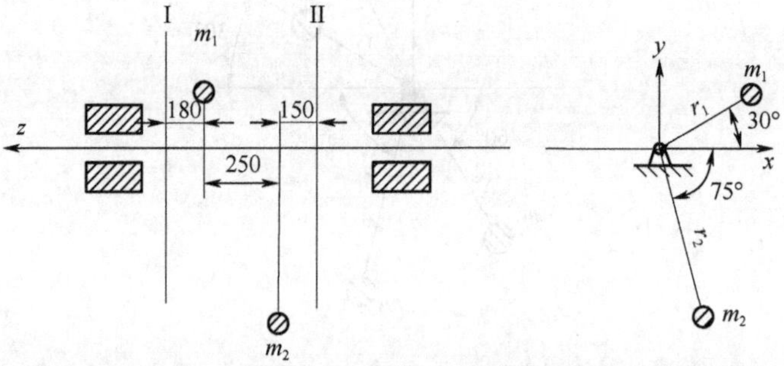

图1.7　习题1-7用图

1-8　如图1.8所示，一回转体上有三个质量：$m_1=4\ kg$，$m_2=5\ kg$，$m_3=3\ kg$，绕z轴等角速度旋转，其结构如图所示，$\boldsymbol{r}_1=30\ mm$，$\boldsymbol{r}_2=\boldsymbol{r}_3=40\ mm$，欲使该回转体得到动平衡，需要在Ⅰ和Ⅱ平面，离转动轴线$\boldsymbol{r}_{\text{I}}=\boldsymbol{r}_{\text{II}}=50\ mm$处增加平衡质量，求两平衡质量的大小及方位。

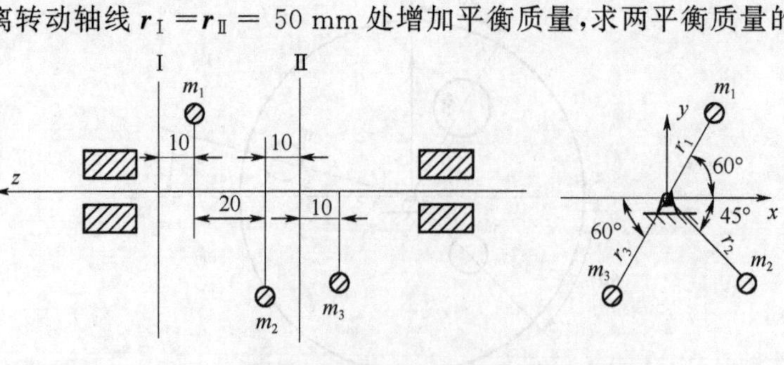

图1.8　习题1-8用图

1－9　两平行圆盘由转动惯量不计的轴链接，沿 z 轴的结构如图 1.9 所示。在 A 盘存在偏心质量 $m_1 = 8$ kg，$m_2 = 5$ kg，向径 $\boldsymbol{r}_1 = 150$ mm，$\boldsymbol{r}_2 = 200$ mm；在 B 盘存在偏心质量 $m_3 = 10$ kg，$m_4 = 6$ kg，$m_5 = 4$ kg，向径 $\boldsymbol{r}_3 = \boldsymbol{r}_5 = 180$ mm，$\boldsymbol{r}_4 = 120$ mm，方向如图所示。求Ⅰ、Ⅱ两平面需增加的质径积大小及方向，使回转体实现动平衡。

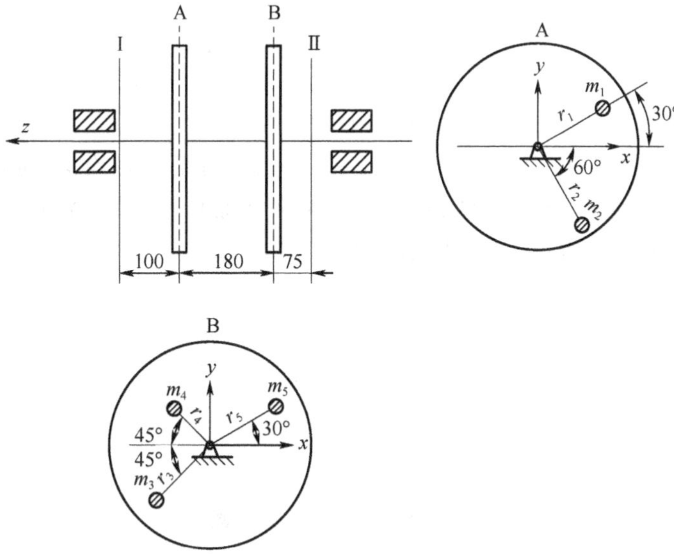

图 1.9　习题 1－9 用图

1－10　有一均匀圆盘 $M = 10$ kg，半径 $R = 300$ mm，其结构如图 1.10 所示，现将其质量动代换至两点 A、B，A 点的方位如图所示，其对应的向径 $\boldsymbol{r}_1 = 250$ mm，求 B 点位置及代换质量 m_1、m_2 的大小。

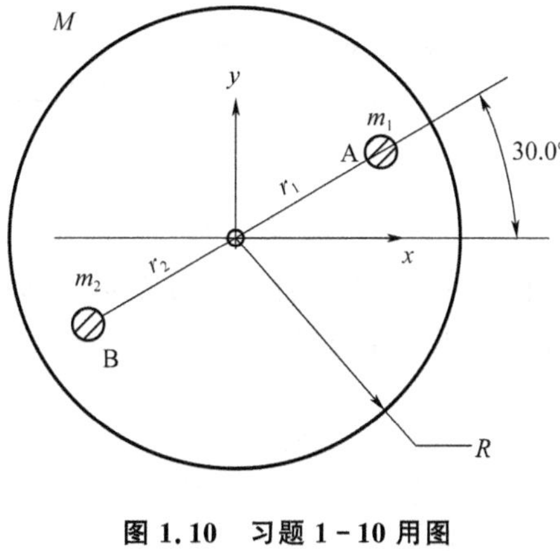

图 1.10　习题 1－10 用图

1－11　如图 1.11 所示，四杆机构 $L_1 = 90$ mm，$L_2 = 150$ mm，$L_3 = 100$ mm，三杆质量分别为 $m_1 = 15$ kg，$m_2 = 30$ kg，$m_3 = 22$ kg，现将其质量静代换至 A、B、C、D 四个铰链处，求四点的代换质量。

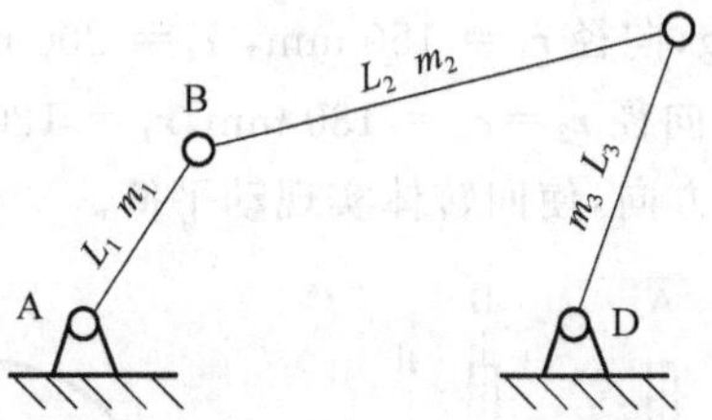

图 1.11　习题 1-11 用图

1-12　如图 1.12 所示，曲柄滑块机构的杆 L_1、L_2 质量分布均匀，质量 $m_1 = 2m$，$m_2 = 4m$，杆长 $L_1 = 2l$，$L_2 = 4l$，滑块质量 $m_3 = 3m$，为平衡曲柄滑块机构的一阶惯性力，在图示 $L_4 = l$ 处增加集中分布的质量，求该质量的大小。

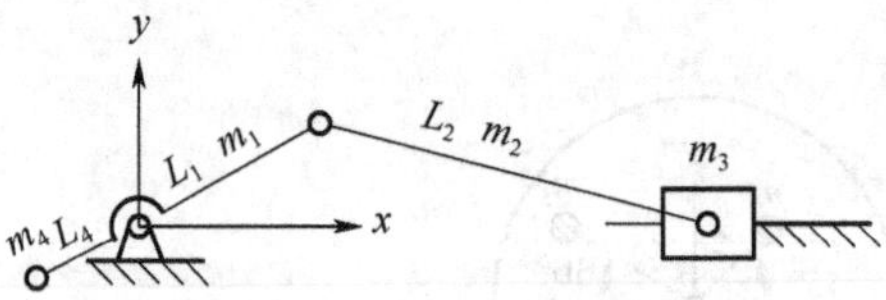

图 1.12　习题 1-12 用图

1-13　如图 1.13 所示，机构由两个曲柄滑块组成，所有杆质量分布均匀，$L_1 = L_2 = L_5 = 2l$，$L_4 = l$，$m_1 = m_2 = 2m$，$m_3 = 4m$，$m_4 = m$，$m_5 = m_6 = 3m$，现需添加一质径积以平衡作用于 O 点的一阶惯性力，求质径积的大小及方向。

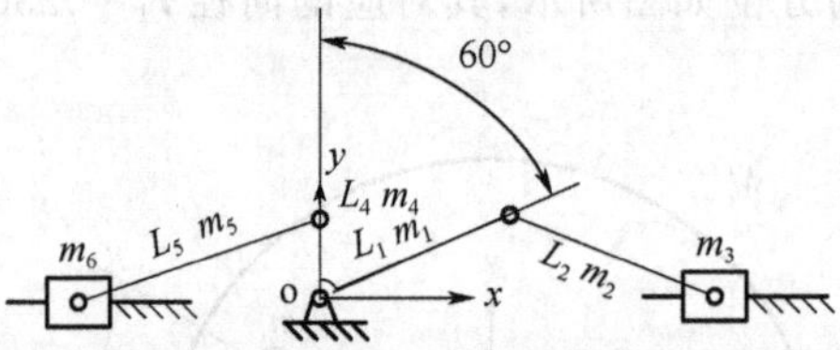

图 1.13　习题 1-13 用图

1-14　如图 1.14 所示，曲柄滑块机构各杆质量分布均匀，$m_1 = m_2 = m$，$m_3 = 2m$，$L_1 = L_2 = L$，求该曲柄-滑块机构各阶惯性力表达式。

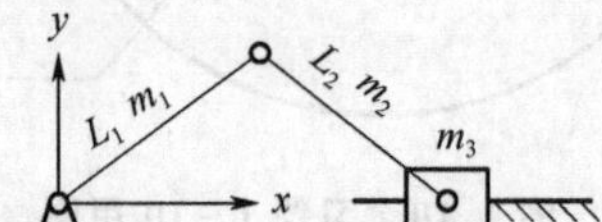

图 1.14　习题 1-14 用图

第 2 章　单自由度机械系统的振动

在一定条件下，许多工程技术问题可以将实际振动系统简化为单自由度振动系统进行研究。单自由度系统的振动理论是机械振动理论的基础，如果要掌握多自由度振动的基本规律，首先必须了解单自由度系统的基本理论。本章将介绍单自由度系统线性振动的基本理论，主要包括振动方程的建立及其求解、系统固有频率、等效系统的质量和刚度的计算等。

2.1　机械系统振动三要素

单自由度振动系统通常包括一个定向振动的质量 m，连接于振动质量与基础之间的弹性元件(其刚度为 k)和运动中的阻尼(阻尼系数为 c)。振动质量 m、弹簧刚度 k 和阻尼系数 c 是振动系统的三个基本要素。

2.1.1　质　量

质量是物体所具有的一种物理属性，是物质惯性大小的量度，是一个正的标量，用符号 m 来表示。在国际单位制中，质量的基本单位是千克(符号 kg)。质量通常分为惯性质量和引力质量。

牛顿首先把惯性质量的概念引入物理学。由牛顿第二定律 $F=ma$，质量就被定义为“物体惯性大小的度量”，即可以对不同物体施以同样大小的力，根据其获得加速度的大小来确定质量的大小。获得加速度大的物体质量小，获得加速度小的物体质量大。这种测定物体质量的大小的方法是根据惯性的大小来度量的，因此测得的质量称为惯性质量。

质量的另一属性是度量物体引力作用的大小，具有这一属性的质量通常称为引力质量。引力质量的概念是在牛顿发现万有引力定律的过程中建立起来的，由万有引力定律可定义引力质量。通常引力作用包括施力和受力两方面。根据牛顿的万有引力定律，任何两物体之间都存在引力作用，引力的方向在沿两物体(视为质点)的连线上，大小与两物体的质量 m_1、m_2 的乘积成正比，与两者距离 r 的平方成反比。

2.1.2　弹　性

1. 弹性概述

弹簧是工程中一种比较常见的零件，其在外力作用下发生形变，除去外力后又恢复原状。按受力性质可分为拉伸弹簧、压缩弹簧、扭转弹簧和弯曲弹簧。

在振动系统中，弹性元件(或弹簧)对于外力作用的响应表现为一定的位移或变形。图 2-1(a)为弹性元件的示意图，弹性元件所受外力 F_s 是位移 x 的函数，即

$$F_s=f(x) \tag{2.1.1}$$

如图 2-1(b)所示，在一定的范围(称为线性范围)内，F_s 是 x 的线性函数，即

$$F_s=kx \tag{2.1.2}$$

式中，k 表示弹性元件(或弹簧)的刚度，单位为 N/m(扭转振动时的单位为 N·m/rad)。

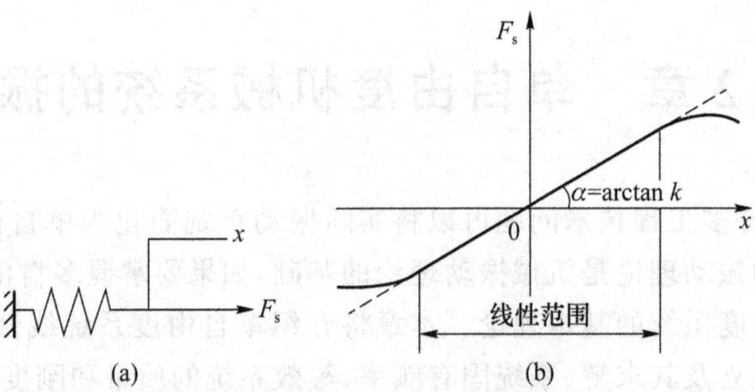

图 2-1　单个弹簧的受力曲线图

对于弹性元件，需要指出：

1) 通常假定弹性元件是没有质量的。实际的物理系统中弹性元件总是具有质量的，在处理实际问题时，若弹簧的质量相对较小，则可忽略不计，否则需对弹簧的质量作专门处理，或采用连续模型。

2) 从能量的角度来说，弹性元件不消耗能量，而是以势能的方式储存能量。

3) 对于扭转振动的系统，其弹性元件为扭转弹簧，其刚度 k_θ 等于使弹簧产生单位角位移所需施加的力矩。在线性范围内，扭转弹簧所受的外力矩 M、转角 θ 与扭转刚度 k_θ 的关系为

$$M=k_\theta\theta \tag{2.1.3}$$

4) 实际工程结构中的许多构件，在一定的受力范围内作用力与变形量之间都具有线性关系，因此都可作为线性弹性元件来处理。

2. 弹簧的串联与并联

在一个系统中，往往不是单独使用某个弹性元件，而是以串联或并联等方法连接成一组弹性元件。

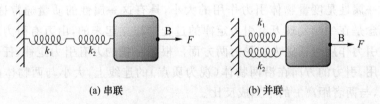

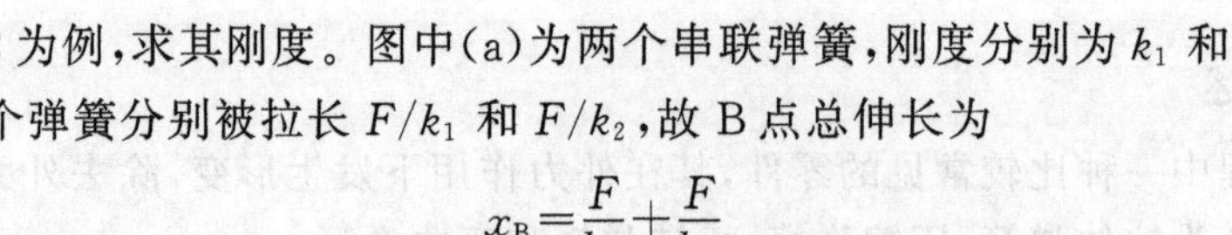

图 2-2　弹簧串联与并联

现以图 2-2 为例，求其刚度。图中(a)为两个串联弹簧，刚度分别为 k_1 和 k_2，当 B 点加一垂直力 F 时，两个弹簧分别被拉长 F/k_1 和 F/k_2，故 B 点总伸长为

$$x_B=\frac{F}{k_1}+\frac{F}{k_2} \tag{2.1.4}$$

故 B 点的等效刚度为

$$k_{eq}=\frac{F}{x_B}=\frac{k_1k_2}{k_1+k_2} \tag{2.1.5}$$

由此可看出串联弹簧等效刚度比原来两个弹簧元件的刚度都要小。

图 2-2(b)为两个并联弹簧 k_1 和 k_2，当 B 点加一垂直力 F 时，若连接两个弹簧的刚性杆在变形过程中保持水平位置，则弹簧同时伸长 x_B，此时两个弹簧的受力不等。由垂直方向静

力平衡条件可得

$$F=k_1x_B+k_2x_B \tag{2.1.6}$$

故点 B 的等效刚度为

$$k_{eq}=\frac{F}{x_B}=k_1+k_2 \tag{2.1.7}$$

可见，并联弹簧的等效刚度为各弹簧刚度之和，其总刚度肯定是增大的。

2.1.3　阻　尼

1. 黏性阻尼理论概述

实际振动系统中不可避免地存在阻力，例如两物体之间的摩擦力，气体或液体等介质的阻力，电磁阻力及材料的内摩擦引起的阻力等等，统称为阻尼。阻尼是在运动过程中耗散系统能量的作用因素，且不同的阻尼有不同的性质。当两个相对滑动面之间有一层连续的润滑油膜的存在时，其阻力与相对运动的速度成正比。一个物体若以低速在黏性液体内运动，或者如阻尼缓冲器那样，使液体从很狭窄的缝里通过的话，阻力也与速度成正比，这种阻尼称为黏性阻尼（如图 2－3(a)所示），其阻力与速度的关系为

$$F=cv \tag{2.1.8}$$

式中，c 为黏性阻尼系数，决定于运动物体的形状、尺寸以及润滑剂的黏性。黏性阻尼又称线性阻尼，以黏性阻尼来研究有阻尼的振动，可使求解振动问题大为简化。

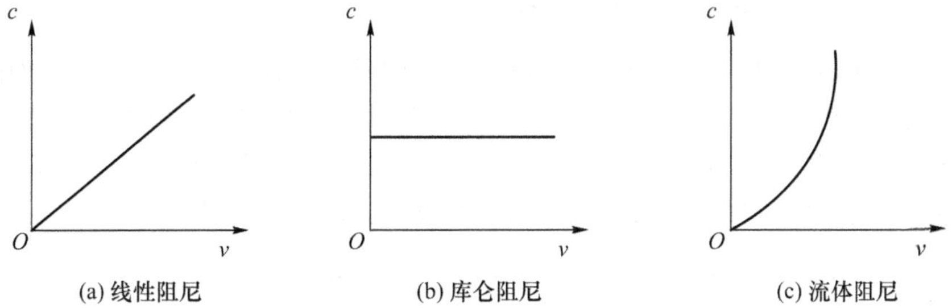

图 2－3　阻尼特性曲线

2. 等效黏性阻尼

振动系统中的阻尼特性有些还是非线性的。如机械零件间库仑摩擦产生的阻尼力与速度无关，如图 2－3(b)所示。物体在低黏性流体中高频振动产生的阻尼力与速度的平方成正比，如图 2－3(c)所示。由于材料自身内摩擦造成的阻尼，称为结构阻尼。在材料力学中已经知道，对一种材料加载到超过弹性极限后卸载，并继续往反方向加载，再卸载，一个循环过程中，应力应变曲线会形成一个滞后曲线，如图 2－4 所示。

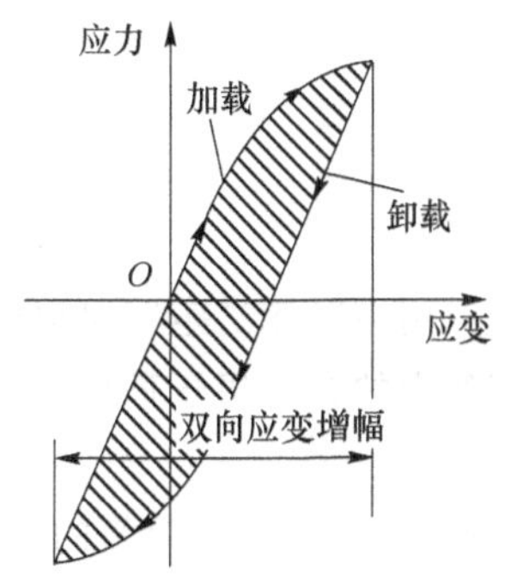

图 2－4　材料加载、卸载一个周期的滞后回线

如果系统为非黏性阻尼，通常根据一个周期内非黏性阻尼所消耗的能量和一个等效的黏性阻尼所消耗的能量相等的原则来换算成等效的黏性阻尼系

统，以便进行近似计算。立足于黏性阻尼来研究阻尼振动的方法称为黏性阻尼理论。

3. 阻尼串联与并联

串联阻尼系统如图 2-5(a)所示，其等效阻尼系数的倒数为各部件的阻尼系数倒数之和，即

$$\frac{1}{c_{eq}}=\frac{1}{c_1}+\frac{1}{c_2} \tag{2.1.9}$$

并联阻尼系统如图 2-5(b)所示，其等效阻尼系数为各部件的阻尼系数之和，即

$$c_{eq}=c_1+c_2 \tag{2.1.10}$$

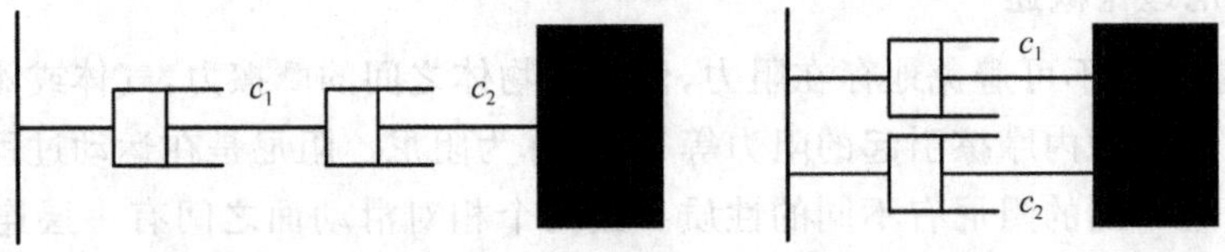

图 2-5 阻尼串联与并联

2.2 单自由度系统振动微分方程

2.2.1 直线往复运动振动系统

为使振动系统做等幅振动，在振动系统中还要有持续作用的激振力 $F(t)$。激振力 $F(t)$可以是简谐形式的作用力（以 $F_0\sin\omega t$ 或 $F_0\cos\omega t$ 表示），也可以是任意的力，如图 2-6 所示。系统振动时，振动质量 m 的位移 x、速度$\dot{x}$和加速度$\ddot{x}$会产生弹性力 kx、阻尼力 $c\dot{x}$ 和惯性力 $m\ddot{x}$，它们分别与振动质量的位移、速度和加速度成正比，但方向相反。

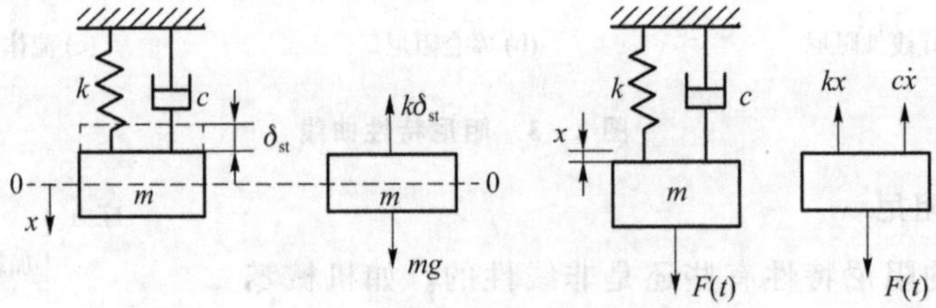

图 2-6 纵向振动系统的受力图

应用牛顿第二定律可以建立振动系统的运动微分方程。现取 x 轴向为正，作用于质点上所有的力的合力等于该质点的质量与沿合力方向的加速度的乘积，则

$$m\ddot{x}=F_0\sin\omega t-kx-c\dot{x}-k\delta_{st}+mg \tag{2.2.1}$$

质量块挂载时，弹簧的静变形量为 δ_{st}，此时系统处于静平衡状态，由平衡条件知

$$k\delta_{st}=mg \tag{2.2.2}$$

所以有

$$m\ddot{x}+c\dot{x}+kx=F_0\sin\omega t \tag{2.2.3}$$

式(2.1.3)即为单自由度线性直线往复振动系统的运动微分方程，又称为单自由度有黏性

阻尼的受迫振动方程。

可分为如下几种情况进行研究：

1) 当 $c=0, F(t)=0$ 时，式(2.2.4)为单自由度无阻尼自由振动系统方程

$$m\ddot{x}+kx=0 \tag{2.2.4}$$

2) 当 $F(t)=0$，式(2.2.5)为单自由度有黏性阻尼自由振动系统方程

$$m\ddot{x}+c\dot{x}+kx=0 \tag{2.2.5}$$

3) 当 $c=0$ 时，式(2.2.6)为单自由度无阻尼受迫振动方程

$$m\ddot{x}+kx=F_0\sin\omega t \tag{2.2.6}$$

2.2.2 扭转振动系统

扭转振动需要用角位移 θ 作为独立坐标来表达振动状态的扭转振动问题。在这种情况下，仍用牛顿运动定律可得转动方程式

$$J\ddot{\theta}=\Sigma M \tag{2.2.7}$$

式中，J 为转动体对转动轴的转动惯量，$\ddot{\theta}$ 为角加速度，ΣM 为施加于转动体上力矩的代数和。M 与角位移 θ 方向一致为正，反之为负。

如图 2-7 所示，一根垂直轴的下端固定一水平圆盘。若该垂直轴本身的质量不计，其扭转刚度为 k_θ，即轴转动一单位转角所需加的力矩。圆盘的转动惯量为 J，当系统受到某种干扰，如在圆盘平面上加一力偶，然后突然释放，系统便做扭转振动，若不计阻尼，则振动将永远继续下去。如以静平衡位置为起始位置，设 θ 角位移的振动坐标正方向如图 2-7 中箭头所示。当圆盘朝正方向转过 θ 角时，圆盘受到一个由圆轴作用并且与 θ 方向相反的弹性恢复力矩 $k_\theta\theta$，根据式(2.2.7)可得

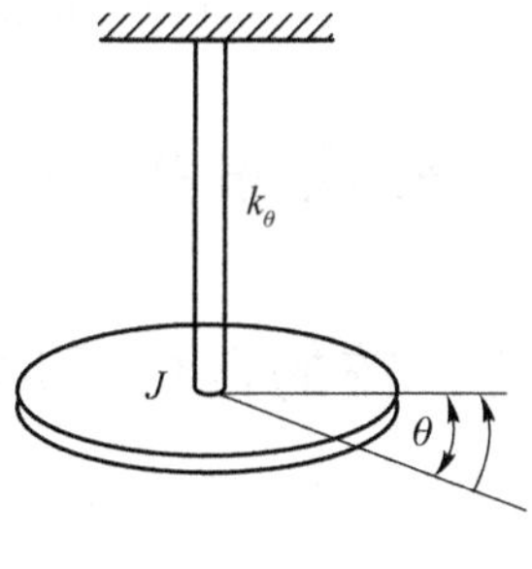

图 2-7　圆盘轴扭转振动示意图

$$J\ddot{\theta}=-k_\theta\theta \tag{2.2.8}$$

移项整理，得单自由度无阻尼扭转振动微分方程

$$J\ddot{\theta}+k_\theta\theta=0 \tag{2.2.9}$$

可见，扭转振动与直线往复振动在形式上完全相同，只是将直线往复振动的质量换成转动惯量，弹簧刚度换成扭转刚度。

2.2.3 微幅摆动系统

一微幅摆动系统的力学模型如图 2-8 所示，其摆动质量 m 在任意时刻 t 的角位移为 θ，角速度为 $\dot{\theta}$，角加速度为 $\ddot{\theta}$，其他参数如图 2-9 所示。系统作微幅摆动时，作用于 m 上的力矩有

弹性恢复力矩$-2ka^2\theta$,阻尼力矩$-cl^2\dot{\theta}$,重力力矩$-mgl\sin\theta=mgl\theta$(微摆动时$\sin\theta\approx\theta$)和外加力矩$M(t)$,根据牛顿第二定律有

$$J\ddot{\theta}=M(t)-cl^2\dot{\theta}-2ka^2\theta-mgl\theta \tag{2.2.10}$$

式中,$J=ml^2$。对式(2.2.10)移项整理,则得

$$ml^2\ddot{\theta}+cl^2\dot{\theta}+(2ka^2+mgl)\theta=M(t) \tag{2.2.11}$$

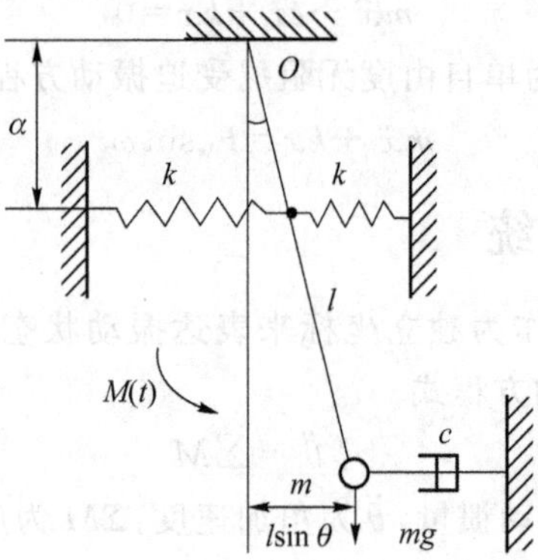

图 2-8　微幅摆动系统的力学模型

式(2.2.11)为微幅摆动系统的运动微分方程。在摆动系统中,虽无弹性元件,但仍能构成一个振动系统。此时,重力项不能忽略,它构成了系统的恢复力。

由以上分析可知,无论是直线往复运动振动、扭转振动还是微幅摆动,在建立振动系统运动微分方程时,首先是选择坐标,然后对振动系统进行运动分析和受力分析。在此基础上,根据牛顿第二定律建立系统的运动微分方程,再按惯性力(惯性力矩)+阻尼力(阻尼力矩)+弹性力(弹性力矩)=激振力(激振力矩)的形式,整理成标准的运动微分方程。

2.3　单自由度系统的自由振动

2.3.1　无阻尼单自由度系统的自由振动

对于图 2-9(a)所示的单自由度系统,如果不考虑阻尼的影响,其自由振动微分方程为

$$m\ddot{x}+kx=0 \tag{2.3.1}$$

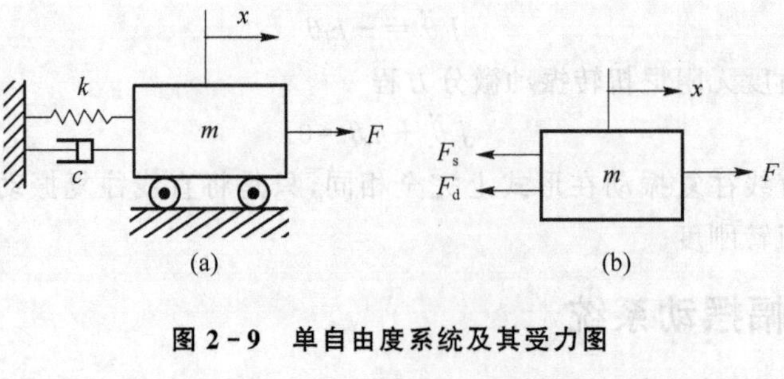

图 2-9　单自由度系统及其受力图

令$\omega_n=\sqrt{\dfrac{k}{m}}$,称其为无阻尼系统的固有角频率(或圆频率),单位为 rad/s。令$f_n=\dfrac{1}{2\pi}$

$\sqrt{\frac{k}{m}}$，即固有频率，单位为 Hz。则方程可改写为

$$\ddot{x}+\omega_n^2 x=0 \tag{2.3.2}$$

方程(2.3.2)为二阶常系数线性齐次微分方程，其通解为

$$x=A_1\cos\omega_n t+A_2\sin\omega_n t=A\cos(\omega_n t+\varphi) \tag{2.3.3}$$

式(2.3.3)中，$A=\sqrt{A_1^2+A_2^2}$称为振幅，$\varphi=\arctan\frac{A_2}{A_1}$称为初相位，二者均由初始条件确定。若已知系统的初始位移和速度分别是 $x(0)=x_0$，$\dot{x}(0)=\dot{x}_0$，分别代入式(2.3.2)中得

$$A=\sqrt{A_1^2+A_2^2}=\sqrt{x_0^2+\left(\frac{\dot{x}_0}{\omega_n}\right)^2} \tag{2.3.4}$$

则系统对初始条件的响应为

$$x=x_0\cos\omega_n t+\frac{\dot{x}_0}{\omega_n}\sin\omega_n t=\sqrt{x_0^2+\left(\frac{\dot{x}_0}{\omega_n}\right)^2}\cdot\cos\left(\omega_n t+\arctan\frac{\dot{x}_0}{\omega_n x_0}\right) \tag{2.3.5}$$

可以得出以下结论：

1) 无阻尼自由振动是一种简谐振动；

2) 系统的固有频率与外界和初始条件无关；

3) 振幅和相位与初始条件和固有频率有关。

【例 2-1】 如图 2-10 所示，悬臂梁的弹性模量为 E，梁断面惯性矩为 I，建立系统的横向振动运动微分方程(不计梁的质量)，求系统的固有频率并分析各参数对固有频率的影响。

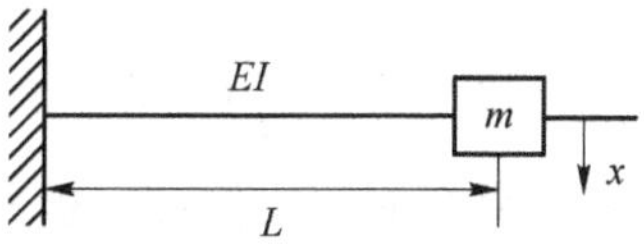

图 2-10　悬臂梁系统

解　由图 2-10 分析可得，系统的自由振动方程与通用数学模型相同，即

$$m\ddot{x}+kx=0$$

由材料力学悬臂梁挠度公式 $\delta=FL^3/3EI$，可得其自由端刚度公式为

$$k=\frac{F}{\delta}=\frac{3EI}{L^3}$$

回代得

$$m\ddot{x}+\frac{3EI}{L^3}x=0$$

可得系统固有圆频率为

$$\omega_n=\sqrt{\frac{3EI}{mL^3}}$$

可以看出，悬臂梁长度 L 对固有频率影响最大，且悬臂梁的断面形状和尺寸也会对固有频率产生影响。

2.3.2 等效质量、等效刚度与固有频率

1. 等效质量计算

实际的振动系统，质量常常是分散的，可以采用一个集中的等效质量代替实际的分散质量，简化力学模型。但在一些实际工程问题中，弹簧本身的质量较大而不能被忽略，否则计算出的固有频率会偏高，同时，弹簧又是具有分布质量的物体，涉及较复杂的弹性振动问题。现介绍一种近似计算法——瑞利法。它运用能量原理把一个分布质量系统简化成一单自由度系统，把弹簧分布质量对系统的振动频率的影响考虑进去，达到足够的准确性。

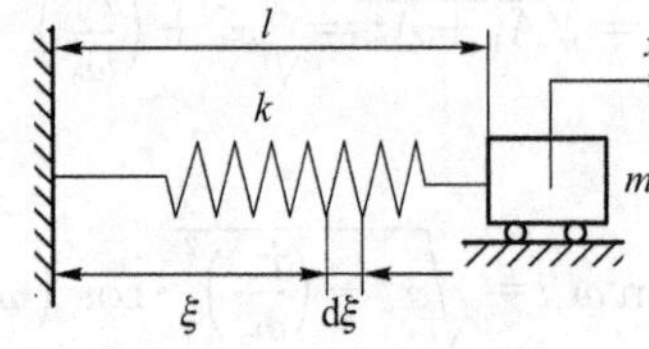

图 2-11 单质量弹簧系统

以图 2-11 所示单质量弹簧系统为例，如果要考虑弹簧质量，则系统的动能就应将弹簧质量产生的动能考虑进去。首先假定弹簧的振动形态，设弹簧各截面在振动过程中，质量块与弹簧连接处的位移为 x 时，弹簧长度为 l，距固定端 ξ 处的位移则为 $x\xi/l$，则该处一微段 $d\xi$ 的相应速度则为$\frac{\dot{x}}{l}\xi$。

故微段 $d\xi$ 的动能为

$$dT=\frac{1}{2}\rho\left(\frac{\xi}{l}\dot{x}\right)^2 d\xi \tag{2.3.6}$$

式中，ρ 为弹簧单位长度的质量。整个弹簧的动能便可用积分方法求得

$$T=\int_0^l \frac{1}{2}\rho\left(\frac{\xi}{l}\dot{x}\right)^2 d\xi=\frac{\rho\dot{x}^2}{2l^2}\int_0^l \xi^2 d\xi=\frac{1}{2}\frac{\rho l}{3}\dot{x}^2=\frac{1}{2}m_s\dot{x}^2 \tag{2.3.7}$$

式中，$m_s=\rho/3l$ 为弹簧的等效质量，ρl 为弹簧的总质量。

可见，圆柱弹簧等效质量为实际质量的 1/3。现用能量法求固有频率。系统在静平衡处的动能最大，为质量块与弹簧的动能之和，即

$$T_{\max}=\frac{1}{2}m\dot{x}^2_{\max}+\frac{1}{2}m_s\dot{x}^2_{\max} \tag{2.3.8}$$

而在最大位移处，系统具有最大势能

$$U_{\max}=\frac{1}{2}kx^2_{\max} \tag{2.3.9}$$

由 $T_{\max}=U_{\max}$ 及 $x_{\max}=A$，$\dot{x}_{\max}=A\omega_n$，可得

$$(m+m_s)A^2\omega_n^2=kA^2 \tag{2.3.10}$$

故

$$\omega_n=\sqrt{\frac{k}{m+m_s}} \tag{2.3.11}$$

上式中，等效质量 m_s 即为考虑弹簧质量的影响而加到集中质量上的那部分质量。

值得注意的是，具有分散质量的不同振动系统，均可以采用等效质量代替实际的分散质

量，简化模型。要注意两点：一是动能相等的原则；二是假定分散质量的振动形状接近实际的振动形状。实践证明，用静变形作为假定的振动形状，一般都较准确，误差很小。

【例 2-2】 如图 2-12 所示，试计算梁的等效质量。

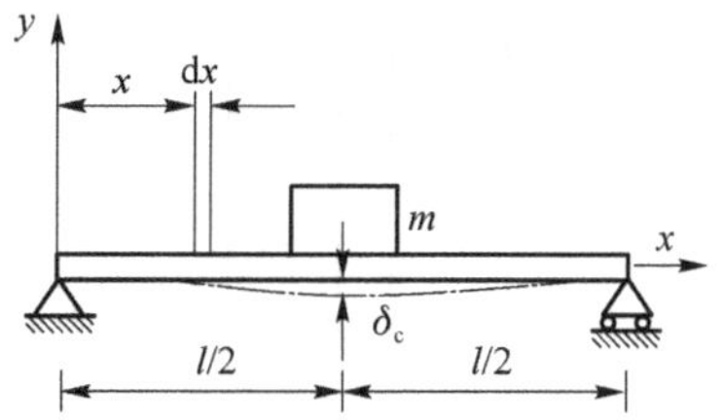

图 2-12　梁振动的等效质量示图

解　先假定梁的振动形态与静变形挠度曲线一样，由材料力学可知，简支梁中点有集中载荷 mg 作用的静挠度曲线公式为

$$\delta_{st}=\delta_c\frac{3l^2x-4x^3}{l^3}$$

式中，δ_c 为中点挠度，其值为

$$\delta_c=\frac{mgl^3}{48EI}$$

当梁自由振动时，利用上式可求梁在任何瞬时各截面的垂直位移，只不过也是随时间变化的。可由简谐振动写出

$$\delta_c=A\sin(\omega_n t+\varphi)$$

$$\dot{\delta}_c=A\omega_n\cos(\omega_n t+\varphi)$$

$$\dot{\delta}=\dot{\delta}_c\frac{3l^2x-4x^3}{l^3}$$

现设 ρ 为梁单位长度的质量，便可用积分求梁的动能

$$T_b=2\int_0^{\frac{l}{2}}\frac{1}{2}\rho\left(\dot{\delta}_c\frac{3l^2x-4x^3}{l^3}\right)^2\mathrm{d}x=\frac{1}{2}\left(\frac{17}{35}\rho l\right)\dot{\delta}_c^2=\frac{1}{2}m_s\dot{\delta}_c^2$$

式中，梁的等效质量为 $m_s=17\rho l/35$，而 ρl 即为梁的总质量，故等效质量为其实际质量的 17/35，相当于产生相等的效果，在梁的中点处需增加的质量。

由此例可知，当考虑梁的质量时，相当于将其一半质量加在中点集中质量上。梁的质量大时是不能忽略其质量的。根据动能相等的原则，可求得具有分散质量的系统的等效质量。

2. 等效刚度

使系统的某点沿指定方向产生单位位移（或角位移）时，在该点同一方向所要施加的力（或力矩），称为系统在该点沿指定方向的刚度。刚度的倒数，即单位力引起的位移，称为柔度。

由刚度定义可看出，即使同一个弹性元件，根据所要分析的不同方向的振动，会具有不同的刚度。

如图 2-13 所示，设等直长杆的长为 l，圆截面积为 A，截面惯性矩为 I，截面极惯性矩为 I_p，材料的弹性模量为 E。若要确定杆端 B 点处沿 x 方向的刚度，根据材料力学可知，沿 x 方向加上竖直力 F 时，B 点 x 方向位移为

$$x_B=\frac{Fl}{EA} \tag{2.3.12}$$

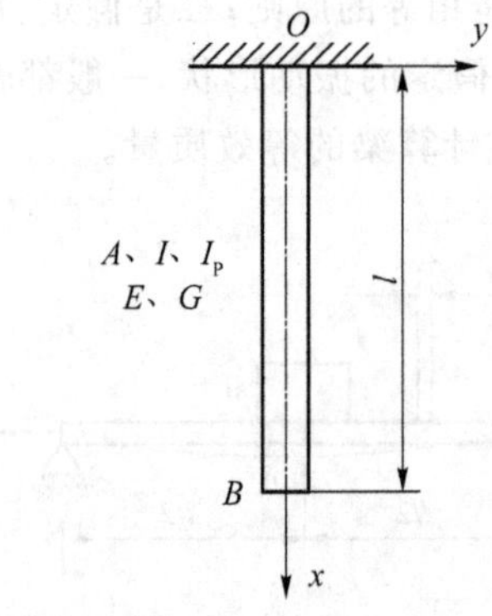

图 2-13　等直圆杆的刚度示图

B点 x 方向的刚度 k_x 称为抗拉压刚度，其值为

$$k_x=\frac{F}{x_B}=\frac{EA}{l} \tag{2.3.13}$$

式中，EA 为截面抗拉压刚度。

若要计算B点沿 y 方向的刚度，则沿 y 方向施加一横向力 P 时，B点的位移可由材料力学悬臂梁弯曲变形的挠度公式求得

$$y_B=\frac{\rho l^3}{3EI} \tag{2.3.14}$$

B点 y 方向的刚度 k_y 称为弯曲刚度，其值为

$$k_y=\frac{P}{y_B}=\frac{3EI}{l^3} \tag{2.3.15}$$

式中，EI 为截面抗弯刚度。

若要计算直杆绕 x 轴方向的扭转刚度，则要在B点施加一绕 x 轴转动的扭矩 M_t，根据直杆扭转角公式可求B点处的转角

$$\theta_B=\frac{M_t l}{GI_p} \tag{2.3.16}$$

式中，G 为剪切弹性模量。

B点绕轴 x 方向的刚度 k_θ，称为扭转刚度，其值为

$$k_\theta=\frac{M_t}{\theta_B}=\frac{GI_p}{l} \tag{2.3.17}$$

式中，GI_p 为截面抗扭刚度。

通过材料力学或结构力学计算出材料在力的作用下发生的静变形，可对刚度进行定义，该刚度亦为静刚度。在机械工程中，弹性元件的形式是多种多样的，纵向振动有圆柱弹簧、橡胶弹簧等；横向振动有板簧、梁等；扭转振动有扭簧、杆、轴等。

若某单自由度系统由若干个分散的或以不同形式联接的弹性元件组成，可根据势能相等的原则，求得该系统的总等效刚度。

【例2-3】 试求图2-14所示扭转振动系统的等效刚度及振动方程（忽略轴的转动惯量）。

解 由图2-14所示的扭转振动系统，可知直径 d_1 和 d_2 的两根圆柱起并联弹簧的作用。

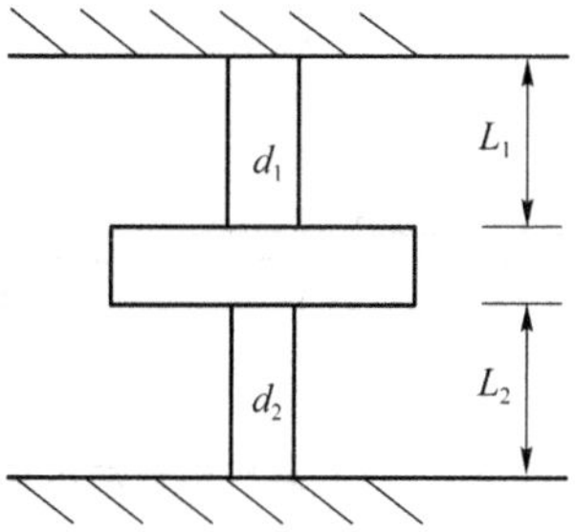

图 2-14　扭转振动系统图

单自由度无阻尼自由扭转振动方程为

$$J\ddot{\theta}+k\theta=0$$

再根据材料力学转矩-转角公式

$$T=\frac{GI_{\mathrm{p}}}{L}\theta$$

可得刚度计算公式

$$k=\frac{T}{\theta}=\frac{GI_{\mathrm{p}}}{L}$$

圆截面极惯性矩为

$$I_{\mathrm{p}}=\frac{\pi d^4}{32}$$

轴 1 与轴 2 起并联弹簧的作用，故系统的刚度为

$$k_{\mathrm{eq}}=k_1+k_2=\frac{G\pi d_1^4}{32L_1}+\frac{G\pi d_2^4}{32L_2}=\frac{G\pi}{32}\left(\frac{d_1^4}{L_1}+\frac{d_2^4}{L_2}\right)$$

将系统的总刚度回代得振动方程

$$J\ddot{\theta}+\frac{G\pi}{32}\left(\frac{d_1^4}{L_1}+\frac{d_2^4}{L_2}\right)\theta=0$$

3. 固有频率

系统的固有频率是系统振动的重要特性，在振动分析中具有重要意义，其求解可采用以下两种方法。

(1) 静变形法

由式(2.2.2)及圆频率的公式 $\omega_{\mathrm{n}}=\sqrt{\frac{k}{m}}$ 可得

$$\omega_{\mathrm{n}}=\sqrt{\frac{mg}{\delta_{\mathrm{st}}m}}=\sqrt{\frac{g}{\delta_{\mathrm{st}}}} \tag{2.3.18}$$

$$f=\frac{\omega_{\mathrm{n}}}{2\pi}=\frac{1}{2\pi}\sqrt{\frac{g}{\delta_{\mathrm{st}}}} \tag{2.3.19}$$

【例 2-4】 如图 2-15 所示，一根长度为 l，截面弯曲刚度为 EI 的等截面简支钢梁，有一质量为 m 的重块从梁的正中上方高度 h 落到梁上，与梁接触后，重块不与梁分开，试求梁的自由振动的频率及振幅。梁的自重不计。

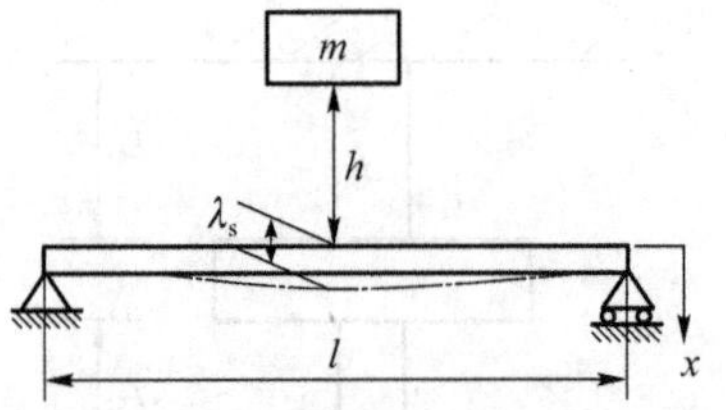

图 2-15　简支梁自由振动示意图

解　系统可简化为单自由度系统。由材料力学可知，简支梁中点的挠度公式为

$$\delta_{st}=\frac{mgl^3}{48EI}$$

故系统的固有频率为

$$f=\frac{1}{2\pi}\sqrt{\frac{48EI}{ml^3}}$$

质量块接触梁的初始时刻($t=0$)，位移为λ_s，故$x_0=\lambda_s$。

初始速度由自由落体公式求得

$$\dot{x}_0=\sqrt{2gh}$$

振幅由式(2.3.4)得

$$A=\sqrt{\left(\frac{mgl^3}{48EI}\right)^2+\left(\frac{\sqrt{2gh}}{\sqrt{\frac{48EI}{ml^3}}}\right)^2}=\frac{l}{48EI}\sqrt{m^2g^2l^4+96hmglEI}$$

(2) 能量法

考察直线振动系统的振动能量，可用$\dot{x}\mathrm{d}t$乘以式(2.2.4)，再积分，则可得

$$\frac{1}{2}m\dot{x}^2+\frac{1}{2}kx^2=C \tag{2.3.20}$$

C为积分常数。显然，式中第一项为振动时的动能T，第二项为系统的势能U，即弹簧储存的弹性势能或重力做功而产生的重力势能，故上式可写成

$$T+U=C \tag{2.3.21}$$

$$\frac{\mathrm{d}}{\mathrm{d}t}(T+U)=0 \tag{2.3.22}$$

这说明系统在阻尼忽略不计时，在振动过程中没有能量损失，是一个保守系统。根据机械能守恒定律，在振动的任一瞬时，其动能与势能之和应保持不变。正是由于机械能守恒，系统才能维持持久的等幅振动。

任意选择两个振动位置，则式(2.3.15)可写成

$$T_1+U_1=T_2+U_2 \tag{2.3.23}$$

现选择两个特殊位置讨论，当在平衡位置时$x=0$，故势能为零，此时动能应为最大值，即T_{max}；当振动达最大振幅时，速度$\dot{x}=0$，故动能为零，此时势能达最大值U_{max}，按上式即可得出

$$T_{max}=U_{max} \tag{2.3.24}$$

用上式可直接求系统的固有频率，称为能量法。

$$T_{max}=\frac{1}{2}m\dot{x}_{max}^2=U_{max}=\frac{1}{2}kx_{max}^2 \tag{2.3.25}$$

又因

$$\dot{x}_{\max}=A\omega_n,\quad x_{\max}=A \tag{2.3.26}$$

也可求得

$$\omega_n=\sqrt{\frac{k}{m}} \tag{2.3.27}$$

某些系统不易简化成单自由度系统，若能方便地写出系统的动能和势能，则用能量法往往更为简便。

【例 2－5】 试用能量法建立如图 2－16 所示振动系统的运动微分方程，并计算其固有频率。设绳索无伸长，绳索与滑轮之间无滑动。

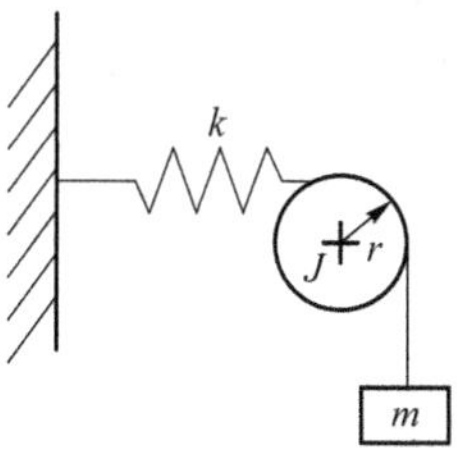

图 2－16　弹簧滑轮系统图

解　取滑轮转角为坐标，原点取在静平衡位置，滑轮和质量的动能为

$$T=\frac{1}{2}J\dot{\theta}^2+\frac{1}{2}m(r\dot{\theta})^2$$

弹簧和质量的势能为

$$U=\frac{1}{2}kr^2\theta^2$$

再由 $\frac{\mathrm{d}}{\mathrm{d}t}(T+U)=0$，可得系统的运动微分方程为

$$(J+mr^2)\ddot{\theta}+kr^2\theta=0$$

可得固有频率

$$\omega_n=\sqrt{\frac{kr^2}{J+mr^2}}$$

2.3.3　具有黏性阻尼系统的自由振动

1. 有阻尼单自由度系统振动微分方程的建立及求解

现在讨论图 2－17 所示有阻尼单自由度系统的自由振动。图中以缓冲器符号表示阻尼，黏性阻尼系数以 c 表示。此时系统增加一阻尼力 $c\dot{x}$，此力的方向与速度方向相反，故取负号。

由牛顿运动定律，以静平衡位置为坐标原点可得

$$m\ddot{x}=-c\dot{x}-kx \tag{2.3.28}$$

移项得

$$m\ddot{x}+c\dot{x}+kx=0 \tag{2.3.29}$$

又可改写为

$$\ddot{x}+2\alpha\dot{x}+\omega_n^2x=0 \tag{2.3.30}$$

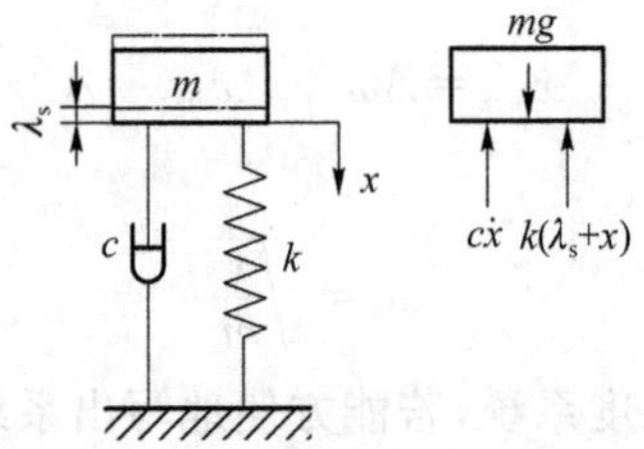

图 2-17　有阻尼单自由度自由振动系统及其受力图

式中，$\alpha=c/2m$，$\omega_n{}^2=k/m$。

设微分方程的解为 $x=e^{st}$，代入上式得

$$(s^2+2\alpha s+\omega_n^2)e^{st}=0 \tag{2.3.31}$$

故特征方程为

$$s^2+2\alpha s+\omega_n^2=0 \tag{2.3.32}$$

特征根为

$$s_{1,2}=-\alpha\pm\sqrt{\alpha^2-\omega_n^2} \tag{2.3.33}$$

由此可得方程的通解为

$$x=C_1e^{\left(-\alpha+\sqrt{\alpha^2-\omega_n^2}\right)t}+C_2e^{\left(-\alpha-\sqrt{\alpha^2-\omega_n^2}\right)t}=e^{-\alpha t}\left(C_1e^{\sqrt{\alpha^2-\omega_n^2}t}+C_2e^{-\sqrt{\alpha^2-\omega_n^2}t}\right) \tag{2.3.34}$$

可知，解的性质决定于 $\sqrt{\alpha^2-\omega_n^2}$ 是否大于零。为此引进一个相对阻尼系数

$$\zeta=\frac{\alpha}{\omega_n} \tag{2.3.35}$$

其中，ζ 是一个无量纲的量，被称为阻尼比。

当 $\alpha<\omega_n$ 时，$\zeta<1$，$\sqrt{\alpha^2-\omega_n^2}$ 为虚数，称欠阻尼状态；

当 $\alpha>\omega_n$ 时，$\zeta>1$，$\sqrt{\alpha^2-\omega_n^2}$ 为实数，称过阻尼状态；

当 $\alpha=\omega_n$ 时，$\zeta=1$，$\sqrt{\alpha^2-\omega_n^2}$ 为零，称临界阻尼状态。

1) 欠阻尼状态，$\zeta<1$。利用欧拉公式将式(2.3.34)进行三角变换可得

$$x=e^{-\alpha t}\left(b_1\cos\sqrt{\omega_n^2-\alpha^2 t}+b_2\sin\sqrt{\omega_n^2-\alpha^2 t}\right) \tag{2.3.36}$$

式中，$b_1=C_1+C_2$，$b_2=(C_1+C_2)j$，上式也可写为

$$x=Ae^{-\alpha t}\sin\left(\sqrt{\omega_n^2-\alpha^2 t}+\varphi\right) \tag{2.3.37}$$

式中，$A=\sqrt{b_1^2+b_2^2}$，$\varphi=\arctan\dfrac{b_1}{b_2}$

b_1、b_2 均由初始条件定，将 $t=0$，$x=x_0$，$\dot{x}=\dot{x}_0$ 代入方程可得

$$b_1=x_0,\quad b_2=\frac{\dot{x}_0+\alpha x_0}{\sqrt{\omega_n^2-\alpha^2}} \tag{2.3.38}$$

$$\varphi=\arctan\frac{x_0\sqrt{\omega_n^2-\alpha^2}}{\dot{x}_0+\alpha x_0} \tag{2.3.39}$$

$$A=\sqrt{x_0^2+\frac{(\dot{x}_0+\alpha x_0)^2}{\omega_n^2-\alpha^2}} \tag{2.3.40}$$

现设

$$\omega_d=\sqrt{\omega_n^2-\alpha^2} \tag{2.3.41}$$

其中，ω_d 称为阻尼振动频率或自然频率，则有阻尼衰减振动的周期 $T_d=\dfrac{2\pi}{\omega_d}$，故式(2.3.37)可写成

$$x=Ae^{-\alpha t}\sin(\omega_d t+\varphi) \tag{2.3.42}$$

由上式可知，系统的振动已不再是等幅的简谐振动，其振幅被限制在指数衰减曲线 $\pm Ae^{-\alpha t}$ 之内，且当 $t\to\infty$，$t\to 0$ 时振动将最终停止，此振动称为衰减振动，故称 α 为衰减系数。如图 2-18 所示，严格说这已不是周期性运动，但衰减振动仍保持一定的圆频率，由式(2.3.41)可知此时圆频率小于无阻尼振动的圆频率，显然衰减振动的周期大于无阻尼自由振动周期。

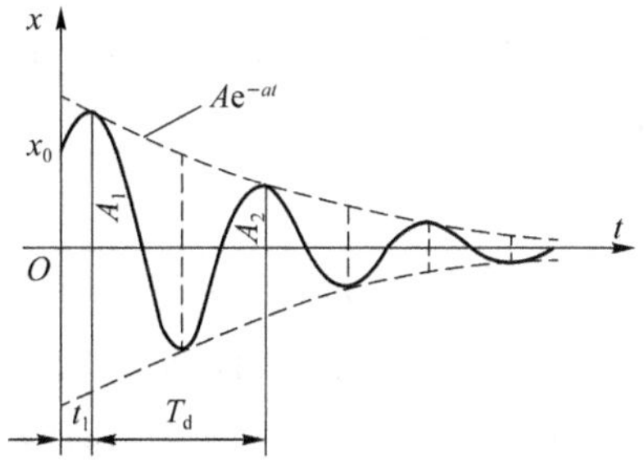

图 2-18　衰减振动响应曲线

2）过阻尼状态，$\zeta>1$。$\sqrt{\alpha^2-\omega_n^2}$是实数，且 $\sqrt{\alpha^2-\omega_n^2}<\alpha$，故式(2.3.40)表示的已不再是振动，而是按指数衰减的非周期性蠕动，响应曲线如图 2-19 所示。

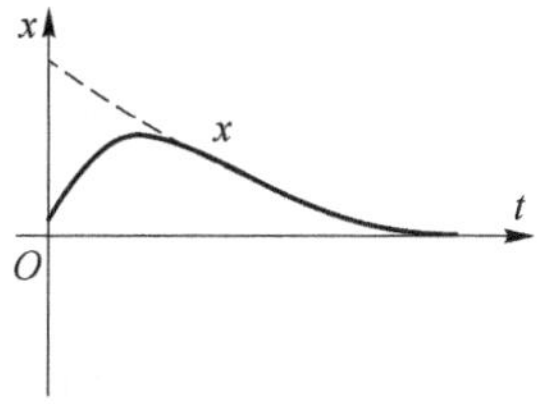

图 2-19　大阻尼响应曲线图

3）临界阻尼状态，$\zeta=1$ 时，方程的通解为

$$x=e^{-\omega_n t}(C_1+C_2 t) \tag{2.3.43}$$

此方程所表示的运动也是非周期的。如初始条件 $t=0$ 时，$x=x_0$，$\dot{x}=\dot{x}_0$，方程解为

$$x=e^{-\omega_n t}[x_0+(\dot{x}_0+\omega_n x_0)t] \tag{2.3.44}$$

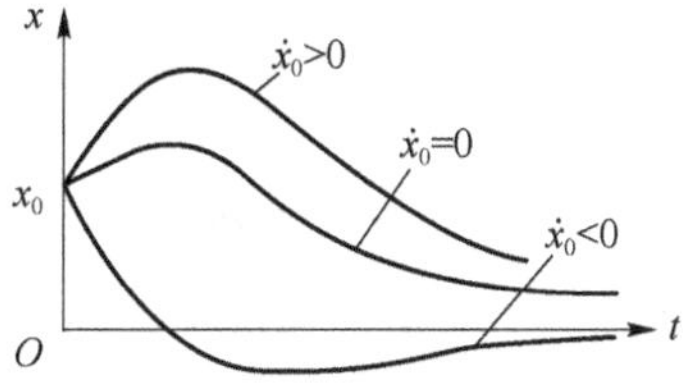

图 2-20　临界阻尼振动曲线图

图 2-20 表示了在相同初始位移 x_0 时几种不同的初始速度 $\dot{x}_0$ 条件下的响应曲线，它们均按指数规律衰减。

由 $\alpha=\omega_n$，可得

$$\frac{c}{2m}=\sqrt{\frac{k}{m}} \tag{2.3.45}$$

当阻尼值等于上式时称为临界阻尼，并用 c_c 表示，即

$$c_c=2\sqrt{mk} \tag{2.3.46}$$

可见，系统的临界阻尼值只决定于系统本身的物理性质(m,k)，又由

$$\zeta=\frac{\alpha}{\omega_n}=\frac{2\sqrt{m}}{2m\sqrt{k}}=\frac{c}{2\sqrt{mk}}=\frac{c}{c_c} \tag{2.3.47}$$

故阻尼比 ζ 亦代表系统实际阻尼与其临界阻尼之比值。综合上述三种情况可知，系统的振动性质取决于阻尼比 ζ 的值。

2. 阻尼对衰减振动的影响

由式(2.3.42)可知，在弱阻尼状态，阻尼对自由振动的影响为两个方面：一方面是振动圆频率比固有圆频率小，周期变长，但当阻尼很小时，这种影响可以忽略不计；另一方面是振幅不断衰减，见图 2-18。由于振幅被限制在 $\pm Ae^{-\alpha t}$ 指数衰减曲线之内，现讨论振幅衰减的情况。由图 2-18 可知相邻两个振幅之比为

$$\eta=\frac{A_1}{A_2}=\frac{Ae^{-\alpha t_1}}{Ae^{-\alpha(t_1+t_d)}}=e^{\alpha T_d} \tag{2.3.48}$$

故 η 是一个常数，说明系统的振幅按几何级数衰减，η 称为减幅系数或衰减系数。实际应用中为了避免取指数值，采用对数减幅系数。

$$\delta=\ln\eta=\ln e^{\alpha T_d}=\alpha T_d \tag{2.3.49}$$

代入 $T_d=\dfrac{2\pi}{\sqrt{\omega_n^2-\alpha^2}}$ 可得

$$\delta=\frac{\alpha\cdot 2\pi}{\sqrt{\omega_n^2-\alpha^2}}=\frac{2\pi\zeta}{\sqrt{1-\zeta^2}} \tag{2.3.50}$$

从上式可知，当通过实测得到相邻两个振幅之比时，便能计算出系统的阻尼。为便于测试，提高精度，还可将式(2.3.50)改写成从任一振幅 A_i 开始，与 m 个周期后的振幅之比，即

$$\frac{A_i}{A_{i+m}}=\frac{A_i}{A_{i+1}}\cdot\frac{A_{i+1}}{A_{i+2}}\cdots\cdots\frac{A_{i+m-1}}{A_{i+m}}=e^{m+T_d}=\eta^m \tag{2.3.51}$$

$$\eta=\sqrt[m]{\frac{A_i}{A_{i+m}}} \tag{2.3.52}$$

也可用对数减幅系数表示为

$$\ln\frac{A_i}{A_{i+m}}=m\delta \tag{2.3.53}$$

故

$$\delta=\frac{1}{m}\ln\frac{A_i}{A_{i+m}} \tag{2.3.54}$$

【例 2-6】 图 2-21 为一扭转振动系统。已知其无阻尼固有频率为 ω_{n1}，在液体中其自由振动频率减小为 ω_{n2}，转动惯量为 J。试计算此系统的阻尼系数 c。

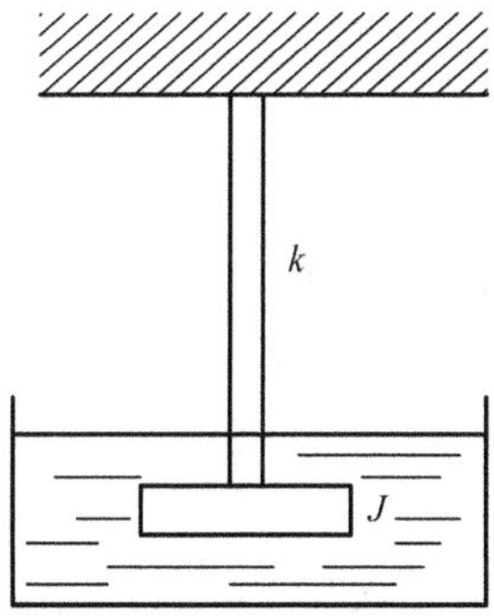

图 2-21　扭转振动系统

解　因为系统的临界阻尼系数 $c_c=2\sqrt{mk}=2m\omega_n$，再代入已知条件可得

$$c_c=2J\omega_{n1}$$

阻尼固有频率表达式为

$$\omega_{n2}=\sqrt{1-\left(\frac{c}{c_c}\right)^2}\omega_{n1}$$

整理后可得系统的阻尼系数为

$$c=2J\sqrt{\omega_{n1}^2-\omega_{n2}^2}$$

2.4　简谐激励作用下的单自由度系统受迫振动

如前面所述，具有黏性阻尼的系统，其自由振动会逐渐衰减。但是，当系统受到外界动态作用力的持续周期作用时，系统会产生等幅的振动，该振动被称为受迫振动，这种类型的振动就是系统对外部激励的响应。例如，磨床砂轮的不平衡会周期性地对工件施加压力，或工件的轴向开槽会使车刀在每转一次时受到一次冲击。作用在系统上的持续激励，按照其运动规律可以分为三类：简谐激振、非简谐周期性激振和随时间变化的非周期性任意激振。

1）简谐激振指的是按正弦或者余弦函数规律变化的力，如偏心质量引起的离心力或传动不均衡产生的力等。

2）非简谐周期性激振，如凸轮旋转所产生的激振。

3）随时间变化的非周期性任意激振，如爆破载荷产生的作用力。

系统持续激振可以是力直接作用在系统上，也可以是位移（比如支承运动）、速度或者加速度输入。

2.4.1　无阻尼单自由度系统受迫振动

质量块的受力情况如图 2-22 所示，忽略阻尼的影响，对其进行受力分析，系统的振动微分方程可以写为

$$m\ddot{x}+kx=F_0\cos\omega t \tag{2.4.1}$$

式(2.4.1)中，F_0 为激励力的幅值，ω 为激振力的频率(rad/s)。

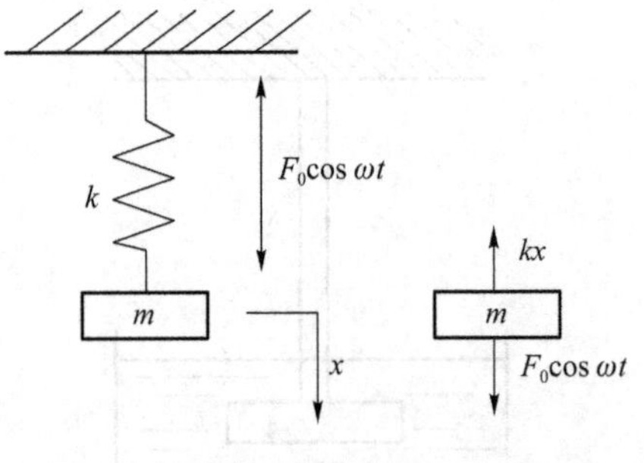

图 2-22　无阻尼单自由度受迫振动系统

将上式改写为

$$\ddot{x}+\frac{k}{m}x=\frac{F_0}{m}\cos\omega t \tag{2.4.2}$$

令$\frac{k}{m}=\omega_n^2,\frac{F_0}{m}=h$,并代入得

$$\ddot{x}+\omega_n^2x=h\cos\omega t \tag{2.4.3}$$

式中,ω_n 为系统的固有圆频率。设 $x=B\cos\omega t$ 是上式的特解,代入可解得 $B=\frac{h}{\omega_n^2-\omega^2}$,故微分方程的通解可表达为

$$x=C_1\sin\omega_nt+C_2\cos\omega_nt+\frac{h}{\omega_n^2-\omega^2}\cos\omega t=C_1\sin\omega_nt+C_2\cos\omega_nt+\frac{F_0}{k}\frac{1}{1-\lambda^2}\cos\omega t \tag{2.4.4}$$

其中,$\lambda=\omega/\omega_n$,C_1 和 C_2 由初始条件决定。

若初始条件为:$x(0)=x_0$,$\dot{x}(0)=\dot{x}_0$,代入可解得 $C_1=\frac{\dot{x}_0}{\omega_n}$,$C_2=x_0-\frac{F_0}{k}\frac{1}{1-\lambda^2}$。

由此可得,初始条件下,系统受到 $F=F_0\cos\omega t$ 激励下的响应为

$$\begin{aligned}x&=\frac{\dot{x}_0}{\omega_n}\sin\omega_nt+\left(x_0-\frac{F_0}{k}\frac{1}{1-\lambda^2}\right)\cos\omega_nt+\frac{F_0}{k}\frac{1}{1-\lambda^2}\cos\omega t\\&=\frac{\dot{x}_0}{\omega_n}\sin\omega_nt+x_0\cos\omega_nt-\frac{F_0}{k}\frac{1}{1-\lambda^2}\cos\omega_nt+\frac{F_0}{k}\frac{1}{1-\lambda^2}\cos\omega t\end{aligned} \tag{2.4.5}$$

该式包含了系统做自由振动的响应、伴随自由振动的响应和强迫振动的响应三部分。

在振动的初始阶段,系统的响应由自由振动的响应和受迫振动的响应叠加而成。但由于阻尼总是不可避免地存在着,因此自由振动会不断地衰减,经过若干个周期的振动后,系统的受迫振动达到稳态 $x=\frac{F_0}{k}\frac{1}{1-\lambda^2}\cos\omega t$,稳态振幅为 $B=\frac{F_0}{k}\frac{1}{1-\lambda^2}$。

令 $\delta_{st}=\frac{F_0}{k}$,可得

$$\frac{B}{\delta_{st}}=\frac{\frac{F_0}{k}\frac{1}{1-\lambda^2}}{\frac{F_0}{k}}=\frac{1}{1-\lambda^2} \tag{2.4.6}$$

式中,λ 为激振力频率与系统固有频率的比值,称为频率比;$\delta_{st}=F_0/k$ 相当于激振力幅值 F_0 作用于弹簧上产生的静变形。B/δ_{st} 为受迫振动振幅与静变形的比值,被称为振幅比或者振幅

放大因子，可以看出振幅比仅取决于频率比。当 $\lambda=\frac{\omega}{\omega_n}>1$ 时，振幅比趋近于零，即激振频率远大于系统固有频率时，振幅反而很小；当 $\lambda=\frac{\omega}{\omega_n}<1$ 时，振幅比为正，受迫振动与激振力的同相；当 $\lambda=1$，即 $\omega=\omega_n$ 时，振幅比趋于无穷大，说明受迫振动的振幅将达到无穷大，这便是共振。

【例 2-7】 单自由度无阻尼系统从 $t=0$ 时刻开始受到 $F=F_0\cos\omega t$ 的激励，假定其初始条件为零，即 $x(0)=\dot{x}(0)=0$，试求系统的振动。

解 根据题意，系统的运动微分方程为

$$\ddot{x}+\omega_n^2 x=\omega_n^2\frac{F_0}{k}\cos\omega t$$

由此可得系统的振动为

$$x=\frac{F_0}{k}\frac{1}{1-\lambda^2}(\cos\omega t-\cos\omega_n t)$$

由此可见，即使在 $x(0)=\dot{x}(0)=0$ 的初始条件下，响应中仍有自由振动伴随项 $-\frac{F_0}{k}\frac{1}{1-\lambda^2}\cos\omega_n t$。由于假设系统无阻尼，系统的自由振动没有衰减，则强迫振动是由两个振幅相同且频率为 ω 和 ω_n 两个不同频率的简谐振动叠加而成的。当 $\lambda=\omega/\omega_n$ 不是有理数时，总响应不是周期函数。当然，在实际的系统中，阻尼总是不可避免地存在着，所以自由振动的部分会逐渐被衰减掉，由此可得系统的稳态响应为 $x=\frac{F_0}{k}\frac{1}{1-\lambda^2}\cos\omega t$。

2.4.2　具有黏性阻尼系统的受迫振动

如图 2-23 所示的系统，在质量 m 上作用简谐激振力 $F(t)$。现规定质量 m 的位移为 $x(t)$，其正方向如图所示，其速度为 $\dot{x}(t)$，加速度为 $\ddot{x}(t)$。对其进行受力分析可得，质量块 m 受到的弹簧恢复力为 $-kx$，阻尼力为 $-c\dot{x}(t)$，激振力为 $F(t)$。

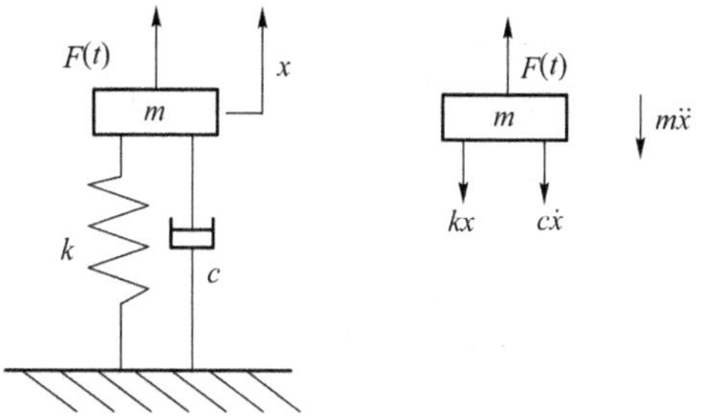

图 2-23　具有黏性阻尼的受迫振动系统

设 $F(t)=F_0\cos\omega t$，这里 F_0 为外力的幅值，ω 为外力的激励频率，可得系统的运动微分方程为

$$m\ddot{x}+c\dot{x}+kx=F_0\cos\omega t \tag{2.4.7}$$

根据数学知识可知，该非齐次微分方程的解为：$x=x_1+x_2$。其中，x_1 为相应的齐次方程的通解，称为瞬态响应(可根据 2.3.3 具有黏性阻尼系统的自由振动求解)，而 x_2 为非齐次方程的一个特解，称为强迫振动下的稳态响应。

下面以复数法求解 x_2。令 $x_2=\mathrm{Re}(\overline{A}e^{i\omega t})$，将其代入系统运动微分方程中可得

$$\overline{A}=\frac{F_0}{m}\frac{1}{\omega_n^2-\omega^2+j2\xi\omega_n\omega}=\frac{F_0}{k}\frac{1}{1-\lambda^2+j2\xi\omega_n\omega}$$

$$=\frac{F_0}{k}\frac{1}{\sqrt{(1-\lambda^2)^2+(2\xi\lambda)^2}}e^{-j\varphi}=Ae^{-j\varphi} \tag{2.4.8}$$

其中

$$\lambda=\frac{\omega}{\omega_n} \tag{2.4.9}$$

$$A=\frac{F_0}{k}\frac{1}{\sqrt{(1-\lambda^2)^2+(2\xi\lambda)^2}} \tag{2.4.10}$$

$$\varphi=\arctan\frac{2\xi\lambda}{1-\lambda^2} \tag{2.4.11}$$

所以，系统对简谐激励的稳态响应为

$$x_2=\mathrm{Re}(\overline{A}e^{i\omega t})=\mathrm{Re}(Ae^{j(\omega t-\varphi)})=A\cos(\omega t-\varphi) \tag{2.4.12}$$

式中，A 为强迫振动的振幅，F_0/k 是与简谐力幅值相等的恒力 F_0 作用在系统上所引起的静变形。

通过以上分析，可以得出以下结论：

1) 线性系统对简谐激励的稳态响应是频率等于激励频率，而相位滞后于激励力的简谐运动；

2) 稳态响应的振幅与相位差只取决于系统本身的物理性质(m、k、c)和激励力的频率及幅值，而与初始条件无关。

2.4.3 支承运动引起的受迫振动

支承运动引起的受迫振动如图 2-24 所示。假设支承运动的规律为 $x_f=a\sin\omega t$。其中 a 为支承运动的幅值，ω 为频率。x_f 的正方向如图所示。

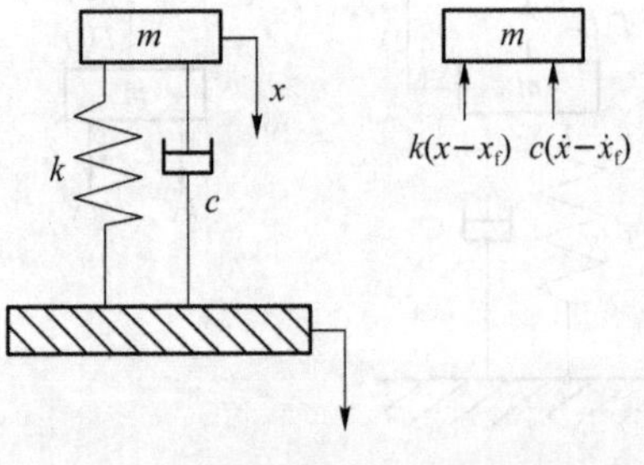

图 2-24 支承运动引起的受迫振动示意图

假定质量 m 的运动和支承的运动方向相同。弹簧的变形为$(x-x_f)$，阻尼器的相对速度为$\dot{x}-\dot{x}_f$。根据牛顿第二定律建立系统的振动微分方程

$$m\ddot{x}=-k(x-x_f)-c(\dot{x}-\dot{x}_f) \tag{2.4.13}$$

将 x_f 和$\dot{x}_f$ 代入整理后可得

$$m\ddot{x}+c\dot{x}+kx=ka\sin\omega t+c\omega a\cos\omega t \tag{2.4.14}$$

可以看出，作用在质量块 m 上的激振力由两部分组成，分别为通过弹簧传递的力 $ka\sin\omega t$

和通过阻尼器传给质量的力 $c\omega a\cos\omega t$。通过矢量合成法，得出合成激振力

$$F=F_0\sin(\omega t+\beta) \tag{2.4.15}$$

其中

$$F_0=\sqrt{ka^2+(c\omega a)^2}=a\sqrt{k^2+c^2\omega^2} \tag{2.4.16}$$

$$\tan\beta=\frac{c\omega}{k}=2\zeta\lambda \tag{2.4.17}$$

于是，可将其可改写为

$$m\ddot{x}+c\dot{x}+kx=a\sqrt{k^2+c^2\omega^2}\sin(\omega t+\beta) \tag{2.4.18}$$

该式在形式上与 $m\ddot{x}+c\dot{x}+kx=F_0\cos\omega t$ 一致，所以该方程的稳态解可表示为

$$x=B\sin(\omega t-\psi) \tag{2.4.19}$$

其中振幅为

$$B=\frac{a\sqrt{k^2+c^2\omega^2}}{\sqrt{(k-m\omega^2)^2+c^2\omega^2}}=\frac{a\sqrt{1^2+(2\zeta\lambda)^2}}{\sqrt{(1-\lambda^2)^2+(2\zeta\lambda)^2}} \tag{2.4.20}$$

相位角 ψ 为

$$\psi=\arctan\frac{\tan(\beta+\psi)-\tan\beta}{\tan\beta\tan(\beta+\psi)+1}=\arctan\frac{2\zeta\lambda^3}{1-\lambda^2+(2\zeta\lambda)^2} \tag{2.4.21}$$

其中，$\tan(\beta+\psi)=\dfrac{c\omega}{k+m\omega^2}$，$\tan\beta=\dfrac{c\omega}{k}$，参见图 2-25。

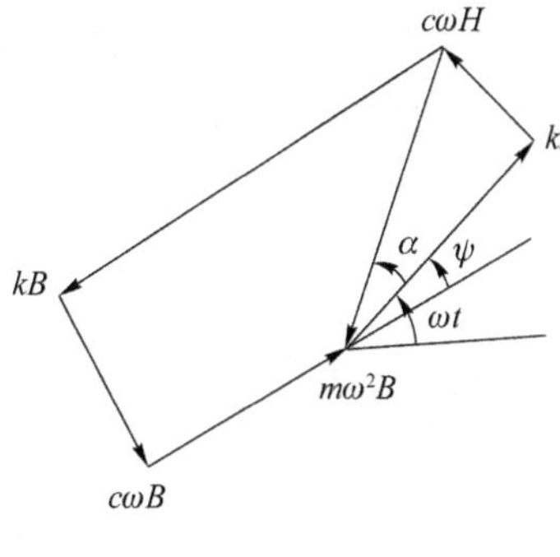

图 2-25　系统各力的矢量关系

可以看出，支承运动引起的受迫振动振幅 B 取决于支承运动的幅值 a、频率比 λ 和阻尼比 ζ。当 $\lambda=\sqrt{2}$时，无论阻尼多大，振幅 B 都等于支承运动的幅值 a。当 $\lambda\gg\sqrt{2}$时，由支承运动引起的受迫振动的振幅变得很小，这就是被动隔振的理论基础。

【例 2-8】 如图 2-26 所示，汽车拖车在波形道路上行驶，已知拖车的质量满载时为 $m_1=1\,000$ kg，空载时为 $m_2=250$ kg，悬挂弹簧的刚度为 350 kN/m，阻尼比在满载时为 $\zeta_1=0.5$，车速为 $v=100$ km/h，路面呈正弦波形，可表示为 $x_f=a\sin\dfrac{2\pi z}{l}$，求拖车在满载和空载时的振幅比。

解　汽车的行驶路程可表示为 $z=vt$，由此可得

$$x_f=a\sin\frac{2\pi v}{l}t$$

路面的激励频率为 $\omega=\dfrac{2\pi v}{l}=34.9$ rad/s。

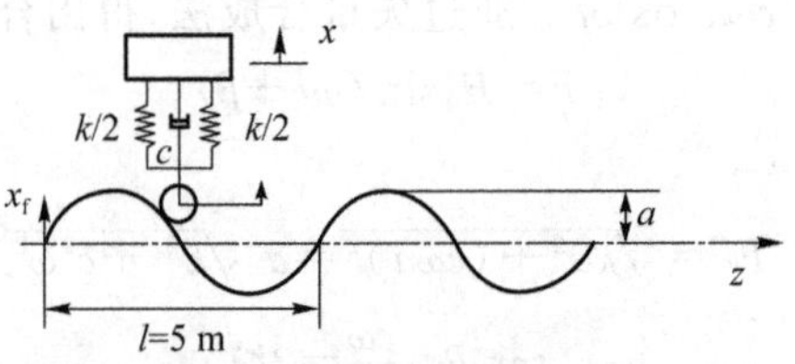

图 2-26　汽车波形道路行驶简化图

因为
$$c_c=2\sqrt{km}、c/m=2\zeta\omega_0$$
得
$$c=\zeta c_c=2\zeta\sqrt{km}$$
其中 c、k 为常数，因此可得 ζ 与 $\sqrt{m}$ 成反比。

由此得到空载时的阻尼比为
$$\zeta_2=\zeta_1\sqrt{\frac{m_1}{m_2}}=1$$

满载和空载时的频率比为
$$\lambda_1=\frac{\omega}{\omega_{01}}=\omega\sqrt{\frac{m_1}{k}}=1.87$$
$$\lambda_2=\frac{\omega}{\omega_{02}}=\omega\sqrt{\frac{m_2}{k}}=0.93$$

满载时阻尼比 $\zeta_1=0.5$，空载时阻尼比 $\zeta_2=1.0$，满载时频率比 $\lambda_1=1.87$，空载时频率比 $\lambda_2=0.93$。记满载时振幅为 B_1，空载时振幅为 B_2，有
$$\frac{B_1}{a}=\frac{\sqrt{1+(2\zeta_1\lambda_1)^2}}{\sqrt{(1-\lambda_1^{\ 2})^2+(2\zeta_1\lambda_1)^2}}=0.68$$
$$\frac{B_2}{a}=\frac{\sqrt{1+(2\zeta_2\lambda_2)^2}}{\sqrt{(1-\lambda_2^{\ 2})^2+(2\zeta_2\lambda_2)^2}}=1.13$$
因此，满载和空载时的振幅比 $\frac{B_1}{B_2}=0.60$。

2.5　周期激振力作用下的单自由度系统受迫振动

在工程实际中，往往还出现更为复杂的激振函数，比如非简谐周期激振。与简谐激振类似，图 2-27 所示为力激励和位移激励两种激振形式的力学模型。

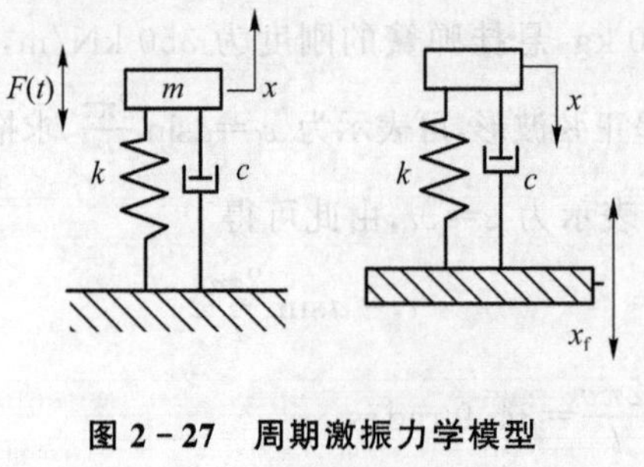

图 2-27　周期激振力学模型

处理周期激振的基本思想是：将满足狄利赫莱条件的周期激振力用傅里叶级数分解为与基本频率成整数倍关系的若干个简谐激振函数，然后逐个求解响应，再利用线性叠加原理把响应逐项叠加起来，即求出了周期激振的响应。

设周期函数为 $F(t)$，可表达为

$$\begin{aligned} F(t) &= a_0 + a_1\cos\omega t + a_2\cos 2\omega t + \cdots + b_1\sin\omega t + b_2\sin 2\omega t + \cdots \\ &= a_0 + \sum_{j=1}^{n}(a_j\cos j\omega t + b_j\sin j\omega t) \qquad j = 1,2,3,\cdots,n \end{aligned} \tag{2.5.1}$$

式中，a_0、a_j、b_j 为傅里叶系数，其值分别为

$$\begin{cases} a_0 = \dfrac{1}{T}\displaystyle\int_0^T F(t)\mathrm{d}t \\ a_j = \dfrac{2}{T}\displaystyle\int_0^T F(t)\cos j\omega t\,\mathrm{d}t \qquad j = 1,2,3,\cdots,n \\ b_j = \dfrac{2}{T}\displaystyle\int_0^T F(t)\sin j\omega t\,\mathrm{d}t \end{cases} \tag{2.5.2}$$

所以，只要 $F(t)$已知，就可求出系数 a_0、a_j、b_j。这样，周期激振函数作用下的有阻尼受迫振动方程可写成

$$m\ddot{x} + c\dot{x} + kx = a_0 + \sum_{j=1}^{n}(a_j\cos j\omega t + b_j\sin j\omega t) \tag{2.5.3}$$

根据叠加原理，线性系统在激振函数 $F(t)$作用下的效果等于其各次谐波单独作用效果响应的叠加。所以按式(2.5.3)右侧各项分别计算出响应，然后叠加即是系统对 $F(t)$总的响应。

$$x(t) = \frac{a_0}{k} + \sum_{j=1}^{n}\frac{B_{sj}}{\sqrt{(1-j^2\lambda^2)^2 + (2j\zeta\lambda)^2}}\sin(j\omega t + a_j - \psi_j) \tag{2.5.4}$$

式中，$B_{sj} = \dfrac{\sqrt{a_j^2 + b_j^2}}{k}$，$a_j = \arctan\dfrac{a_j}{b_j}$，$\psi_j = \arctan\dfrac{2j\zeta\lambda}{1-j^2\lambda^2}$。

对于周期性支承运动产生的受迫振动 $x_f = a\sin\omega t$ 作用下的稳态响应为

$$x_f(t) = a_0 + \sum_{j=1}^{n}(a_j\cos j\omega t + b_j\sin j\omega t) \tag{2.5.5}$$

已经知道，单自由度系统在简谐支承运动 $x_f = a\sin\omega t$ 作用下的稳态响应为

$$x(t) = \frac{a\sqrt{1+(2\zeta\lambda)^2}}{\sqrt{(1-\lambda^2)^2 + (2\zeta\lambda)^2}}\sin(\omega t - \psi) \tag{2.5.6}$$

同理，对其右端各项单独求解并应用叠加原理，可以求得系统在周期性支承运动作用下的总响应为

$$x(t) = \frac{a_0}{k} + \sum_{j=1}^{n}\frac{a\sqrt{1+(2j\zeta\lambda)^2}}{\sqrt{(1-j^2\lambda^2)^2 + (2j\zeta\lambda)^2}}\sin(j\omega t + a_j - \psi_j) \tag{2.5.7}$$

【例 2-9】 如图 2-28 所示，系统受周期激振力 $F(t)$的作用，不计阻尼的影响，若频率比 $\lambda = 0.9$，求该受迫振动的运动规律。

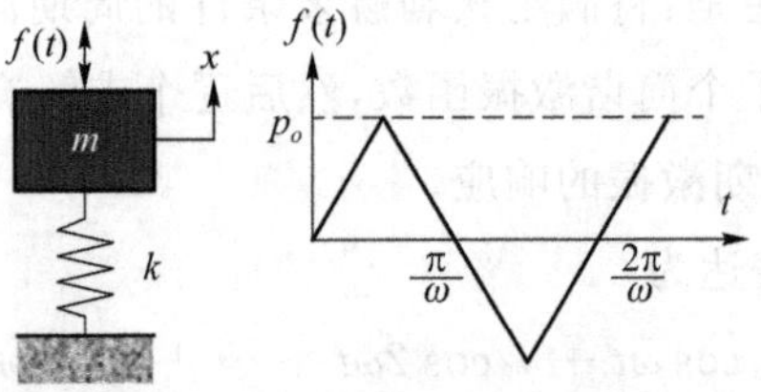

图 2-28　周期激励的受迫运动

解　由该受迫运动的函数图像可知

$$f(t)=\begin{cases}\dfrac{2\omega}{\pi}p_0t & 0<t\leqslant\dfrac{\pi}{2\omega}\\ 2p_0-\dfrac{2\omega}{\pi}p_0t & \dfrac{\pi}{2\omega}<t\leqslant\dfrac{3\pi}{2\omega}\\ -4p_0-\dfrac{2\omega}{\pi}p_0t & \dfrac{3\pi}{2\omega}<t\leqslant\dfrac{2\pi}{\omega}\end{cases}$$

因为该函数为奇函数，故

$$a_n=0$$

$$b_n=\frac{\omega}{\pi}\int_0^T f(t)\sin n\omega t\,dt=(-1)^{\frac{n-1}{2}}\frac{8p_0}{n^2\pi^2}\qquad n=1,3,5,\cdots$$

周期激振力展开为傅里叶级数

$$f(t)=\frac{8p_0}{\pi^2}\left(\sin\omega t-\frac{1}{3^2}\sin 3\omega t+\frac{1}{5^2}\sin 5\omega t-\cdots\right)$$

所以原微分方程可以改写为

$$m\ddot{x}(t)+kx(t)=\frac{8p_0}{\pi^2}\left(\sin\omega t-\frac{1}{3^2}\sin 3\omega t+\frac{1}{5^2}\sin 5\omega t-\cdots\right)$$

对应的各阶频率下系统对简谐激振力的响应为

$$x_1(t)=4.208\frac{p_0}{k}\sin(\omega t-\theta_1)$$

$$x_2(t)=-0.0141\frac{p_0}{k}\sin(3\omega t-\theta_2)$$

$$\vdots$$

据已知条件不计阻尼的影响，θ_1、$\theta_2\cdots$为 0。

根据叠加原理，系统对该周期激振力的总响应为

$$x(t)=\sum_{\infty}^{m=1}x_m(t)\approx x_1(t)+x_2(t)=4.208\frac{p_0}{k}\sin\omega t-0.0141\frac{p_0}{k}\sin 3\omega t$$

可以看出，此例中的基频和 3 倍频分量对振动的影响最大。

2.6　任意激振力作用下的单自由度系统受迫振动

在任意激励下或者激励作用时间极短的脉冲激励下，单自由度系统的响应通常没有稳态响应，只有瞬态响应，可采用拉普拉斯变换法进行求解。

对于图 2-23 所示的单自由度系统，设质量块 m 受到的任意激励力为 $F(t)$，则系统的运

动微分方程为

$$m\ddot{x}+c\dot{x}+kx=F(t) \tag{2.6.1}$$

设系统的初始位移和速度分别为

$$x(0)=x_0,\quad \dot{x}(0)=\dot{x}_0$$

对方程(2.6.1)两边进行拉普拉斯变换得

$$m[s^2X(s)-sx_0-\dot{x}_0]+c[sX(s)-x_0]+kX(s)=F(s)$$

由方程(2.6.1)解得

$$X(s)=\frac{F(s)}{ms^2+cs+k}+mx_0\frac{s}{ms^2+cs+k}+(m\dot{x}_0+cx_0)\frac{1}{ms^2+cs+k}$$

$$\Rightarrow X(s)=X_1(s)+X_2(s)+X_3(s) \tag{2.6.2}$$

式中

$$\left.\begin{aligned}X_1(s)&=\frac{1}{m\omega_d}F(s)\frac{\omega_d}{(s+\zeta\omega_n)^2+\omega_d{}^2}\\X_2(s)&=x_0\frac{s}{[s-(-\zeta\omega_n+j\omega_d)][s-(-\zeta\omega_n-j\omega_d)]}\\X_3(s)&=(\dot{x}_0+2\zeta\omega_n x_0)\frac{1}{[s-(-\zeta\omega_n+j\omega_d)][s-(-\zeta\omega_n-j\omega_d)]}\end{aligned}\right\} \tag{2.6.3}$$

对式(2.6.2)取拉普拉斯反变换，得到系统对任意激励的响应为

$$x(t)=\frac{1}{m\omega_d}\int_0^t F(\tau)e^{-\zeta\omega_n(t-\tau)}\sin\omega_d(t-\tau)d\tau+e^{-\zeta\omega_n t}\left(x_0\cos\omega_d t+\frac{\dot{x}_0+\zeta\omega_n x_0}{\omega_d}\sin\omega_d t\right) \tag{2.6.4}$$

上式中若系统的初始位移和速度均为零，则变为

$$x(t)=\frac{1}{m\omega_d}\int_0^t F(\tau)e^{-\zeta\omega_n(t-\tau)}\sin\omega_d(t-\tau)d\tau \tag{2.6.5}$$

该式就是著名的杜哈梅积分，表示系统对零初始条件的响应。值得一提的是，式(2.6.4)同样适用于简谐激励情形，此时的杜哈梅积分即为自由伴随振动和稳态强迫振动两部分。

【例 2-10】 压实机可简化为图 2-29 的单自由度系统。由于一个突加压力所引起的作用在质量 m 上的力(m 包括活塞质量、工作台质量和被压实材料质量)可以认为是一个矩形脉冲力，作用在 t_0 时刻停止。假设系统阻尼为零，求系统的响应。

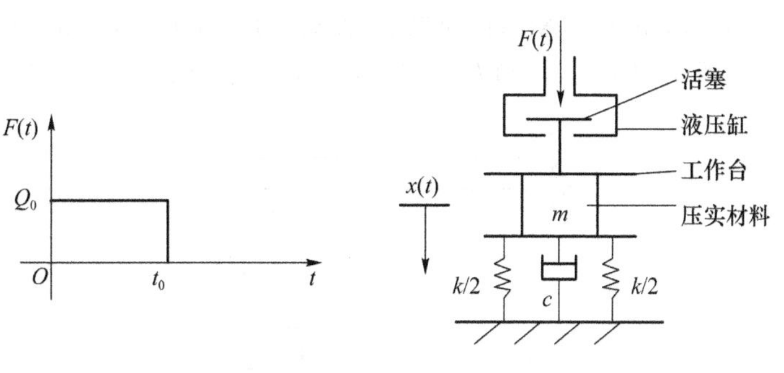

图 2-29　压实机的简化单自由度系统图

解　由题意得，当 $0<t<t_0$ 时，$F(t)=Q_0$，当 $t>t_0$ 时，$F(t)=0$。

由于忽略阻尼影响，当 $0<t<t_0$ 时

$$x(t)=\frac{1}{m\omega_{\mathrm{d}}}\int_0^t F(\tau)\sin\omega_{\mathrm{d}}(t-\tau)\mathrm{d}\tau$$
$$=\frac{Q_0}{m\omega_{\mathrm{d}}}\int_0^t \sin\omega_{\mathrm{d}}(t-\tau)\mathrm{d}\tau$$
$$=\frac{Q_0}{m\omega_{\mathrm{d}}^2}(1-\cos\omega_{\mathrm{d}}t)$$
$$=\frac{Q_0}{k}(1-\cos\omega_{\mathrm{d}}t)$$

当 $t>t_0$ 时

$$x(t)=\frac{1}{m\omega_{\mathrm{d}}}\int_0^t F(\tau)\sin\omega_{\mathrm{d}}(t-\tau)\mathrm{d}\tau$$
$$=\frac{1}{m\omega_{\mathrm{d}}}\int_0^{t_0} Q_0\sin\omega_{\mathrm{d}}(t-\tau)\mathrm{d}\tau+\frac{1}{m\omega_{\mathrm{d}}}\int_{t_0}^t 0\cdot\sin\omega_{\mathrm{d}}(t-\tau)\mathrm{d}\tau$$
$$=\frac{Q_0}{m\omega_{\mathrm{d}}^2}\left[\cos\omega_{\mathrm{d}}(t-t_0)-\cos\omega_{\mathrm{d}}t\right]$$
$$=\frac{Q_0}{k}\left[\cos\omega_{\mathrm{d}}(t-t_0)-\cos\omega_{\mathrm{d}}t\right]$$

所以,系统的响应为

当 $0<t<t_0$ 时 $\qquad x(t)=\dfrac{Q_0}{k}(1-\cos\omega_{\mathrm{d}}t)$

当 $t>t_0$ 时 $\qquad x(t)=\dfrac{Q_0}{k}\left[\cos\omega_{\mathrm{d}}(t-t_0)-\cos\omega_{\mathrm{d}}t\right]$

习 题

2-1 有阻尼系统的自由振动和无阻尼相比,有哪些区别?

2-2 单自由度系统的强迫振动,当激振力频率约等于系统的固有频率时,激振与响应的相位角为多大?主要由哪种响应力平衡激振力?当激振力频率远高于系统的固有频率时或远低于固有频率时的情况又如何?

2-3 一质量为 1 kg 的重物悬挂在弹簧上,弹簧伸长 4 mm,求系统的固有频率。

2-4 如图 2.1 所示的结构,已知 $k_1=2k$,$k_2=k$,求该结构的固有频率。

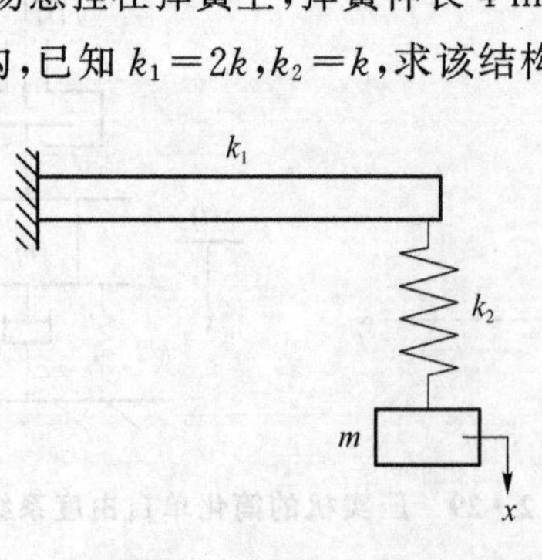

图 2.1 习题 2-4 用图

2－5　一台重 10 000 N 的机器支撑在总刚度为 40 000 N/m 的弹簧上，它有一失衡的转动元件在 3 000 r/min 下形成 800 N 的干扰力，假定 $\zeta=0.20$。试建立系统的运动微分方程并求由失衡引起的运动振幅。

2－6　一质量为 m 的小车在斜面上自高 h 处滑下，与缓冲器相撞后，随同缓冲器弹簧一起作自由振动，弹簧刚度为 k，斜面倾角为 α，小车与斜面之间的摩擦力忽略不计，如图 2.2 所示。求小车的振动周期和振幅。

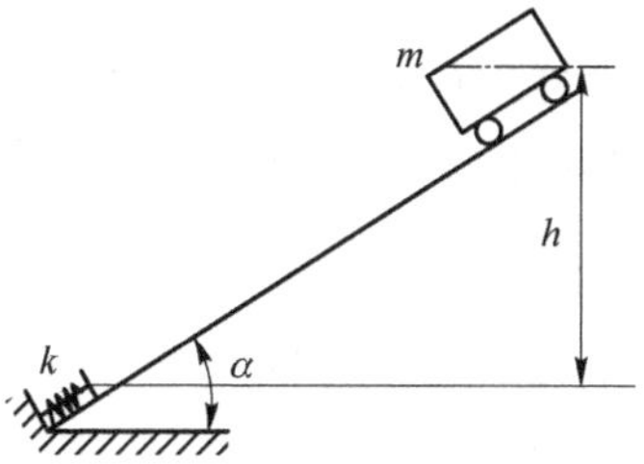

图 2.2　习题 2－6 用图

2－7　单自由度系统，已知质量 $m=800$ kg，弹簧刚度 $k=100$ kN/m，阻尼比 $\zeta=0.05$，$x_0=5$ cm，$x=3$ cm/s。求：①系统的固有圆频率；②系统位移振动表达式。

2－8　求单自由度系统在图 2.3 所示周期激振力作用下其稳态振动的响应，不考虑阻尼。

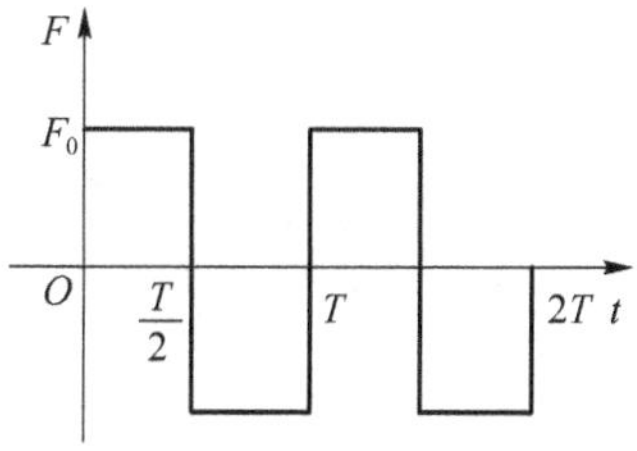

图 2.3　习题 2－8 用图

2－9　如图 2.4 所示单摆，其质量为 m，摆杆是无质量的刚性杆，长为 l。它在黏性液体中摆动，黏性阻尼系数为 c，悬挂点 O 的运动方程 $x(t)=A\sin\omega t$。试求出单摆微幅摆动的方程式。

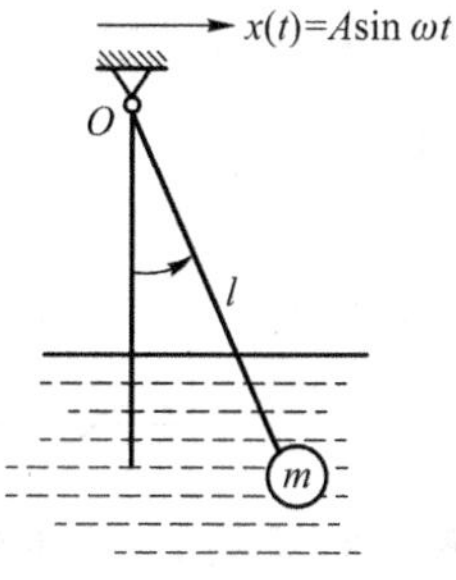

图 2.4　习题 2－9 用图

2－10　求图 2.5 所示系统的振动微分方程及固有频率(杆的质量忽略不计)。

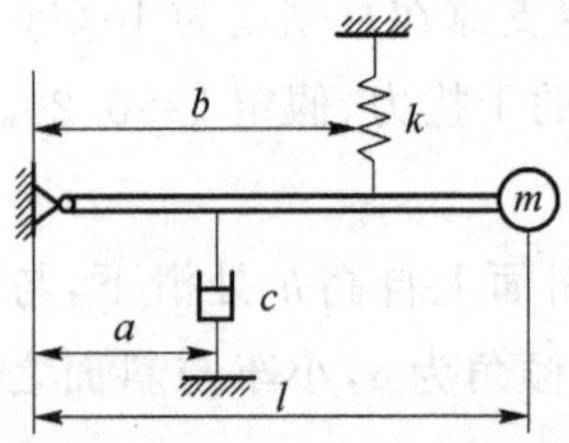

图 2.5　习题 2－10 用图

2－11　如图 2.6 所示，精密仪器质量 $m=400$ kg，用弹簧与地面相连，现基础以 15 Hz 的频率作竖直方向上的简谐运动，振幅为 1.5 cm，为使得仪器横幅小于 0.25 cm，试求弹簧的刚度，不考虑阻尼。

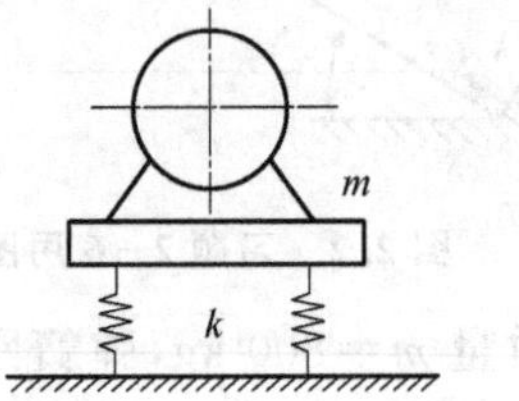

图 2.6　习题 2－11 用图

2－12　写出图 2.7 所示系统的运动微分方程，以 x 为广义坐标，求系统的固有频率。

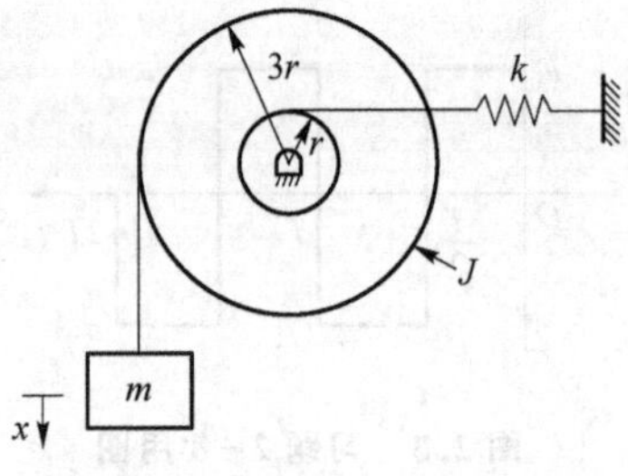

图 2.7　习题 2－12 用图

2－13　如图 2.8 所示，已知支撑端有运动 $x_s=a\sin\omega t$，写出该系统的运动微分方程并求解稳态响应。

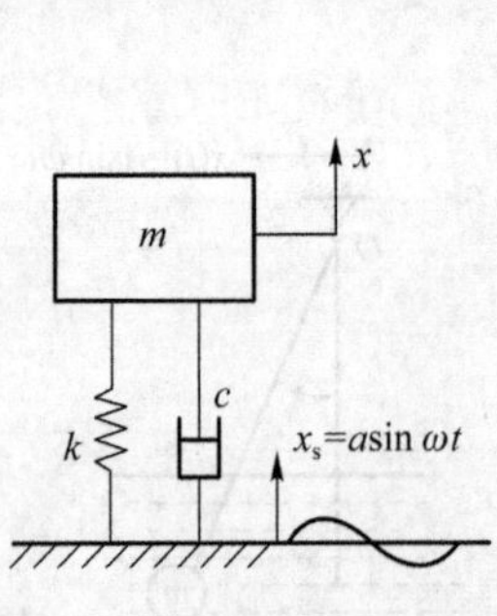

图 2.8　习题 2－13 用图

2－14　写出图 2.9 所示系统的运动微分方程并求其固有频率。若阻尼比 $\zeta=1.25$，则阻尼系数 c 为多少？

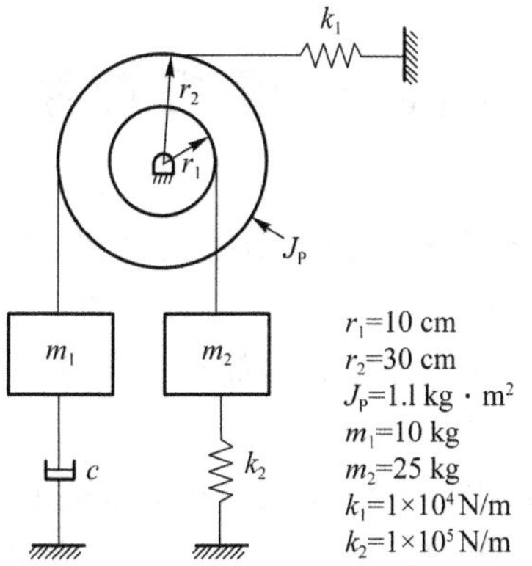

图 2.9　习题 2-14 用图

2-15　如图 2.10 所示的简支梁，在跨中央放一个质量 $m=500$ kg 的电动机，其转速 $n=600$ r/min时，转子不平衡质量产生的离心力 $F=1\ 960$ N，在电动机自重作用下，梁产生的静挠度 $\delta_{st}=0.2$ cm。黏性阻尼使自由振动 10 周后振幅减小为初始值的一半。略去梁的质量，试求系统稳态受迫振动的振幅。

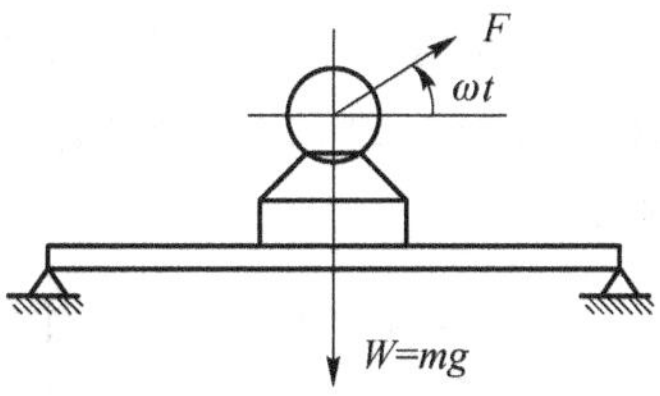

图 2.10　习题 2-15 用图

第3章　两自由度机械系统的振动

前一章讨论了单自由度机械系统的振动问题。在实际工程问题中，较为复杂的机械系统往往不能简化为单自由度系统，而需要使用两个及以上的独立坐标才能确定系统的振动情况，通常称之为多自由度系统。两自由度系统是最简单的多自由度系统，掌握两自由度系统振动特性可为开展多自由度系统振动特性的学习打下基础。

本章首先引出质量、阻尼和刚度矩阵的概念，在此基础上建立两自由度系统的微分方程并求解。随后，将介绍两自由度系统的自由振动、受迫振动等理论知识及其在工程中的实际应用——动力吸振器。

3.1　两自由度系统振动微分方程

一个两自由度系统要用两个微分方程描述其运动特性，每一个微分方程分别与一个自由度对应。图3-1所示为有阻尼的双质量弹簧系统，两个质量块 m_1 和 m_2 沿水平光滑平面作往复直线运动，在水平方向上分别用刚度为 k_1 和 k_2 的弹簧和阻尼系数为 c_1 和 c_2 的阻尼连接支承与质量块。随时间变化的激振力 $F_1(t)$ 和 $F_2(t)$ 分别作用在质量块 m_1 和 m_2 上，两质量块相对各自平衡位置的位移为 x_1 和 x_2。

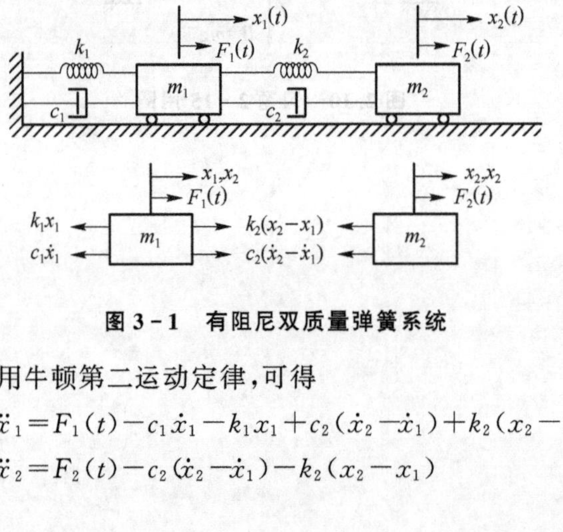

图3-1　有阻尼双质量弹簧系统

对两质量块分别使用牛顿第二运动定律，可得

$$\begin{cases} m_1\ddot{x}_1=F_1(t)-c_1\dot{x}_1-k_1x_1+c_2(\dot{x}_2-\dot{x}_1)+k_2(x_2-x_1) \\ m_2\ddot{x}_2=F_2(t)-c_2(\dot{x}_2-\dot{x}_1)-k_2(x_2-x_1) \end{cases} \tag{3.1.1}$$

整理后得

$$\begin{cases} m_1\ddot{x}_1+(c_1+c_2)\dot{x}_1-c_2\dot{x}_2+(k_1+k_2)x_1-k_2x_2=F_1(t) \\ m_2\ddot{x}_2-c_2\dot{x}_1+c_2\dot{x}_2-k_2x_1+k_2x_2=F_2(t) \end{cases} \tag{3.1.2}$$

上述方程组(3.1.2)即是图3-1所示两自由度系统的振动微分方程组，两个方程不是独立的，各自含有两个变量 x_1、x_2 以及它们的一、二阶导数。

现将方程组(3.1.2)用矩阵形式表示为

$$[\boldsymbol{M}]\{\ddot{\boldsymbol{x}}\}+[\boldsymbol{C}]\{\dot{\boldsymbol{x}}\}+[\boldsymbol{K}]\{\boldsymbol{x}\}=\{\boldsymbol{F}(t)\} \tag{3.1.3}$$

式中，$[\boldsymbol{M}]$、$[\boldsymbol{C}]$ 和 $[\boldsymbol{K}]$ 分别为系统的质量、阻尼和刚度矩阵，$\{\boldsymbol{x}\}$、$\{\dot{\boldsymbol{x}}\}$、$\{\ddot{\boldsymbol{x}}\}$ 分别为位移向量及

其一、二阶导数，$\{\boldsymbol{F}(t)\}$为系统的激振力矩阵。

$$
\begin{aligned}
[\boldsymbol{M}]&=\begin{bmatrix} m_1 & 0 \\ 0 & m_2 \end{bmatrix}=\begin{bmatrix} m_{11} & m_{12} \\ m_{21} & m_{22} \end{bmatrix}\\
[\boldsymbol{C}]&=\begin{bmatrix} c_1+c_2 & -c_2 \\ -c_2 & c_2 \end{bmatrix}=\begin{bmatrix} c_{11} & c_{12} \\ c_{21} & c_{22} \end{bmatrix}\\
[\boldsymbol{K}]&=\begin{bmatrix} k_1+k_2 & -k_2 \\ -k_2 & k_2 \end{bmatrix}=\begin{bmatrix} k_{11} & k_{12} \\ k_{21} & k_{22} \end{bmatrix}
\end{aligned}
\tag{3.1.4}
$$

若上述系统阻尼为 0，即该系统为无阻尼系统，则有

$$
\begin{cases} m_1\ddot{x}_1+(k_1+k_2)x_1-k_2x_2=F_1(t) \\ m_2\ddot{x}_2-k_2x_1+k_2x_2=F_2(t) \end{cases}
\tag{3.1.5}
$$

用矩阵形式表示为

$$
[\boldsymbol{M}]\{\ddot{\boldsymbol{x}}\}+[\boldsymbol{K}]\{\boldsymbol{x}\}=\{\boldsymbol{F}(t)\}
\tag{3.1.6}
$$

其中

$$
\begin{aligned}
[\boldsymbol{M}]&=\begin{bmatrix} m_1 & 0 \\ 0 & m_2 \end{bmatrix}=\begin{bmatrix} m_{11} & m_{12} \\ m_{21} & m_{22} \end{bmatrix}\\
[\boldsymbol{K}]&=\begin{bmatrix} k_1+k_2 & -k_2 \\ -k_2 & k_2 \end{bmatrix}=\begin{bmatrix} k_{11} & k_{12} \\ k_{21} & k_{22} \end{bmatrix}
\end{aligned}
\tag{3.1.7}
$$

因为 $k_2\neq 0$，此时两质量块平动时引起的惯性力不耦合，但弹性力耦合，常称作弹性耦合。类似地，若一个系统中质量或阻尼矩阵中的非对角线元素不为零，则称该系统具有惯性耦合或阻尼耦合。

需注意的是，耦合的方式是依据所选取的坐标而定的，坐标选取是人的主观选择而非系统的客观特性。即“系统的耦合方式”实际上是“坐标的耦合方式”“运动方程的耦合方式”。

一般情况下，运动方程中既存在弹性耦合，又存在惯性耦合，即刚度矩阵和质量矩阵都是非对角的。对于一个系统，存在一组特定的坐标系，使得运动方程既无惯性耦合，又无弹性耦合，即质量矩阵和刚度矩阵均成为对角矩阵，该特定坐标系称之为“主坐标(模态坐标)系”。

3.2　两自由度无阻尼系统的自由振动

为了揭示振动系统的基本特性，一般先忽略系统中阻尼的影响。此处分析两自由度无阻尼系统的自由振动。

3.2.1　固有频率和主振型

研究自由振动的主要目的是求系统的固有频率。系统的固有频率数与系统的自由度数是一致的，两自由度系统有两个固有频率，求解系统的主振型是研究两自由度系统自由振动的另一个目的，即系统的振动形式。

图 3 - 2 所示为无阻尼两自由度振动系统，取其静平衡位置为坐标原点，两个质量块 m_1 和 m_2 沿水平光滑平面作往复直线运动，相对各自平衡位置的位移分别为 x_1 和 x_2。对振动过程中任何一瞬时的 m_1 和 m_2 取分离体，应用牛顿第二运动定律，可得其运动方程为

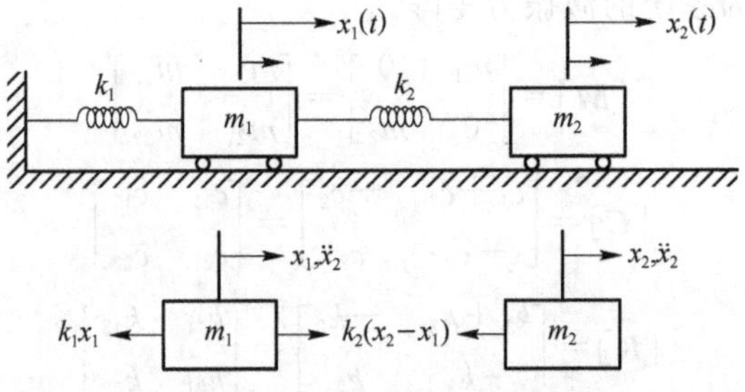

图 3-2　无阻尼两自由度振动系统

$$\begin{bmatrix} m_1 & 0 \\ 0 & m_2 \end{bmatrix}\begin{Bmatrix} \ddot{x}_1 \\ \ddot{x}_2 \end{Bmatrix}+\begin{bmatrix} k_1+k_2 & -k_2 \\ -k_2 & k_2 \end{bmatrix}\begin{Bmatrix} x_1 \\ x_2 \end{Bmatrix}=\begin{Bmatrix} 0 \\ 0 \end{Bmatrix} \tag{3.2.1}$$

要确定系统的运动规律，先假定两个质量块 m_1 和 m_2 按相同频率 ω 和相同的相位角 φ 作简谐振动，即上述二阶常系数线性齐次微分方程组(3.2.1)的一组解为

$$\begin{cases} x_1=A_1\sin(\omega t+\varphi) \\ x_2=A_2\sin(\omega t+\varphi) \end{cases} \tag{3.2.2}$$

式中，A_1、A_2 分别为质量块 m_1 和 m_2 简谐振动的振幅。将该组解代入方程组(3.2.1)可得

$$\begin{bmatrix} k_{11} & k_{12} \\ k_{21} & k_{22} \end{bmatrix}\begin{Bmatrix} A_1 \\ A_2 \end{Bmatrix}-\omega^2\begin{bmatrix} m_1 & 0 \\ 0 & m_2 \end{bmatrix}\begin{Bmatrix} A_1 \\ A_2 \end{Bmatrix}=\begin{Bmatrix} 0 \\ 0 \end{Bmatrix} \tag{3.2.3}$$

用矩阵形式表示为

$$\{[\boldsymbol{K}]-\omega^2[\boldsymbol{M}]\}\{\boldsymbol{A}\}=\{\boldsymbol{0}\} \tag{3.2.4}$$

将方程组(3.2.3)展开得到

$$\begin{bmatrix} k_{11}-m_1\omega^2 & k_{12} \\ k_{21} & k_{22}-m_2\omega^2 \end{bmatrix}\begin{Bmatrix} A_1 \\ A_2 \end{Bmatrix}=\begin{Bmatrix} 0 \\ 0 \end{Bmatrix} \tag{3.2.5}$$

振幅向量$\{\boldsymbol{A}\}$元素不全为零，则式(3.2.4)成立的条件是振幅向量$\{\boldsymbol{A}\}$的系数矩阵行列式应等于零，即有

$$\begin{vmatrix} k_{11}-m_1\omega^2 & k_{12} \\ k_{21} & k_{22}-m_2\omega^2 \end{vmatrix}=0 \tag{3.2.6}$$

方程(3.2.5)称为特征方程，展开此行列式可得

$$m_1m_2(\omega^2)^2-(m_1k_{22}+m_2k_{11})\omega_n^2+k_{11}k_{22}-k_{12}^2=0 \tag{3.2.7}$$

此方程为 ω_n^2 的二次方程，它的根称为系统的特征值，即为系统固有频率的平方。利用求根公式求解方程(3.2.6)可得

$$\omega_{n1,2}^2=\frac{-b\pm\sqrt{b^2-4ac}}{2a} \tag{3.2.8}$$

其中，$a=m_1m_2$，$b=-(m_1k_{22}+m_2k_{11})$，$c=k_{11}k_{22}-k_{12}^2$。

从问题的物理性质来说，ω_{n1}^2 和 ω_{n2}^2 必为正值。规定 $\omega_{n1}\leqslant\omega_{n2}$，频率较低的 ω_{n1} 称为第一阶固有频率，而频率较高的 ω_{n2} 称为第二阶固有频率。两自由度系统共有两个固有频率，固有频率取决于系统本身的物理性质，即质量和弹簧刚度。

分别将 ω_{n1}^2 和 ω_{n2}^2 代回式(3.2.4)，可知虽无法确定振幅 A_1 和 A_2 的确定值，但是可以求得对应每一阶固有频率的两个振幅的比值，称为振幅比或振型。

$$r_1=\frac{A_1^{(1)}}{A_2^{(1)}}=\frac{-k_{12}}{k_{11}-\omega_{n1}^2 m_1}=\frac{k_{22}-\omega_{n1}^2 m_2}{-k_{21}}$$

$$r_2=\frac{A_1^{(2)}}{A_2^{(2)}}=\frac{-k_{12}}{k_{11}-\omega_{n2}^2 m_1}=\frac{k_{22}-\omega_{n2}^2 m_2}{-k_{21}} \tag{3.2.9}$$

式中，$A_1^{(1)}$ 和 $A_1^{(2)}$ 是 m_1 的运动中分别由简谐运动 ω_{n1} 和 ω_{n2} 产生的振幅，相应地，$A_2^{(1)}$ 和 $A_2^{(2)}$ 是 m_2 的运动中分别由简谐运动 ω_{n1} 和 ω_{n2} 产生的振幅。r_1 为对应于第一阶固有频率 ω_{n1} 的振幅比，称为第一阶主振型；r_2 为对应于第二阶固有频率 ω_{n2} 的振幅比，称为第二阶主振型。

【例 3-1】 求图 3-3 所示两自由度系统的固有圆频率和振型。设系统 $m_1=m_2=m$，$k_1=k_2=k$。

解　由方程(3.2.1)得其运动方程为

$$\begin{bmatrix} m & 0 \\ 0 & m \end{bmatrix}\begin{Bmatrix} \ddot{x}_1 \\ \ddot{x}_2 \end{Bmatrix}+\begin{bmatrix} 2k & -k \\ -k & k \end{bmatrix}\begin{Bmatrix} x_1 \\ x_2 \end{Bmatrix}=\begin{Bmatrix} 0 \\ 0 \end{Bmatrix}$$

由式(3.2.8)求得

$$\omega_1^2=\frac{3mk-\sqrt{9m^2k^2-4m^2k^2}}{2m^2}=0.382\,\frac{k}{m}$$

$$\omega_2^2=\frac{3mk+\sqrt{9m^2k^2-4m^2k^2}}{2m^2}=2.618\,\frac{k}{m}$$

将上式求得圆频率代入式(3.2.9)，可得第一、二阶振型为

$$r_1=\frac{A_1^{(1)}}{A_2^{(1)}}=\frac{2}{1+\sqrt{5}}=\frac{-1+\sqrt{5}}{2}=0.618$$

$$r_2=\frac{A_1^{(2)}}{A_2^{(2)}}=\frac{2}{1-\sqrt{5}}=\frac{-1-\sqrt{5}}{2}=-1.618$$

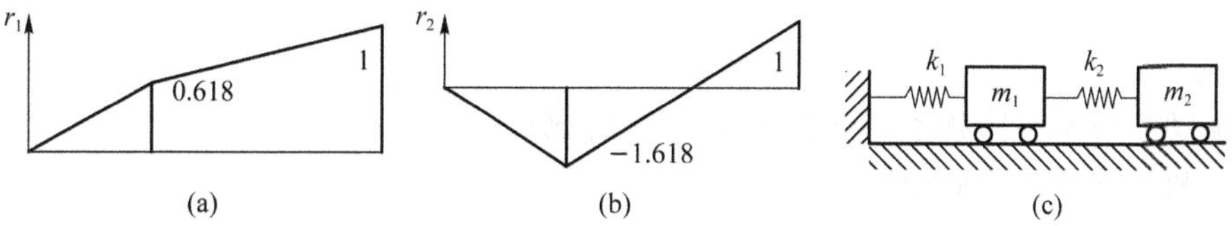

图 3-3　振型图及无阻尼两自由度振动系统

如图 3-3 所示，振幅比 $r_1>0$，说明当系统以频率 ω_{n1} 振动时，两振幅同号，即 m_1 和 m_2 按同一方向运动；振幅比 $r_2<0$，说明当系统以频率 ω_{n2} 振动时，两振幅异号，即 m_1 和 m_2 按相反的方向运动。

3.2.2　时域响应求解

两自由度系统具有两种同步运动，每一种同步运动对应一个固有频率，系统的运动是两种同步运动的叠加。当系统以某一阶固有频率按相应的主振型作振动时，称为系统的主振动。

第一阶主振动为

$$\begin{cases} x_1^{(1)}=r_1A_2^{(1)}\sin(\omega_{n1}t+\varphi_1) \\ x_2^{(1)}=A_2^{(1)}\sin(\omega_{n1}t+\varphi_1) \end{cases} \tag{3.2.10}$$

第二阶主振动为

$$\begin{cases} x_1^{(2)} = r_2 A_2^{(2)} \sin(\omega_{n2} t + \varphi_2) \\ x_2^{(2)} = A_2^{(2)} \sin(\omega_{n2} t + \varphi_2) \end{cases} \tag{3.2.11}$$

由微分方程理论,式(3.2.10)、式(3.2.11)是微分方程组(3.2.1)的两组特解,通解应为

$$\begin{cases} x_1 = r_1 A_2^{(1)} \sin(\omega_{n1} t + \varphi_1) + r_2 A_2^{(2)} \sin(\omega_{n2} t + \varphi_2) \\ x_2 = A_2^{(1)} \sin(\omega_{n1} t + \varphi_1) + A_2^{(2)} \sin(\omega_{n2} t + \varphi_2) \end{cases} \tag{3.2.12}$$

用矩阵形式表示为

$$\begin{Bmatrix} x_1 \\ x_2 \end{Bmatrix} = \begin{bmatrix} r_1 & r_2 \\ 1 & 1 \end{bmatrix} \begin{Bmatrix} A_2^{(1)} \sin(\omega_{n1} t + \varphi_1) \\ A_2^{(2)} \sin(\omega_{n2} t + \varphi_2) \end{Bmatrix} \tag{3.2.13}$$

利用三角函数相关理论展开式(3.2.12),得到

$$\begin{cases} x_1 = r_1 (c_1 \cos\omega_{n1} t + c_2 \sin\omega_{n1} t) + r_2 (c_3 \cos\omega_{n2} t + c_4 \sin\omega_{n2} t) \\ x_2 = c_1 \cos\omega_{n1} t + c_2 \sin\omega_{n1} t + c_3 \cos\omega_{n2} t + c_4 \sin\omega_{n2} t \end{cases} \tag{3.2.14}$$

式中,c_1、c_2、c_3 和 c_4 皆为常数,取决于输入系统的初始条件,即初始位移和初始速度。$t=0$ 时,令 $x_1 = x_{10}$,$x_2 = x_{20}$,$\dot{x}_1 = \dot{x}_{10}$,$\dot{x}_2 = \dot{x}_{20}$,由式(3.2.14)可得

$$\begin{cases} c_1 = \dfrac{x_{10} - r_2 x_{20}}{r_1 - r_2} \\ c_2 = \dfrac{\dot{x}_{10} - r_2 \dot{x}_{20}}{\omega_{n1}(r_1 - r_2)} \\ c_3 = \dfrac{r_1 x_{20} - x_{10}}{r_1 - r_2} \\ c_1 = \dfrac{r_1 \dot{x}_{20} - \dot{x}_{10}}{\omega_{n2}(r_1 - r_2)} \end{cases} \tag{3.2.15}$$

将上述 c_1、c_2、c_3 和 c_4 等常数代入式(3.2.14),即可得双质量弹簧系统在该初始条件下的响应。

说明:

① 振动响应是不同频率、不同相位的运动合成;

② 一般情况下为非周期性复杂运动;

③ 当两个固有频率可约分时,系统作周期运动;

④ 在某些初始条件下,也可能作简谐主振动;

⑤ 主振型反映了不同质量之间的相对运动关系。

【例 3-2】 设例 3-1系统初始条件为 $t=0$ 时,$x_{10} = x_{20} = 1$,$\dot{x}_{10} = \dot{x}_{20} = 0$,求该系统在初始条件下的响应。

解 例 3-1中求得固有频率为

$$\omega_{n1}^2 = 0.382\,\frac{k}{m}, \quad \omega_{n2}^2 = 2.618\,\frac{k}{m}$$

第一、二阶振型为

$$r_1 = 0.618, \quad r_2 = -1.618$$

由式(3.2.14)求得

$$c_1 = 1.171, \quad c_2 = 0, \quad c_3 = -0.171, \quad c_4 = 0$$

将以上常数代入式(3.2.14),得到系统响应为

$$x_1 = r_1(c_1\cos\omega_{n1}t + c_2\sin\omega_{n1}t) + r_2(c_3\cos\omega_{n2}t + c_4\sin\omega_{n2}t) = 0.724\cos\omega_{n1}t + 0.277\cos\omega_{n2}t$$

$$x_2 = c_1\cos\omega_{n1}t + c_2\sin\omega_{n1}t + c_3\cos\omega_{n2}t + c_4\sin\omega_{n2}t = 1.171\cos\omega_{n1}t - 0.171\cos\omega_{n2}t$$

【例 3-3】 在图 3-4 所示的两自由度扭转系统中，假设轴的每一部分的扭转刚度 k 均相同，$J_2=2J_1$，整个系统以等角速度旋转，求当轴突然从两端卡住后的自由振动响应。

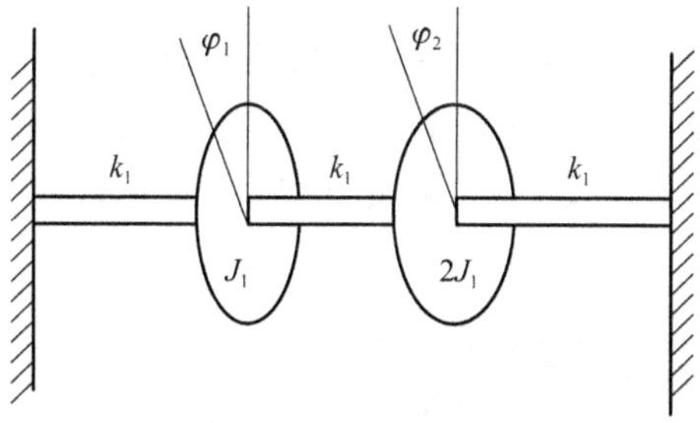

图 3-4　两自由度扭转系统

解　已知 $m_1=J_1$，$m_2=2J_1$，$k_{11}=k_{22}=2k_1$，$k_{12}=k_{21}=-k_1$，代入运动方程可得

$$\begin{bmatrix} J_1 & 0 \\ 0 & 2J_1 \end{bmatrix}\begin{Bmatrix} \ddot{\varphi}_1 \\ \ddot{\varphi}_2 \end{Bmatrix} + \begin{bmatrix} 2k_1 & -k_1 \\ -k_1 & 2k_1 \end{bmatrix}\begin{Bmatrix} \varphi_1 \\ \varphi_2 \end{Bmatrix} = \begin{Bmatrix} 0 \\ 0 \end{Bmatrix}$$

由式(3.2.8)求得固有频率为

$$\omega_1^2 = \frac{(3-\sqrt{3})k_1}{2J_1} = 0.634\frac{k_1}{J_1}$$

$$\omega_2^2 = \frac{(3+\sqrt{3})k_1}{2J_1} = 2.366\frac{k_1}{J_1}$$

由式(3.2.9)求得其振型为

$$r_1 = \frac{2}{1+\sqrt{3}} = 0.732$$

$$r_2 = \frac{2}{1-\sqrt{3}} = -2.732$$

作出振型图，如图 3-5 所示，横坐标为扭矩各点静平衡位置，纵坐标为振型，第二阶振型图中有一个始终固定不动的点，称为节点，节点数为阶数减 1。

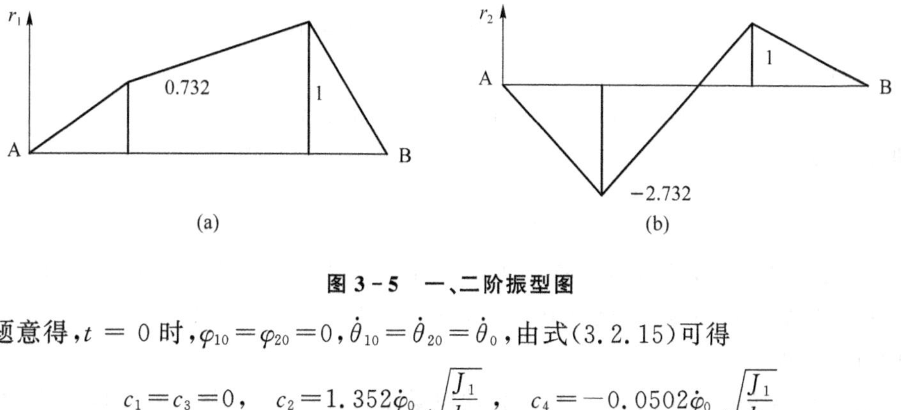

图 3-5　一、二阶振型图

由题意得，$t=0$ 时，$\varphi_{10}=\varphi_{20}=0$，$\dot{\theta}_{10}=\dot{\theta}_{20}=\dot{\theta}_0$，由式(3.2.15)可得

$$c_1=c_3=0,\quad c_2=1.352\dot{\varphi}_0\sqrt{\frac{J_1}{k_1}},\quad c_4=-0.0502\dot{\varphi}_0\sqrt{\frac{J_1}{k_1}}$$

代入式(3.2.14)可得,该初始条件中的自由振动响应为

$$\varphi_1=(0.990\sin\omega_1 t-0.137\sin\omega_2 t)\dot{\varphi}_0\sqrt{\frac{J_1}{k_1}}$$

$$\varphi_2=(1.352\sin\omega_1 t-0.0502\sin\omega_2 t)\dot{\varphi}_0\sqrt{\frac{J_1}{k_1}}$$

【例 3-4】 求图 3-6 所示的汽车上下垂直振动和俯仰振动的微分方程组、固有频率及振型。相关参数为:质量 $m=1\,000$ kg,回转半径 $r=0.9$ m,前轴距重心的距离 $l_1=1.0$ m,后轴距重心的距离 $l_2=1.5$ m,前弹簧刚度 $k_1=18$ kg/m,后弹簧刚度 $k_2=22$ kg/m。

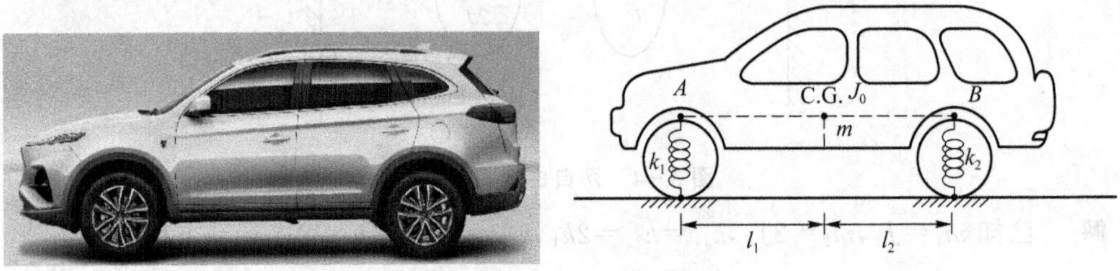

图 3-6 汽车的上下垂直振动和俯仰振动

解 选择 x 和 θ 作为两个独立坐标,系统的微分方程为

$$\begin{bmatrix} m & 0 \\ 0 & J_0 \end{bmatrix}\begin{Bmatrix} \ddot{x} \\ \ddot{\theta} \end{Bmatrix}+\begin{bmatrix} k_1+k_2 & -(k_1 l_1-k_2 l_2) \\ -(k_1 l_1-k_2 l_2) & k_1 l_1^2+k_2 l_2^2 \end{bmatrix}\begin{Bmatrix} x \\ \theta \end{Bmatrix}=\begin{Bmatrix} 0 \\ 0 \end{Bmatrix}$$

其中,$k_1=k_f$,$k_2=k_r$,$J_0=mr^2$。对于自由振动,设有如下形式的简谐解:

$$x(t)=X\cos(\omega t+\varphi),\quad \theta(t)=\theta\cos(\omega t+\varphi)$$

综合上两式可得

$$\begin{bmatrix} -m\omega^2+k_1+k_2 & -k_1 l_1+k_2 l_2 \\ -k_1 l_1+k_2 l_2 & -J_0\omega^2+k_1 l_1^2+k_2 l_2^2 \end{bmatrix}\begin{Bmatrix} X \\ \theta \end{Bmatrix}=\begin{Bmatrix} 0 \\ 0 \end{Bmatrix}$$

代入相关数据得

$$\begin{bmatrix} -1\,000\omega_n^2+40\,000 & 15\,000 \\ 15\,000 & -810\omega_n^2+67\,500 \end{bmatrix}\begin{Bmatrix} X \\ \theta \end{Bmatrix}=\begin{Bmatrix} 0 \\ 0 \end{Bmatrix}$$

由此可得以下关于频率 ω_n 的方程:

$$8.1\omega_n^4-999\omega_n^2+24750=0$$

可以解得固有频率为

$$\omega_{n1}=5.859\,3\ \text{rad/s},\quad \omega_{n2}=9.434\,1\ \text{rad/s}$$

对应的振幅比为

$$\frac{X^{(1)}}{\theta^{(1)}}=-2.646\,1,\quad \frac{X^{(2)}}{\theta^{(2)}}=0.306\,1$$

【例 3-5】 船舶发动机通过齿轮与推进器相连,如图 3-7 所示。飞轮、发动机、齿轮 1、齿轮 2 和推进器的转动惯量分别是 9 000、1 000、250、150 和 2 000(单位为 kg·m²),求此系统扭振的固有频率和主振型。

解 由于与其他回转件相比,飞轮的转动惯量很大,所以可以认为其是固定不动的,假设发动机和齿轮可以用一个等效回转件代替。

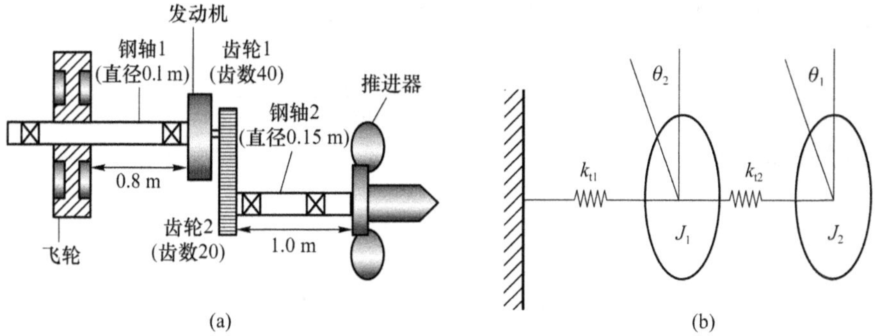

图 3－7　船舶发动机推进器系统

齿轮 1 和齿轮 2 的齿数比为 2/1，所以轴 2 的转速是轴 1 转速的 2 倍。故齿轮 2 和推进器的转动惯量折算到发动机的轴线上时分别为

$$\begin{cases}(J_{G2})_{eq}=2^2\times 150=600\ \text{kg}\cdot\text{m}^2\\(J_P)_{eq}=2^2\times 2\,000=8\,000\ \text{kg}\cdot\text{m}^2\end{cases}$$

发动机到齿轮的距离很小，所以发动机和两个齿轮可以视作一个回转件，其转动惯量为

$$J_1=J_E+J_{G1}+(J_{G2})_{eq}=1\,000+250+600=1\,850\ \text{kg}\cdot\text{m}^2$$

设钢的剪切弹性模量为 80 GPa，轴 1 和轴 2 的扭转刚度为

$$\begin{cases}k_{t1}=\dfrac{CI_{01}}{l_1}=\dfrac{G}{l_1}\dfrac{\pi d_1^4}{32}=\dfrac{80\times 10^9\times\pi\times 0.10^4}{0.8\times 32}=98.175\,0\times 10^4\ \text{N}\cdot\text{m/rad}\\[2ex]k_{t2}=\dfrac{CI_{02}}{l_1}=\dfrac{G}{l_2}\dfrac{\pi d_2^4}{32}=\dfrac{80\times 10^9\times\pi\times 0.15^4}{1.0\times 32}=397.608\,75\times 10^4\ \text{N}\cdot\text{m/rad}\end{cases}$$

由于轴 2 长度不可忽略，推进器可看作与轴 2 端部固接的回转件，此系统为两自由度系统。令 $m_1=J_1, m_2=J_2, k_1=k_{t1}, k_2=k_{t2}$，可得

$$\begin{aligned}\omega_{n1}^2,\omega_{n2}^1&=\frac{1}{2}\left\{\frac{(k_{t1}+k_{t2})J_2+k_{t2}J_1}{J_1J_2}\right\}\pm\left[\left\{\frac{(k_{t1}+k_{t2})J_2+k_{t2}J_1}{J_1J_2}\right\}^2-4\left\{\frac{(k_{t1}+k_{t2})k_{t2}-k_{t2}^2}{J_1J_2}\right\}\right]^{1/2}\\&=\left\{\frac{k_{t1}+k_{t2}}{2J_1}+\frac{k_{t2}}{2J_2}\right\}\pm\left[\left\{\frac{k_{t1}+k_{t2}}{2J_1}+\frac{k_{t2}}{2J_2}\right\}^2-\frac{k_{t1}k_{t2}}{J_1J_2}\right]^{1/2}\end{aligned}$$

式中

$$\frac{k_{t1}+k_{t2}}{2J_1}+\frac{k_{t2}}{2J_2}=\frac{(98.175\,0+397.608\,7)\times 10^4}{2\times 1\,850}+\frac{397.608\,7\times 10^4}{2\times 8\,000}=1\,588.46$$

$$\frac{k_{t1}k_{t2}}{J_1J_2}=\frac{98.175\,0\times 10^4\times 397.608\,7\times 10^4}{1\,850\times 8\,000}=26.375\,0\times 10^4$$

所以有

$$\begin{aligned}\omega_{n1}^2,\omega_{n2}^2&=1\,588.46\pm\left[1\,588.46^2-26.375\,0\times 10^4\right]^{1/2}\\&=1\,588.46\pm 1\,503.148\,3\end{aligned}$$

频率分别为

$$\omega_{n1}^2=85.311\,7\ \text{或}\ \omega_{n1}=9.236\,4\ \text{rad/s}$$

$$\omega_{n2}^2=3\,091.608\,3\ \text{或}\ \omega_{n2}=55.602\,2\ \text{rad/s}$$

振型为

$$\begin{cases} r_1=\dfrac{-J_1\omega_{n1}^2+k_{t1}+k_{t2}}{k_{t2}}=\dfrac{-1\,850\times85.311\,7+495.783\,7\times10^4}{397.608\,7\times10^4}=1.207\,2 \\ r_2=\dfrac{-J_1\omega_{n2}^2+k_{t1}+k_{t2}}{k_{t2}}=\dfrac{-1\,850\times3\,091.608\,3+495.783\,7\times10^4}{397.608\,7\times10^4}=-0.191\,6 \end{cases}$$

扭振的主振型如下：

$$\begin{Bmatrix}\theta_1\\\theta_2\end{Bmatrix}^{(1)}=\begin{Bmatrix}1\\r_1\end{Bmatrix}=\frac{1}{1.207\,2}$$

$$\begin{Bmatrix}\theta_1\\\theta_2\end{Bmatrix}^{(2)}=\begin{Bmatrix}1\\r_2\end{Bmatrix}=\frac{1}{-0.191\,6}$$

3.2.3 模态坐标求解

3.2.2 节中，$\boldsymbol{P}=\begin{bmatrix}r_1 & r_2\\1 & 1\end{bmatrix}$称为振型矩阵，$\{\boldsymbol{P}\}_1=\{r_1,1\}^{\mathrm{T}}$ 为第一阶模态振型，$\{\boldsymbol{P}\}_2=\{r_2,1\}^{\mathrm{T}}$ 为第二阶模态振型。由于模态是相互正交的，故具有下列特性：

$$\{\boldsymbol{P}\}_1^{\mathrm{T}}\boldsymbol{M}\{\boldsymbol{P}\}_2=0;\quad \{\boldsymbol{P}\}_1^{\mathrm{T}}\boldsymbol{M}\{\boldsymbol{P}\}_1=m_{q1} \tag{3.2.16}$$

式中，m_{q1}为与第一阶模态相关的模态质量。当把正交原理用在其余模态振型上时，局部质量和刚度矩阵转换为模态坐标。

$$\begin{cases}\boldsymbol{M}_q=\boldsymbol{P}^{\mathrm{T}}\boldsymbol{MP}\\ \boldsymbol{K}_q=\boldsymbol{P}^{\mathrm{T}}\boldsymbol{KP}\end{cases} \tag{3.2.17}$$

最终的模态质量矩阵 M_q 和模态刚度矩阵 K_q 为对角阵，对角阵上的每个元素代表相应某个节点的模态质量或模态刚度。注意：当系统为比例阻尼系统时，即$\boldsymbol{C}=\alpha\boldsymbol{M}+\beta\boldsymbol{K}$，变换后的模态阻尼矩阵也是对角阵，即

$$\boldsymbol{C}_q=\boldsymbol{P}^{\mathrm{T}}\boldsymbol{CP} \tag{3.2.18}$$

可以得到用模态坐标表示的运动方程

$$\begin{bmatrix}m_{q1} & 0\\0 & m_{q2}\end{bmatrix}\begin{Bmatrix}\ddot q_1(t)\\\ddot q_2(t)\end{Bmatrix}+\begin{bmatrix}c_{q1} & 0\\0 & c_{q2}\end{bmatrix}\begin{Bmatrix}\dot q_1(t)\\\dot q_2(t)\end{Bmatrix}+\begin{bmatrix}k_{q1} & 0\\0 & k_{q2}\end{bmatrix}\begin{Bmatrix}q_1(t)\\q_2(t)\end{Bmatrix}=\begin{Bmatrix}0\\0\end{Bmatrix} \tag{3.2.19}$$

用模态坐标表示的运动方程是非耦合的，可以采用求解单自由度系统一样的方式进行求解，即$q(t)$易于求得。在用模态坐标求解出位移后，用局部坐标表示的振动可以容易地将模态位移转换到原物理空间中的位移。当把这种变换施加在两自由度系统时，局部位移为

$$\begin{Bmatrix}x_1(t)\\x_2(t)\end{Bmatrix}=\begin{bmatrix}r_1 & r_2\\1 & 1\end{bmatrix}\begin{Bmatrix}q_1\\q_2\end{Bmatrix} \tag{3.2.20}$$

上面介绍了两自由度用模态坐标表示的运动方程，此方法求解位移具有一般性，适用于后续多自由度振动系统。对于相对简单的两自由度系统，也可以直接使用代数运算求解得到振动响应。

3.3 两自由度无阻尼系统的受迫振动

图 3-8 所示为两自由度无阻尼系统的力学模型，质量块 m_1 和 m_2 上分别作用有激振力 $F_1(t)=F_1\sin\omega t$ 和 $F_2(t)=F_2\sin\omega t$。

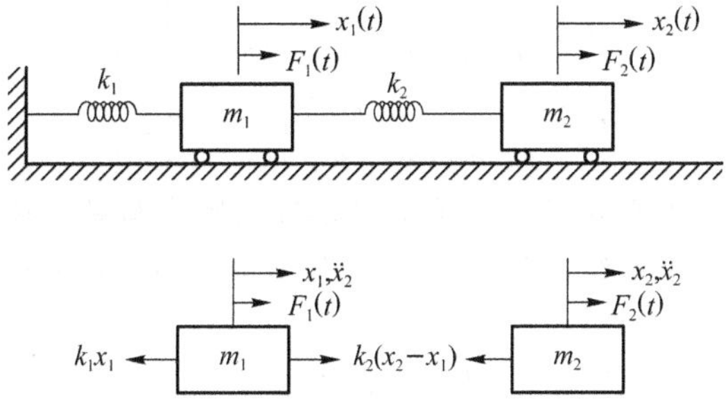

图 3-8　无阻尼两自由度强迫振动系统

根据牛顿第二运动定律，得到的运动方程为

$$\begin{bmatrix} m_1 & 0 \\ 0 & m_2 \end{bmatrix}\begin{Bmatrix} \ddot{x}_1 \\ \ddot{x}_2 \end{Bmatrix}+\begin{bmatrix} k_{11} & k_{12} \\ k_{21} & k_{22} \end{bmatrix}\begin{Bmatrix} x_1 \\ x_2 \end{Bmatrix}=\begin{Bmatrix} F_1 \\ F_2 \end{Bmatrix}\sin\omega t \tag{3.3.1}$$

可用矩阵形式表示为

$$[\boldsymbol{M}]\{\ddot{x}\}+[\boldsymbol{K}]\{x\}=\{\boldsymbol{F}\}\sin\omega t \tag{3.3.2}$$

上式(3.3.2)为非齐次方程，解由齐次方程的通解和非齐次方程的特解叠加而成。齐次方程的通解反映瞬态振动(自由振动)，非齐次方程的特解反映稳态振动(简谐振动)。系统稳态振动的频率与激振频率 ω 相同，特解可取为

$$\begin{cases} x_1=B_1\sin\omega t \\ x_2=B_2\sin\omega t \end{cases} \tag{3.3.3}$$

或简写为

$$\{\boldsymbol{x}\}=\{\boldsymbol{B}\}\sin\omega t \tag{3.3.4}$$

式中，B_1、B_2 为稳态振动振幅。将式(3.3.3)代入方程(3.3.1)，消去 $\sin\omega t$，可得

$$\begin{bmatrix} k_{11}-\omega^2 m_1 & k_{12} \\ k_{21} & k_{22}-\omega^2 m_2 \end{bmatrix}\begin{bmatrix} B_1 \\ B_2 \end{bmatrix}=\begin{Bmatrix} F_1 \\ F_2 \end{Bmatrix} \tag{3.3.5}$$

于是可得振幅$\{\boldsymbol{B}\}$表达式为

$$\begin{bmatrix} B_1 \\ B_2 \end{bmatrix}=\begin{bmatrix} k_{11}-\omega^2 m_1 & k_{12} \\ k_{21} & k_{22}-\omega^2 m_2 \end{bmatrix}^{-1}\begin{Bmatrix} F_1 \\ F_2 \end{Bmatrix} \tag{3.3.6}$$

可简写为

$$\{\boldsymbol{B}\}=[\boldsymbol{Z}]^{-1}\{\boldsymbol{F}\} \tag{3.3.7}$$

将式(3.3.7)代入式(3.3.4)可得

$$\{\boldsymbol{x}\}=[\boldsymbol{Z}]^{-1}\{\boldsymbol{F}\}\sin\omega t \tag{3.3.8}$$

由式(3.3.7)解得

$$\begin{aligned} B_1&=\frac{(k_{22}-\omega^2 m_2)F_1-k_{12}F_2}{(k_{11}-\omega^2 m_1)(k_{22}-\omega^2 m_2)-k_{12}k_{21}} \\ B_2&=\frac{(k_{11}-\omega^2 m_1)F_2-k_{21}F_1}{(k_{11}-\omega^2 m_1)(k_{22}-\omega^2 m_2)-k_{12}k_{21}} \end{aligned} \tag{3.3.9}$$

也可写成

$$B_1=\frac{(k_{22}-\omega^2 m_2)F_1-k_{12}F_2}{m_1 m_2(\omega^2-\omega_{n1}^2)(\omega^2-\omega_{n2}^2)}$$
$$B_2=\frac{(k_{11}-\omega^2 m_1)F_2-k_{21}F_1}{m_1 m_2(\omega^2-\omega_{n1}^2)(\omega^2-\omega_{n2}^2)} \tag{3.3.10}$$

由式(3.3.10)可得，系统的响应主要和系统的固有频率与激振频率有关，同时和激振力的幅值有关。当激振频率等于系统的任意一个固有频率时，将发生共振现象，振幅理论上为无限大。

两自由度系统存在两个共振频率，其振幅比为

$$\frac{B_1}{B_2}=\frac{(k_{22}-\omega^2 m_2)F_1-k_{12}F_2}{(k_{11}-\omega^2 m_1)F_2-k_{21}F} \tag{3.3.11}$$

分析上式可得，当 $F_1=0$ 和 $\omega=\omega_{n1}$ 或 $\omega=\omega_{n2}$ 时，此比值与式(3.2.9)给出的前一种形式相同；当 $F_2=0$ 和 $\omega=\omega_{n1}$ 或 $\omega=\omega_{n2}$ 时，此比值与式(3.2.9)给出的后一种形式相同。式(3.3.10)中的分子与分母同时除以$(-k_{21})$，可得

$$\frac{B_1}{B_2}=\frac{r_i F_1+F_2}{F_1+\dfrac{F_2}{r_i}} \quad i=1,2 \tag{3.3.12}$$

这意味着强迫振动共振时的振型就是相应自由振动时的主振型。

为做出两自由度系统稳态振幅的响应谱，可将图 3-8 中参数设定为具体值：$m_1=2m$，$m_2=m$，$k_1=k_2=k$，$F_1(t)=F_1\sin\omega t$，$F_2(t)=0$，并引进

$$\omega_0^2=\frac{k_1}{m_1}=\frac{k}{2m} \tag{3.3.13}$$

用式(3.2.8)计算用 ω_0 表达的固有频率，可得

$$\omega_{n1}^2=0.586\omega_0^2$$
$$\omega_{n2}^2=3.414\omega_0^2 \tag{3.3.14}$$

同样将式(3.3.8)中$[\boldsymbol{Z}]$用 ω_0 表达，得

$$[\boldsymbol{Z}]^{-1}=\frac{k}{k^2\left[2\left(\dfrac{1-\omega^2}{2\omega_0^2}\right)-1\right]}\begin{Bmatrix}\dfrac{1-\omega^2}{2\omega_0^2} & 1\\ 1 & 2\left(\dfrac{1-\omega^2}{2\omega_0^2}\right)\end{Bmatrix} \tag{3.3.15}$$

此情况下，$[\boldsymbol{Z}]^{-1}$各项的单位均为 $1/k$，现令$[\boldsymbol{\beta}]=k[\boldsymbol{Z}]^{-1}$，可得$[\boldsymbol{\beta}]$为放大因子矩阵，其中元素均为无量纲量，系统响应为

$$\{\boldsymbol{x}\}=[\boldsymbol{Z}]^{-1}\{\boldsymbol{F}\}\sin\omega t=[\boldsymbol{\beta}]\left\{\frac{F_1}{k}\right\}\sin\omega t \tag{3.3.16}$$

将 $F_1(t)=F_1\sin\omega t$，$F_2(t)=0$ 代入式(3.3.9)，得强迫振动的振幅分别为

$$B_{11}=\frac{\dfrac{1-\omega^2}{2\omega_0^2}}{2\left(\dfrac{1-\omega^2}{2\omega_0^2}\right)^2-1}\cdot\frac{F_1}{k},\quad B_{21}=\frac{1}{2\left(\dfrac{1-\omega^2}{2\omega_0^2}\right)^2-1}\cdot\frac{F_1}{k} \tag{3.3.17}$$

对应的放大因子分别为

$$\beta_{11}=\frac{\dfrac{1-\omega^2}{2\omega_0^2}}{2\left(\dfrac{1-\omega^2}{2\omega_0^2}\right)^2-1},\quad \beta_{21}=\frac{1}{2\left(\dfrac{1-\omega^2}{2\omega_0^2}\right)^2-1} \tag{3.3.18}$$

图 3－9 所示为两自由度无阻尼系统幅频特性曲线，纵坐标为 β_{11}、β_{21}，横坐标为 ω/ω_0。

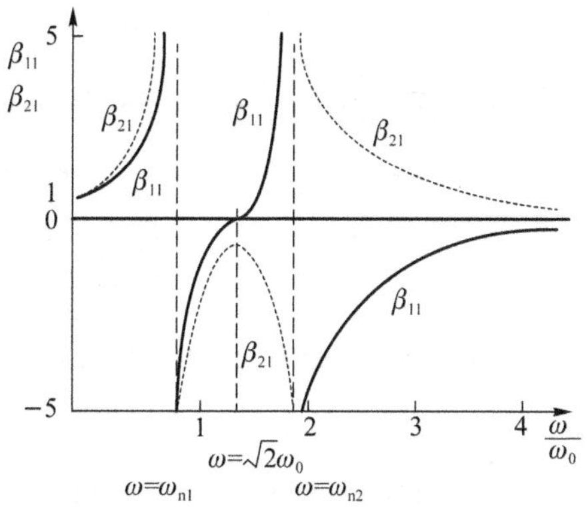

图 3－9　两自由度无阻尼系统幅频特性曲线

由图 3－9 可知：

1）当 $\omega=0$ 时，两个放大因子 β_{11}、β_{21} 都等于 1；当 ω 增大时，两放大因子逐渐增大，两质量块与激振力 $F_1(t)=F_1\sin\omega t$ 同相位振动。

2）当 ω 增至接近第一阶固有频率 ω_{n1} 时，两放大因子趋于无穷大，此为第一次共振。

3）当 ω 稍大于第一阶固有频率 ω_{n1} 时，两放大因子均为负值，表明两质量块运动同相但与激振力反相。随着 ω 继续增大，两放大因子绝对值减小。

4）ω 增加到 $\omega=\sqrt{2}\omega_0$ 时，$\beta_{11}=0$，$\beta_{21}=-1$。即当 $\omega=\sqrt{k_2/m_2}$ 时，第一个质量块停滞，该现象称为反共振现象。

5）当 ω 大于 $\sqrt{2}\omega_0$ 时，β_{11} 为正值，β_{21} 为负值，两质量块运动不同相，其中质量块一的运动与激振力 F_1 同相。两放大因子的绝对值均随 ω 的增大而增大，直至 ω 增至接近第二阶固有频率 ω_{n2} 时，两放大因子绝对值趋于无穷大，此时产生第二次共振。

6）当 ω 远大于第二阶固有频率 ω_{n2} 时，两质量块的运动趋近于零。

3.4　两自由度有阻尼系统的自由振动

图 3－10 所示为两自由度有阻尼自由振动系统，两个质量块 m_1 和 m_2 沿水平光滑平面作往复直线运动，在水平方向上分别用刚度为 k_1 和 k_2 的弹簧和阻尼 c_1 和 c_2 连接支承与质量块。

对两质量块分别使用牛顿第二运动定律可得

$$\begin{cases} m_1\ddot{x}_1+(c_1+c_2)\dot{x}_1-c_2\dot{x}_2+(k_1+k_2)x_1-k_2x_2=0 \\ m_2\ddot{x}_2-c_2\dot{x}_1+c_2\dot{x}_2-k_2x_1+k_2x_2=0 \end{cases} \tag{3.4.1}$$

简写成矩阵形式为

$$[\boldsymbol{M}]\{\ddot{x}\}+[\boldsymbol{C}]\{\dot{x}\}+[\boldsymbol{K}]\{x\}=0 \tag{3.4.2}$$

上式中

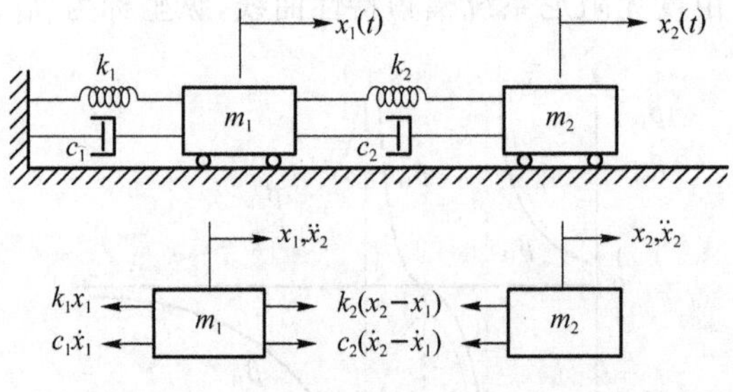

图 3-10　两自由度有阻尼自由振动系统

$$[\boldsymbol{M}]=\begin{bmatrix} m_{11} & m_{12} \\ m_{21} & m_{22} \end{bmatrix}=\begin{bmatrix} m_1 & 0 \\ 0 & m_2 \end{bmatrix}$$

$$[\boldsymbol{C}]=\begin{bmatrix} c_{11} & c_{12} \\ c_{21} & c_{22} \end{bmatrix}=\begin{bmatrix} c_1+c_2 & -c_2 \\ -c_2 & c_2 \end{bmatrix}$$

$$[\boldsymbol{K}]=\begin{bmatrix} k_{11} & k_{12} \\ k_{21} & k_{22} \end{bmatrix}=\begin{bmatrix} k_1+k_2 & -k_2 \\ -k_2 & k_2 \end{bmatrix}$$

根据线性代数相关理论，该方程的解应有如下形式：

$$\begin{cases} x_1=\boldsymbol{A}_1\mathrm{e}^{st} \\ x_2=\boldsymbol{A}_2\mathrm{e}^{st} \end{cases}$$

代入方程(3.4.1)得

$$\begin{bmatrix} m_{11}s^2+c_{11}s+k_{11} & c_{12}s+k_{12} \\ c_{21}s+k_{21} & m_{22}s^2+c_{22}s+k_{22} \end{bmatrix}\begin{Bmatrix} \boldsymbol{A}_1 \\ \boldsymbol{A}_2 \end{Bmatrix}=\begin{Bmatrix} 0 \\ 0 \end{Bmatrix} \tag{3.4.3}$$

仅在系数行列式为零时可得 $\boldsymbol{A}_1$、$\boldsymbol{A}_2$ 存在非零解，即有特征方程

$$(m_{11}s^2+c_{11}s+k_{11})(m_{22}s^2+c_{22}s+k_{22})-(c_{12}s+k_{12})(c_{21}s+k_{21})=0 \tag{3.4.4}$$

式(3.4.4)是一个关于 s 的一元四次方程，它在复数范围内有四个根。当阻尼很小时，它的四个根是两对共轭复数，且其实部均为负数：

$$\begin{cases} s_{11}=-n_1+\mathrm{i}\omega_{n1} \\ s_{12}=-n_1-\mathrm{i}\omega_{n1} \\ s_{21}=-n_2+\mathrm{i}\omega_{n2} \\ s_{22}=-n_2-\mathrm{i}\omega_{n2} \end{cases} \tag{3.4.5}$$

上式中，n_1、n_2 为衰减系数；ω_{n1}、ω_{n2} 为有阻尼时的固有频率。

由式(3.4.4)可求得振型

$$\begin{aligned} r_{11}&=\frac{A_1^{(11)}}{A_2^{(11)}}=\frac{-c_{12}s_{11}-k_{12}}{m_{11}s_{11}^2+c_{11}s_{11}+k_{11}}=\frac{m_{22}s_{11}^2+c_{22}s_{11}+k_{22}}{-c_{21}s_{11}-k_{21}} \\ r_{12}&=\frac{A_1^{(12)}}{A_2^{(12)}}=\frac{-c_{12}s_{12}-k_{12}}{m_{11}s_{12}^2+c_{11}s_{12}+k_{11}}=\frac{m_{22}s_{12}^2+c_{22}s_{12}+k_{22}}{-c_{21}s_{12}-k_{21}} \\ r_{21}&=\frac{A_1^{(21)}}{A_2^{(21)}}=\frac{-c_{12}s_{21}-k_{12}}{m_{11}s_{21}^2+c_{11}s_{21}+k_{11}}=\frac{m_{22}s_{21}^2+c_{22}s_{21}+k_{22}}{-c_{21}s_{21}-k_{21}} \\ r_{22}&=\frac{A_1^{(22)}}{A_2^{(22)}}=\frac{-c_{12}s_{22}-k_{12}}{m_{11}s_{22}^2+c_{11}s_{22}+k_{11}}=\frac{m_{22}s_{22}^2+c_{22}s_{22}+k_{22}}{-c_{21}s_{22}-k_{21}} \end{aligned} \tag{3.4.6}$$

可得方程(3.4.1)的解为

$$\begin{cases} x_1 = r_{11} A_2^{(11)} e_t^{s_{11}} + r_{12} A_2^{(12)} e_t^{s_{12}} + r_{21} A_2^{(21)} e_t^{s_{11}} + r_{22} A_2^{(22)} e_t^{s_{22}} \\ x_2 = A_2^{(11)} e_t^{s_{11}} + A_2^{(12)} e_t^{s_{12}} + A_2^{(21)} e_t^{s_{11}} + A_2^{(22)} e_t^{s_{22}} \end{cases} \tag{3.4.7}$$

将式(3.4.5)代入式(3.4.7),有

$$\begin{aligned} &e^{i\omega_{d1} t} = \cos \omega_{n1} t + i\sin \omega_{n1} t, \quad e^{-i\omega_1 t} = \cos \omega_{n1} t - i\sin \omega_{n1} t \\ &e^{i\omega_{d2} t} = \cos \omega_{n2} t + i\sin \omega_2 t, \quad e^{-i\omega_2 t} = \cos \omega_{n2} t - i\sin \omega_{n2} t \end{aligned} \tag{3.4.8}$$

方程的解可以改写成如下形式：

$$\begin{cases} x_1 = e^{-n_1 t}(r_1 D_1 \cos \omega_{n1} t + r_1' D_2 \sin \omega_{n1} t) + e^{-n_2 t}(r_2 D_3 \cos \omega_{n2} t + r_2' D_4 \sin \omega_{n2} t) \\ x_2 = e^{-n_1 t}(D_1 \cos \omega_{n1} t + D_2 \sin \omega_{n1} t) + e^{-n_2 t}(D_3 \cos \omega_{n2} t + D_4 \sin \omega_{n2} t) \end{cases} \tag{3.4.9}$$

在有阻尼的情况下,振幅系数项 e^{-n_t}、$e^{-n_2 t}$ 随时间逐渐衰减消失。

当阻尼很小时,有阻尼的衰减振动圆频率 ω_{d1}、ω_{d2} 与无阻尼固有频率 ω_{n1}、ω_{n2} 近似相等,振幅比 r_1 与 r_1'、r_2 与 r_2' 也近似相等。因此,方程的解也可写为

$$\begin{cases} x_1 \approx r_1 e^{-n_1 t}(D_1 \cos \omega_{n1} t + D_2 \sin \omega_{n1} t) + r_2 e^{-n_{21} t}(D_3 \cos \omega_{n2} t + D_4 \sin \omega_{n2} t) \\ x_2 \approx e^{-n_1 t}(D_1 \cos \omega_{n1} t + D_2 \sin \omega_{n1} t) + e^{-n_{21} t}(D_3 \cos \omega_{n2} t + D_4 \sin \omega_{n2} t) \end{cases} \tag{3.4.10}$$

当阻尼很大时,特征方程的根全为负的实数根,对应振动响应不是周期性振动,很快就衰减为零。

3.5　两自由度有阻尼系统的受迫振动

3.5.1　受迫振动方程及其通解

下图 3-11 为两自由度有阻尼受迫振动系统,两个质量块 m_1 和 m_2 沿水平光滑平面作往复直线运动,在水平方向上分别用刚度为 k_1 和 k_2 的弹簧和阻尼 c_1 和 c_2 连接支承与质量块,质量块 m_1 和 m_2 上分别作用有激振力 $F_1(t)=F_1 \sin \omega t$ 和 $F_2(t)=F_2 \sin \omega t$。

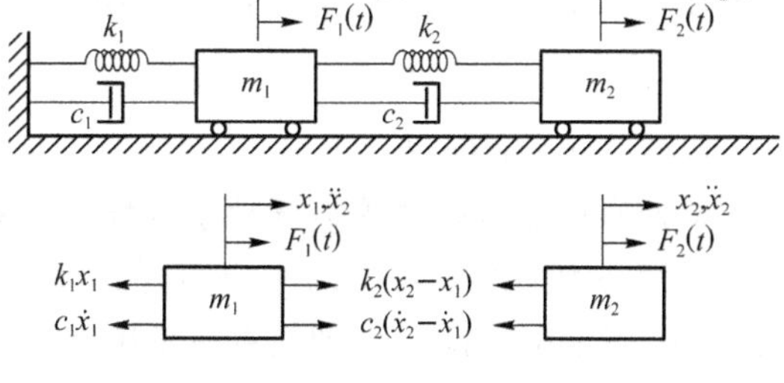

图 3-11　两自由度有阻尼系统的受迫振动

由牛顿第二运动定律可得系统的运动方程为

$$\begin{cases} m_1 \ddot{x}_1 + (c_1 + c_2)\dot{x}_1 - c_2 \dot{x}_2 + (k_1 + k_2) x_1 - k_2 x_2 = F_1 \sin \omega t \\ m_2 \ddot{x}_2 - c_2 \dot{x}_1 + c_2 \dot{x}_2 - k_2 x_1 + k_2 x_2 = F_2 \sin \omega t \end{cases} \tag{3.5.1}$$

写成矩阵形式为

$$[\boldsymbol{M}]\{\ddot{x}\} + [\boldsymbol{C}]\{\dot{x}\} + [\boldsymbol{K}]\{x\} = \{\boldsymbol{F}\} \tag{3.5.2}$$

该方程的解由齐次方程的通解和非齐次方程的特解叠加而成。齐次方程的通解反映瞬态振动

(自由振动),非齐次方程的特解反映稳态振动(简谐振动)。

反映自由振动的通解部分与上一节内容完全相同,可参照上一节相关内容。

3.5.2 受迫振动方程稳态解

如同单自由度系统,系统的稳态响应与激励频率相同。由于系统阻尼的存在使得响应与激励之间落后一相位差,因此设方程稳态解为

$$\begin{aligned} x_1 &= B_{1c}\cos\omega t + B_{1s}\sin\omega t \\ x_2 &= B_{2c}\cos\omega t + B_{2s}\sin\omega t \end{aligned} \tag{3.5.3}$$

其一、二阶导数分别为

$$\begin{aligned} \dot{x}_1 &= -B_{1c}\omega\sin\omega t + B_{1s}\omega\cos\omega t \\ \dot{x}_2 &= -B_{2c}\omega\sin\omega t + B_{2s}\omega\cos\omega t \\ \ddot{x}_1 &= -B_{1c}\omega^2\cos\omega t - B_{1s}\omega^2\sin\omega t \\ \ddot{x}_2 &= -B_{2c}\omega^2\cos\omega t - B_{2s}\omega^2\sin\omega t \end{aligned} \tag{3.5.4}$$

将 x_1、x_2 即其一、二阶导数代入运动微分方程,得到

$$\begin{aligned} &[(k_{11}-m_{11}\omega^2)B_{1c}+k_{12}B_{2c}+c_{11}\omega B_{1s}+c_{12}\omega B_{2s}]\cos\omega t + \\ &[(k_{11}-m_{11}\omega^2)B_{1s}+k_{12}B_{2s}-c_{11}\omega B_{1c}-c_{12}\omega B_{2s}]\sin\omega t = F_1\sin\omega t \\ &[(k_{22}-m_{22}\omega^2)B_{2c}+k_{12}B_{1c}+c_{12}\omega B_{1s}+c_{22}\omega B_{2s}]\cos\omega t + \\ &[(k_{22}-m_{22}\omega^2)B_{2s}+k_{12}B_{1s}-c_{12}\omega B_{1c}-c_{22}\omega B_{2s}]\sin\omega t = F_2\sin\omega t \end{aligned} \tag{3.5.5}$$

分别对应正弦、余弦项系数可得

$$\begin{aligned} &(k_{11}-m_{11}\omega^2)B_{1c}+k_{12}B_{2c}+c_{11}\omega B_{1s}+c_{12}\omega B_{2s}=0 \\ &(k_{11}-m_{11}\omega^2)B_{1s}+k_{12}B_{2s}-c_{11}\omega B_{1c}-c_{12}\omega B_{2s}=F_1 \\ &(k_{22}-m_{22}\omega^2)B_{2c}+k_{12}B_{1c}+c_{12}\omega B_{1s}+c_{22}\omega B_{2s}=0 \\ &(k_{22}-m_{22}\omega^2)B_{2s}+k_{12}B_{1s}-c_{12}\omega B_{1c}-c_{22}\omega B_{2s}=F_2 \end{aligned} \tag{3.5.6}$$

该方程组由四个方程组成,可解得四个未知数 B_{1c}、B_{1s}、B_{2c}、B_{2s}。振动位移可以表示为

$$\begin{aligned} x_1 = B_1\sin(\omega t-\varphi_1), &\qquad x_2 = B_2\sin(\omega t-\varphi_2) \\ B_1=\sqrt{B_{1c}^2+B_{1s}^2}, &\qquad B_2=\sqrt{B_{2c}^2+B_{2s}^2} \end{aligned} \tag{3.5.7}$$

式中,$\varphi_1=\arctan(-B_{1c}/B_{1s})$,$\varphi_2=\arctan(-B_{2c}/B_{2s})$。

理论上可通过此方法求得两自由度有阻尼受迫振动系统稳态振动的振幅和相位,但计算过程较复杂。下面介绍一种求稳态解的复数法,求解比较简单。

此处为计算方便,将 $F_2(t)=F_2\sin\omega t$ 设为0,即只有质量块 m_1 受 $F_1(t)=F_1\sin\omega t$ 的激振力。将运动方程写成复数形式

$$\begin{cases} m_1\ddot{x}_1+(c_1+c_2)\dot{x}_1-c_2\dot{x}_2+(k_1+k_2)x_1-k_2x_2=F_1e^{i\omega t} \\ m_2\ddot{x}_2-c_2\dot{x}_1+c_2\dot{x}_2-k_2x_1+k_2x_2=0 \end{cases} \tag{3.5.8}$$

该方程的稳态解为

$$\begin{aligned} x_1 &= \overline{B}_1 e^{i\omega t} \\ x_2 &= \overline{B}_2 e^{i\omega t} \end{aligned} \tag{3.5.9}$$

解的一、二阶导数为

$$
\begin{aligned}
\dot{x}_1 &= \mathrm{i}\,\overline{B}_1 \omega \mathrm{e}^{\mathrm{i}\omega t} \\
\dot{x}_2 &= \mathrm{i}\,\overline{B}_2 \omega \mathrm{e}^{\mathrm{i}\omega t} \\
\ddot{x}_1 &= -\overline{B}_1 \omega^2 \mathrm{e}^{\mathrm{i}\omega t} \\
\ddot{x}_2 &= -\overline{B}_2 \omega^2 \mathrm{e}^{\mathrm{i}\omega t}
\end{aligned}
\tag{3.5.10}
$$

将稳态解及其一、二阶导数代入运动方程并写成矩阵形式得

$$
\begin{bmatrix} [(k_{11}-m_1\omega^2)+\mathrm{i}\omega c_{11}] & k_{12}+\mathrm{i}\omega c_{12} \\ k_{12}+\mathrm{i}\omega c_{12} & [(k_{22}-m_2\omega^2)+\mathrm{i}\omega c_{22}] \end{bmatrix} \begin{Bmatrix} \overline{B}_1 \\ \overline{B}_2 \end{Bmatrix} = \begin{Bmatrix} F_1 \\ 0 \end{Bmatrix} \tag{3.5.11}
$$

将振幅表示为

$$
\begin{Bmatrix} \overline{B}_1 \\ \overline{B}_2 \end{Bmatrix} = \begin{Bmatrix} B_1 \mathrm{e}^{-\mathrm{i}\Psi_1} \\ B_2 \mathrm{e}^{-\mathrm{i}\Psi_2} \end{Bmatrix} \tag{3.5.12}
$$

由式(3.5.11)解得

$$
\begin{aligned}
B_1 \mathrm{e}^{-\mathrm{i}\Psi_1} &= \frac{(k_{22}-m_2\omega^2+\mathrm{i}\omega c_{22})F_1}{[(k_{11}-m_1\omega^2)+\mathrm{i}\omega c_{11}][(k_{22}-m_2\omega^2)+\mathrm{i}\omega c_{22}]-(k_{12}+\mathrm{i}\omega c_{12})^2} \\
B_2 \mathrm{e}^{-\mathrm{i}\Psi_2} &= \frac{(k_{12}+\mathrm{i}\omega c_{12})F_1}{[(k_{11}-m_1\omega^2)+\mathrm{i}\omega c_{11}][(k_{22}-m_2\omega^2)+\mathrm{i}\omega c_{22}]-(k_{12}+\mathrm{i}\omega c_{12})^2}
\end{aligned}
\tag{3.5.13}
$$

根据复数计算法则可将上式简写成

$$
\begin{aligned}
\overline{B}_1 &= B_1 \mathrm{e}^{-\mathrm{i}\Psi_1} = \frac{(h+\mathrm{i}d)F_1}{a+\mathrm{i}b} = F_1 \sqrt{\frac{h^2+d^2}{a^2+b^2}}\,\mathrm{e}^{-\mathrm{i}\Psi_1} \\
\overline{B}_2 &= B_2 \mathrm{e}^{-\mathrm{i}\Psi_2} = \frac{(f+\mathrm{i}g)F_1}{a+\mathrm{i}b} = F_1 \sqrt{\frac{f^2+g^2}{a^2+b^2}}\,\mathrm{e}^{-\mathrm{i}\Psi_2}
\end{aligned}
\tag{3.5.14}
$$

上式中

$$
\begin{aligned}
& a = (k_{11}-m_1\omega^2)(k_{22}-m_2\omega^2) - k_{12}^2 - c_{11}c_{22}\omega^2 + c_{12}^2\omega^2 \\
& b = (k_{11}-m_1\omega^2)c_{22}\omega + (k_{22}-m_2\omega^2)c_{11}\omega - 2k_{12}\omega c_{12} \\
& h = k_{22}-m_{22}\omega^2,\ d = c_{22}\omega,\ f = -k_{12},\ g = -c_{12}\omega
\end{aligned}
\tag{3.5.15}
$$

振幅和相位角分别为

$$
\begin{aligned}
& B_1 = F_1 \sqrt{\frac{h^2+d^2}{a^2+b^2}},\quad B_2 = F_1 \sqrt{\frac{f^2+g^2}{a^2+b^2}} \\
& \Psi_1 = \arctan\frac{bh-ad}{ah+bd},\quad \Psi_2 = \arctan\frac{bf-ag}{af+bg}
\end{aligned}
\tag{3.5.16}
$$

将 $\overline{B}_1$ 和 $\overline{B}_2$ 的值代入(3.5.9)得

$$
\begin{aligned}
\begin{Bmatrix} x_1 \\ x_2 \end{Bmatrix} &= \begin{Bmatrix} \overline{B}_1 \mathrm{e}^{\mathrm{i}\omega t} \\ \overline{B}_2 \mathrm{e}^{\mathrm{i}\omega t} \end{Bmatrix} = \begin{Bmatrix} B_1 \mathrm{e}^{-\mathrm{i}\Psi_1} \mathrm{e}^{\mathrm{i}\omega t} \\ B_2 \mathrm{e}^{-\mathrm{i}\Psi_2} \mathrm{e}^{\mathrm{i}\omega t} \end{Bmatrix} = \begin{Bmatrix} B_1 \mathrm{e}^{\mathrm{i}(\omega t-\Psi_1)} \\ B_2 \mathrm{e}^{\mathrm{i}(\omega t-\Psi_2)} \end{Bmatrix} \\
&= \begin{Bmatrix} B_1[\cos(\omega t-\Psi_1)+\mathrm{i}\sin(\omega t-\Psi_1)] \\ B_2[\cos(\omega t-\Psi_2)+\mathrm{i}\sin(\omega t-\Psi_2)] \end{Bmatrix}
\end{aligned}
\tag{3.5.17}
$$

稳态响应取上式的虚部即可

$$
\begin{aligned}
x_1 &= B_1 \sin(\omega t-\Psi_1) \\
x_2 &= B_2 \sin(\omega t-\Psi_2)
\end{aligned}
\tag{3.5.18}
$$

这与式(3.4.7)是一致的。现根据求取结果分析稳态响应的幅频特性。

为便于讨论，假设式(3.5.1)中，$m_1=m_2=m$，$k_1=k_2=k$，$c_1=c_2=c$，引入下列符号：

$$\lambda=\frac{\omega}{\omega_1},\quad \eta_1=\omega_1{}^2\frac{m}{k},\quad \eta_2=\omega_2^2\frac{m}{k},\quad \zeta=\frac{c}{2m\omega_{n1}},\quad B_0=\frac{F_0}{k} \tag{3.5.19}$$

将上式代入式(3.5.16)，将分子分母同时除以 k^2 可得到振幅的无量纲表达式，相当于前文提及的放大因子，用 β_1 和 β_2 表示为

$$\begin{aligned}\beta_1&=\frac{B_1}{B_0}=\frac{\sqrt{(2-\eta_1\lambda^2)^2+(2\zeta\eta_1\lambda)}}{\sqrt{\left[\eta_1^2(\lambda^2-1)\left(\lambda^2-\frac{\eta_2}{\eta_1}\right)-(2\zeta\eta_1\lambda)^2\right]^2+(2\zeta\eta_1\lambda)^2\ (2-3\eta_1\lambda^2)^2}}\\ \beta_2&=\frac{B_2}{B_0}=\frac{\sqrt{1+(2\zeta\eta_1\lambda)}}{\sqrt{\left[\eta_1^2(\lambda^2-1)\left(\lambda^2-\frac{\eta_2}{\eta_1}\right)-(2\zeta\eta_1\lambda)^2\right]^2+(2\zeta\eta_1\lambda)^2\ (2-3\eta_1\lambda^2)^2}}\end{aligned} \tag{3.5.20}$$

例 3-1 中已求得在 $m_1=m_2=m$，$k_1=k_2=k$ 条件下的固有频率为

$$\omega_{n1}^2=0.382\frac{k}{m},\quad \omega_{n2}^2=2.618\frac{k}{m}$$

因此，$\eta_1=0.382$，$\eta_2=2.618$。将之代入上式中可得 β_1 和 β_2 只与阻尼比 ζ 和频率比 λ 有关。参考单自由度强迫振动，将阻尼比 ζ 当作参量，可以得到 β_1 和 β_2 与频率比 λ 的幅频特性曲线。其中，阻尼比 ζ 是对于基频而言的。

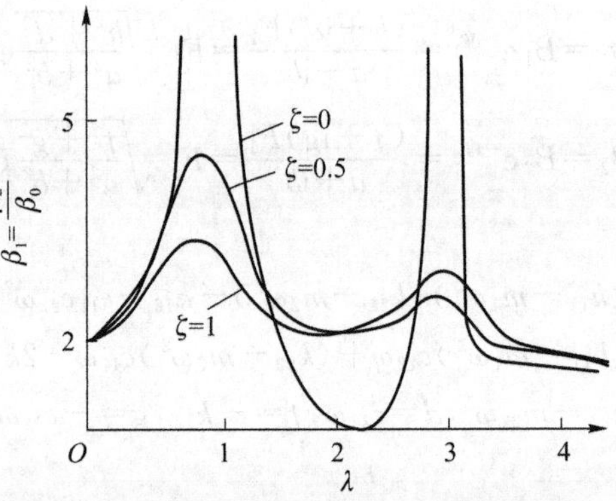

图 3-12　两自由度振动系统幅频特性曲线

图 3-12 所示为两自由度幅频特性曲线，从上述曲线可以得出，其与单自由度系统的幅频特性曲线有类似特点：

1) 当激振频率与系统固有频率接近时，系统会出现共振现象；当阻尼为零时，振幅无穷大。因为两自由度系统有两个固有频率，所以幅频特性曲线中有两个共振峰。

2) 阻尼对抑制共振峰有明显作用，在相同阻尼的情况下，频率高的共振峰相比于频率低的共振峰降低的幅度更大。在实际结构的动态响应中可以考虑最低几阶振型。

3.6　工程应用——单自由度动力吸振器

3.3 节提到反共振现象，即 ω 增加到 $\sqrt{k_2/m_2}$ 时，第一个质量块静止不动。可以利用反共振现象在主系统上设计一子系统，选择合适参数(如 m_2、k_2，图 3-13)使主系统减振，该子系统

即为动力吸振器。若该吸振器为单自由度吸振器，则其与主系统刚好组成两自由度系统，因此本章中讨论的吸振器仅限于单自由度吸振器。

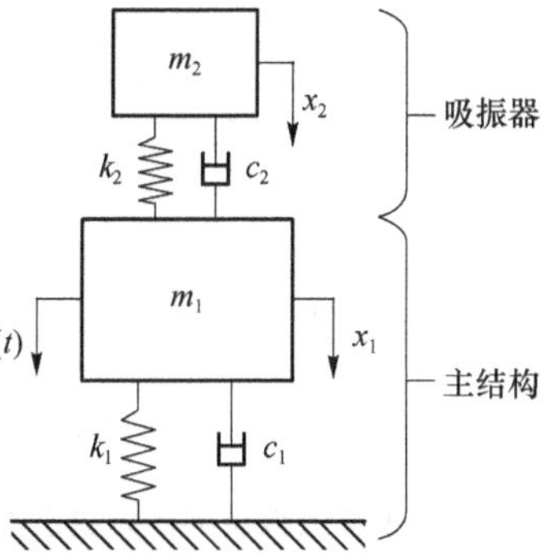

图 3-13　动力吸振器示意图

单自由度动力吸振器在 20 世纪初被提出，之后不断得到发展和完善。Den Hartog 和 Brock 以动力吸振器对主结构振幅的抑制为目标（H_∞准则），利用“不动点理论”推导出了单自由度动力吸振器最优频率比和阻尼比的设计公式。不动点理论的原理如图 3-14 所示。

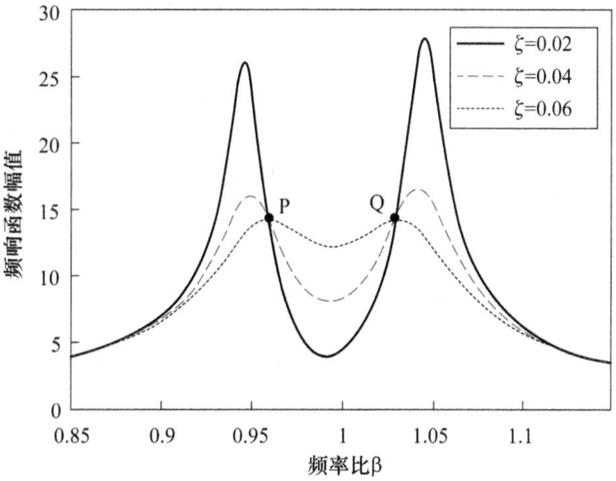

图 3-14　不动点理论（主结构无阻尼）

3.6.1　单自由度动力吸振器运动方程

单自由度吸振器抑制单模态主结构的示意图如图 3-15 所示。单自由度吸振器质量、刚度、阻尼分别为 m_D、k_D、c_D。假定作用在 m_0 上的外力为一简谐力 F_0。根据牛顿第二定律，m_0，m_D 的运动方程可表示为

$$\begin{cases} m_0\ddot{x}_0+k_0x_0-k_D(x_1-x_0)+c_0\dot{x}_0-c_D(\dot{x}_1-\dot{x}_0)=F_0 \\ m_D\ddot{x}_1+k_D(x_1-x_0)+c_D(\dot{x}_1-\dot{x}_0)=0 \end{cases} \tag{3.6.1}$$

将式(3.6.1)进行拉普拉斯变换后得

$$\begin{cases} m_0S^2X_0+k_0X_0-k_D(X_1-X_0)+c_0SX_0-c_D(SX_1-SX_0)=F_0 \\ m_DS^2X_1+k_D(X_1-X_0)+c_D(SX_1-SX_0)=0 \end{cases} \tag{3.6.2}$$

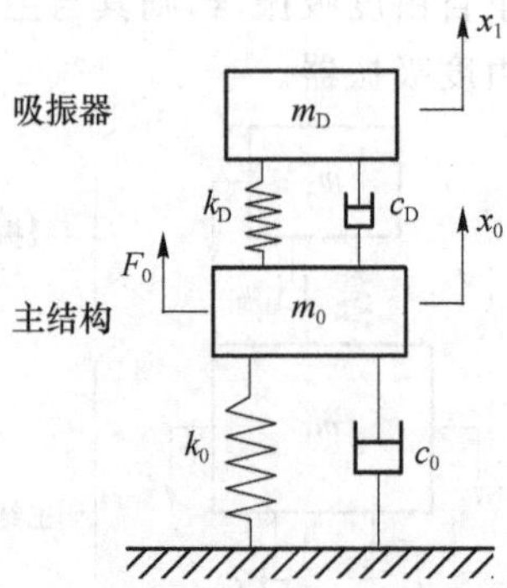

图 3-15　单自由度吸振器抑制单模态结构示意图

将式(3.6.2)中 X_1 消去,并令 $S=j\omega$,得

$$\frac{X_0}{F_0}=\frac{-m_D\omega^2+c_D\omega j+k_D}{(-m_0\omega^2+c_0\omega j+c_D\omega j+k_0+k_D)(-m_D\omega^2+c_D\omega j+k_D)-(c_D\omega j+k_D)^2} \tag{3.6.3}$$

通过引入表 3-1 中的无量纲变量,式(3.6.3)可简化为

$$\frac{X_0}{F_0}=\frac{1}{k_0}\frac{\beta_D^2-\beta^2+2\zeta_D\beta_D\beta j}{(1-\beta^2)(\beta_D^2-\beta^2)-\mu\beta_D^2\beta^2-4\zeta_0\zeta_D\beta_D\beta^2+2j(\zeta_D\beta_D\beta(1-\beta^2-\mu\beta^2)+\zeta_0\beta(\beta_D^2-\beta^2))} \tag{3.6.4}$$

式中,μ 是吸振器质量 m_D 与主结构质量 m_0 的比值;β 是外界激励力频率 ω 与主结构固有频率 ω_0 的比值;β_D 是吸振器固有频率 ω_D 与 ω_0 的比值;ζ_0 和 ζ_D 分别是吸振器及主结构的阻尼比。引入无量纲变量的优点在于不依赖主结构 m_0 具体物理参数的同时,可以对吸振器特性进行定量分析。

表 3-1　无量纲变量

质量比	主结构			吸振器		
	固有频率	阻尼比	频率比	固有频率	阻尼比	频率比
$\mu=\frac{m_D}{m_0}$	$\omega_0=\sqrt{\frac{k_0}{m_0}}$	$\zeta_0=\frac{c_0}{2\sqrt{k_0m_0}}$	$\beta=\frac{\omega}{\omega_0}$	$\omega_D=\sqrt{\frac{k_D}{m_D}}$	$\zeta_D=\frac{c_D}{2\sqrt{k_Dm_D}}$	$\beta_D=\frac{\omega_D}{\omega_0}$

当外界激励力的类型不同时,吸振器的抑制目标不同,故而适用于吸振器的优化方法也不同。

3.6.2　动力吸振器常用优化准则

动力吸振器被广泛应用于结构振动的抑制,但由于抑振带宽较窄,需对其动力学参数进行准确设计。吸振器设计通常基于等峰值法(H_∞)、H_2 等准则,即旨在使结构的振动幅值最小或使输入结构的功率最低,适用于简谐激励或随机激励下的振动抑制。然而,机床切削加工中的再生颤振是一种特殊的自激振动,如图 3-16 所示。颤振的发生,轻则导致加工表面质量下降、生产效率降低、主轴寿命缩短,重则导致刀具破损、工件及主轴损毁。随着机械加工朝着高速、高效和高精度方向不断发展,切削颤振成了影响加工质量和切削效率的主要原因。颤振的发生主要取决于加工工艺系统的动力学特性。以车削为例,无颤振的临界切深由刀具/工件频响函数的负实部决定。优化目标的改变,表明针对颤振抑制的吸振器参数最优算法不同于以往。

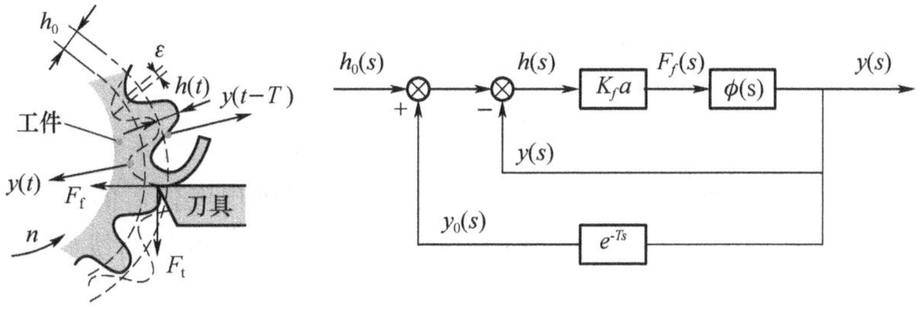

图 3-16　切削再生颤振原理

1. 等峰值优化方法

等峰值优化方法可用于对吸振器的刚度、阻尼参数进行优化，其目的在于当主结构受到谐响应激励时，使安装吸振器后主结构振动的幅值最小，即主结构频响函数幅值的最大值最小。等峰值方法也被称为 H_∞ 法。H_∞ 方法下的最佳频率比 β_D 及阻尼比 ζ_D 为

$$\text{最佳频率比}\ \beta_D=\frac{1}{1+\mu} \tag{3.6.5}$$

$$\text{最佳阻尼比}\ \zeta_D=\sqrt{\frac{3\mu}{8\ (1+\mu)^3}} \tag{3.6.6}$$

2. H_2 优化方法

H_2 方法被用于对吸振器的刚度、阻尼参数进行优化，其目的在于当主结构受到随机激励时，使安装吸振器后输入主结构的功率最小，即最小化频响函幅值曲线下的面积。H_2 方法下的最佳频率比 β_D 及阻尼比 ζ_D 由 Asami 给出，为

$$\text{最佳频率比}\ \beta_D=\frac{1}{1+\mu}\sqrt{\frac{2+\mu}{\mu}} \tag{3.6.7}$$

$$\text{最佳阻尼比}\ \zeta_D=\sqrt{\frac{\mu(4+3\mu)}{8(1+\mu)(2+\mu)}} \tag{3.6.8}$$

3. 最大稳定优化方法

最大稳定优化方法用于对吸振器的刚度、阻尼参数进行优化，其目的在于使瞬态激励下的主结构尽快达到稳定。最大稳定优化方法下的最佳频率比 β_D 及阻尼比 ζ_D 为

$$\text{最佳频率比}\ \beta_D=\frac{1}{1+\mu} \tag{3.6.9}$$

$$\text{最佳阻尼比}\ \zeta_D=\sqrt{\frac{\mu}{1+\mu}} \tag{3.6.10}$$

4. 等负实部优化方法

等负实部优化的目的在于使安装吸振器后切削加工临界稳定切深最大，即刀具、工件频响函数实部的最小值最大(注：也可能是主结构频响函数实部的最大值最小，这取决于切削加工时方向因子的正负)。当主结构阻尼 $c_0=0$ 时，即 $\zeta_0=0$，式(3.6.4)的实部可简化为

$$G_0(\beta)=\frac{(\beta_D^2-\beta^2)((1-\beta^2)(\beta_D^2-\beta^2)-\mu\beta_D^2\beta^2)+4\zeta_D^2\beta_D^2\beta^2(1-\beta^2-\mu\beta^2)}{((1-\beta^2)(\beta_D^2-\beta^2)-\mu\beta_D^2\beta^2)^2+4\zeta_D\beta_D\beta(1-\beta^2-\mu\beta^2)} \tag{3.6.11}$$

当 c_D 发生变化时，主结构 m_0 频响函数的实部曲线总是通过三个固定的点，如图 3-17 所示。在此基础上，可获得等负实部优化准则下吸振器的最佳频率比 β_D 及阻尼比 ζ_D：

$$最佳频率比\ \beta_D=\sqrt{\frac{\mu+2+\sqrt{2\mu+\mu^2}}{2(1+\mu)^2}} \tag{3.6.12}$$

$$最佳阻尼比\ \zeta_D=\sqrt{\frac{3\mu}{8(1+\mu)}} \tag{3.6.13}$$

以 $\mu=0.05$ 及 $\zeta_0=0$ 为例，应用上述四种方法对吸振器进行优化后的最佳频率比 β_D 及阻尼比 ζ_D 如表 3-2 所列。各种优化方法下主结构 m_0 的频响函数幅值曲线如图 3-18 所示。

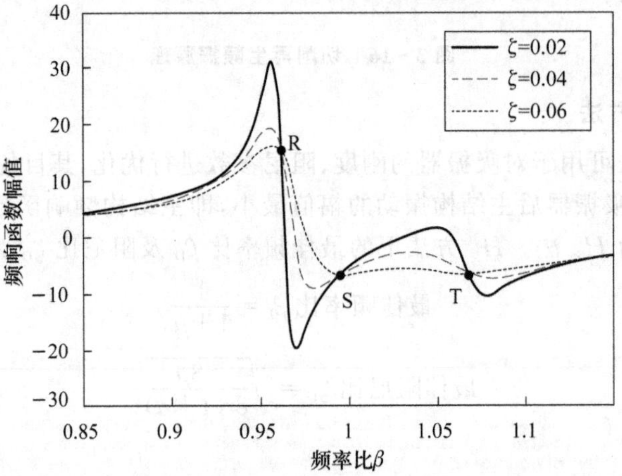

图 3-17　单重吸振器抑制后的无阻尼主结构频响函数实部($\mu=1\%$)

表 3-2　各种优化方法下的吸振器最佳频率比 β_D 及阻尼比 ζ_D

优化方法	最佳频率比 β_D	最佳阻尼比 ζ_D
等峰值 H_∞	0.952 4	12.73%
等负实部	1.036 8	13.36%
H_2	0.973 5	10.98%
最大稳定	0.952 4	21.82%

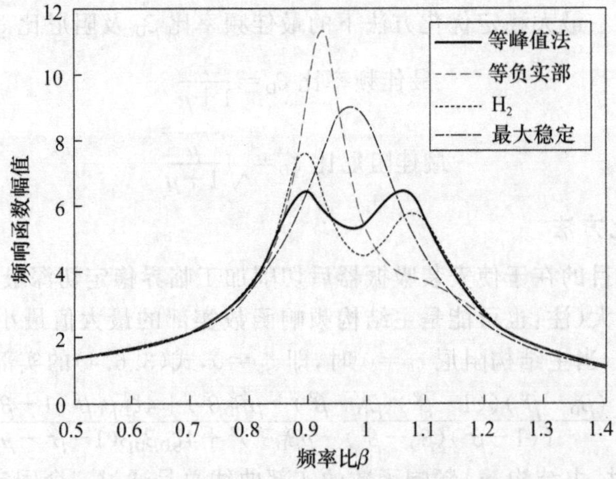

图 3-18　不同优化方法下单自由度主结构的频响函数幅值曲线($\mu=0.05,\zeta_0=0$)

3.6.3　动力吸振器抑制弱刚性结构车削振动

为抑制车削加工中由弱刚性结构引发的振动而设计的吸振器如图 3－19 所示。该吸振器内含一悬臂梁结构，整个吸振器相当于一个具备主模态特征的振动系统。通过上下移动悬臂梁上的金属块可改变吸振器的固有频率，通过松紧螺钉可调节金属块振动时的阻力以改变阻尼。为使吸振器在尽量小的尺寸内具有更大的质量以达到更好的抑振效果，每个吸振器内部包含一个重金属块。

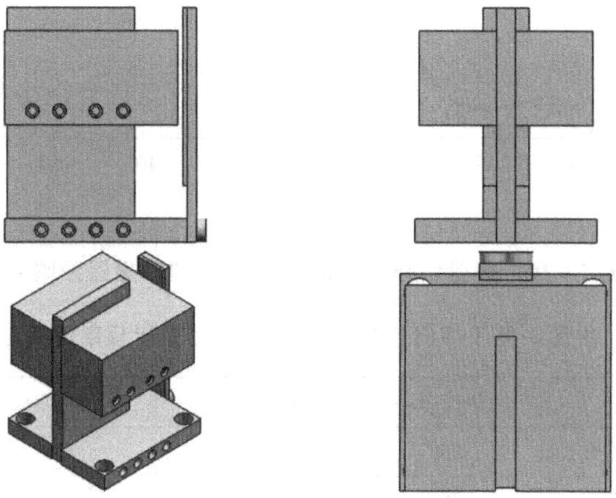

图 3－19　吸振器结构（从左到右，从上到下，分别为：右视图，前视图，正等测视图，俯视图）

通过有限元仿真确定吸振器的尺寸，从而使得吸振器的固有频率及阻尼在抑制目标模态的参数区间内（如表 3－3 所列，随着质量块高度的变化，吸振器固有频率可从 269 Hz 增加到 347 Hz）。

表 3－3　质量块在不同位置时吸振器的第 1 阶固有频率（有限元仿真）

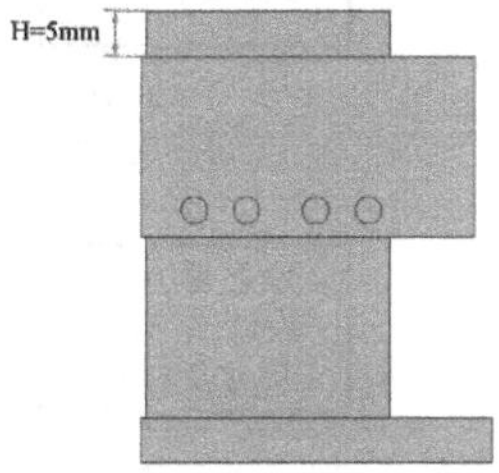	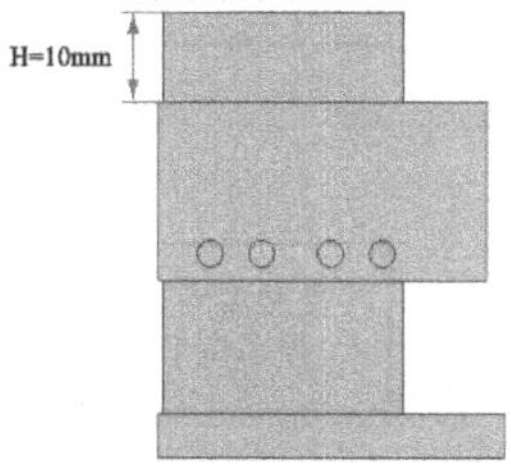	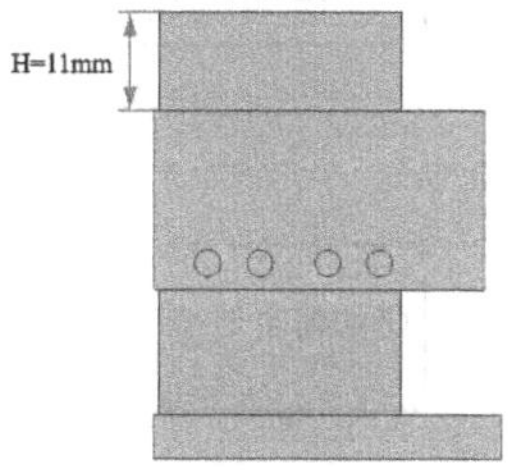	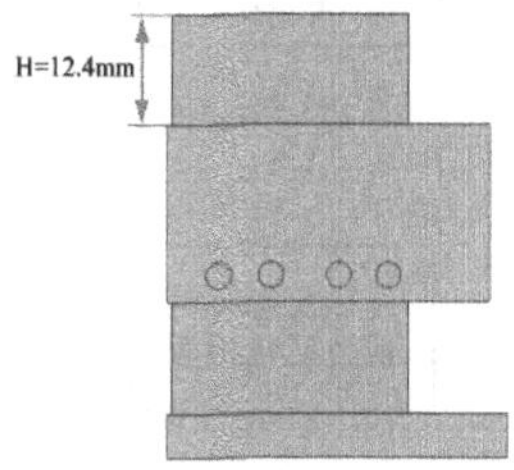
H＝5 mm； ω_{n1}＝269 Hz	H＝10 mm； ω_{n1}＝315 Hz	H＝11 mm； ω_{n1}＝327 Hz	H＝12.4 mm； ω_{n1}＝347 Hz

对质量块处于不同位置 H 下的吸振器进行锤击实验，以获得吸振器的等效质量、频率及阻尼区间，并对有限元结果进行验证。从图 3－20 可以发现，当 H 值从 5 mm 增加到 12.4 mm 时，吸振器的固有频率从 269 Hz 增加至 335 Hz；阻尼固有频率的变化与 H 的变化近似成线性关系。如上文所述，由于吸振器可简化为一悬臂梁系统，H 的增加相当于悬臂梁的长度减小，故造成吸振器刚性和固有频率增加。质量块处于不同位置 H 时，动力吸振器固有频率的仿真及实验结果如表 3－4 所列。

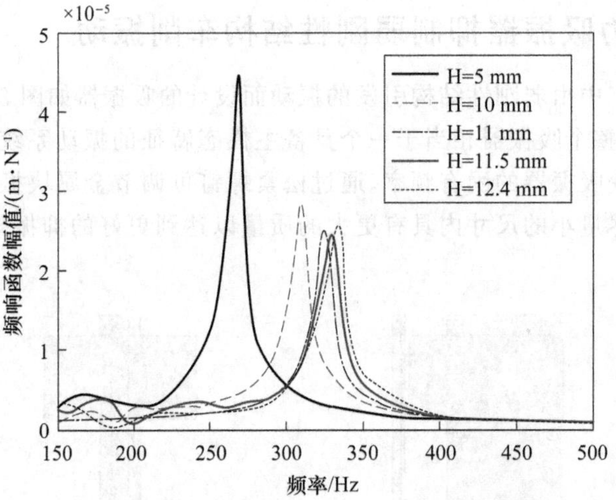

图 3-20　质量块处于不同位置 H 时的吸振器频响函数

表 3-4　质量块处于不同位置 H 时的吸振器固有频率仿真与实验对比

	H=5 mm	H=10 mm	H=11 mm	H=12.4 mm
有限元仿真频率/Hz	269	315	327	347
实验测试频率/Hz	269	311	327	336

由于吸振器采用等峰值及等负实部方法优化后，主结构频响函数的峰值及负实部分别出现平等的分支，故而在实验中该特征可被用于检验优化算法是否实现。调制吸振器参数实现上述优化方法的步骤如图 3-21 所示。

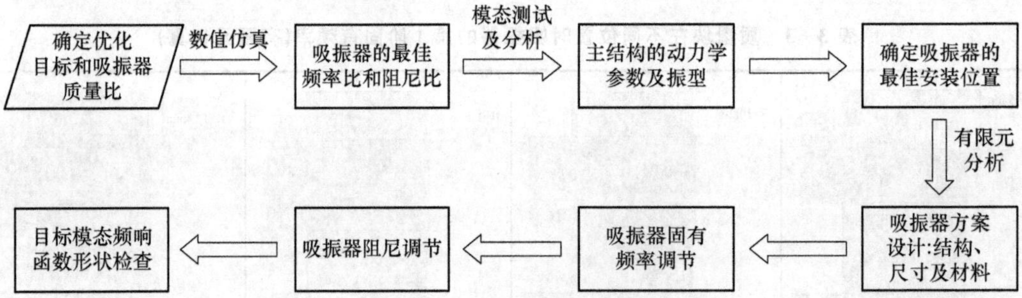

图 3-21　吸振器设计流程图

由于机床切削加工时所受的激励力可认为是简谐力（简谐力频率与主轴转速有关），此时等峰值法要优于 H_2 方法，故实验部分仅对等峰值及等负实部法进行比较。

表 3-5　等负实部及等峰值优化方法对刀尖频响函数抑制的比较

优化准则	频率比 β_T	阻尼比 ζ_T	最大幅值 $\lvert\Phi_0(\beta)\rvert/(\mu m\cdot N^{-1})$	最小负实部 $G_0(\beta)/(\mu m\cdot N^{-1})$
无吸振器	—	—	0.313	−0.181
等负实部法	1.05	7.80%	0.156	−0.077
等峰值法	0.98	7.61%	0.120	−0.099

按上述设计参数制造动力吸振器，安装于机床弱刚性结构上，如图 3-22 所示。图 3-23 是这两种情况下的刀尖频响函数幅值曲线。对比发现，等峰值优化方法可以使得吸振器安装后目标模态的峰值最小，即动刚度最大（见表 3-5）。等峰值优化方法可以使得目标模态振动的幅值降到最低，即更适合抑制强迫振动的幅值。

图 3-22　单自由度动力吸振器抑制车削振动

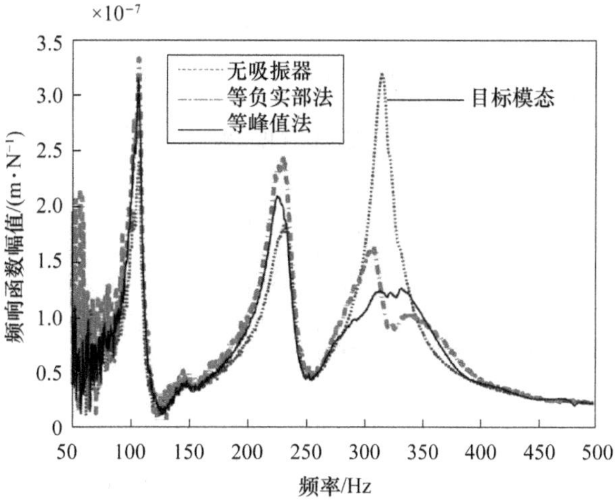

图 3-23　不同优化准则下的吸振器抑制频响函数对比

改变切深，进行切削实验并测试切削过程中刀具振动的信号。选取以下切削参数：主轴转速 $n=2\ 000$ r/min，每齿进给量 $f=0.1$ mm/n，切深 $a_p=1$ mm。切削加工时刀具振动的时域信号由加速度计采集，并对其进行傅里叶变换以显示振动信号的频谱。切削实验结果显示：①不使用吸振器时，发生了颤振；在切削开始后，刀具振动的幅值迅速增长到 2 g。在频域对信号进行分析，326 Hz 的谐波分量占主导地位（见图 3-24(a)）。②在使用吸振器后，不管采取何种优化准则，切削过程均保持稳定（见图 3-24(b)，(c)）。

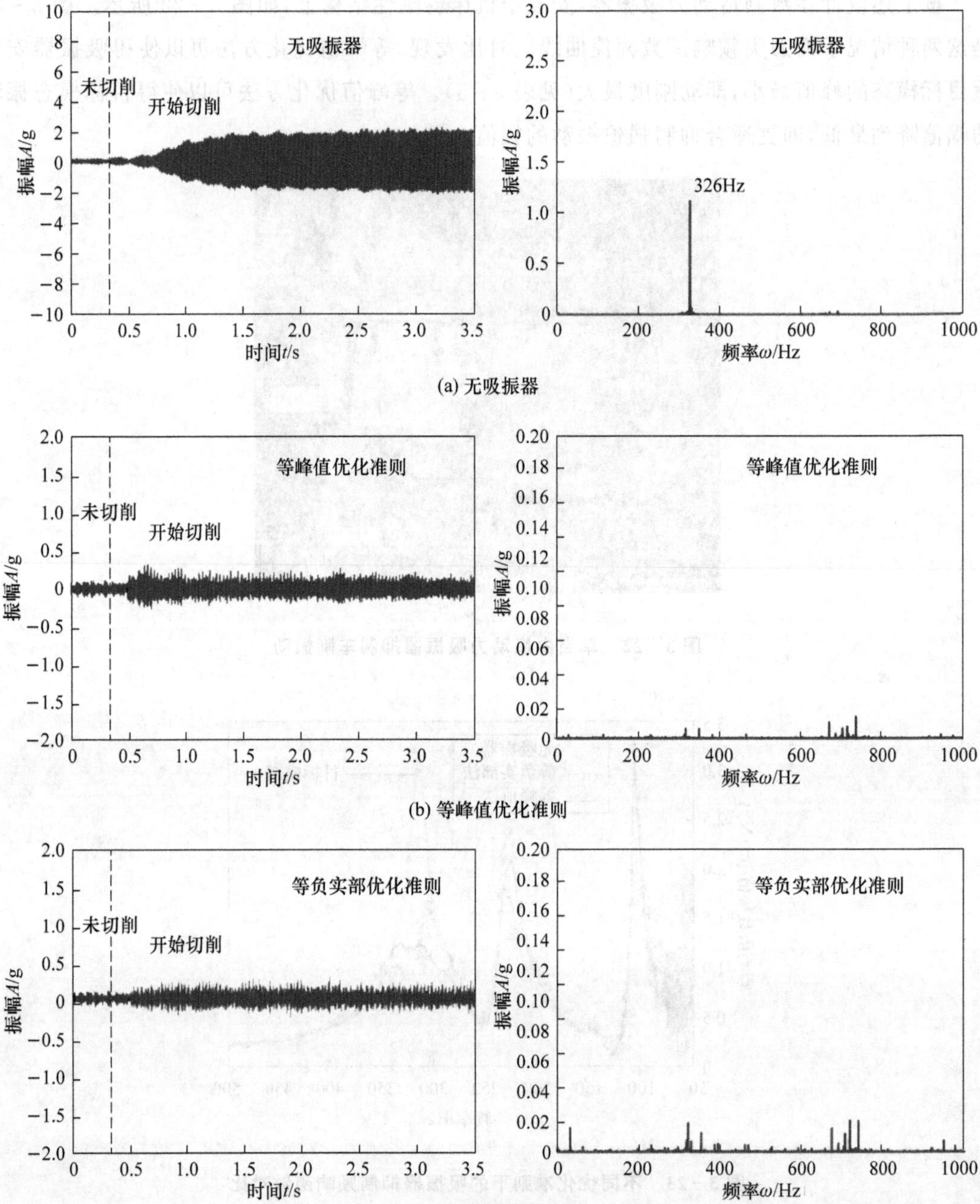

(a) 无吸振器

(b) 等峰值优化准则

(c) 等负实部优化准则

图 3-24　切削加工过程中刀具在进给方向上的振动信号

（切削参数：$n=2\,000$ r/min，$f=0.1$ mm/n，$a_p=1$ mm）

3.6.4　动力吸振器抑制长悬伸铣刀振动

在深腔、深孔零件加工过程中，大长径比铣削刀具由于刚性不足，极易引发颤振。设计基于内置动力吸振器的减振铣刀，可以有效提升铣刀动力学特性，从而提升切削稳定性。

减振铣刀具体结构设计方案如图 3-25 所示，质量块材料为钨，刀杆之间采用螺纹加锥面配合，以增加铣刀的同轴度；内置吸振器的端盖直径略小于刀杆内壁直径，安装时通过旋入螺钉使端盖胀开，将吸振器固定在刀杆内部。

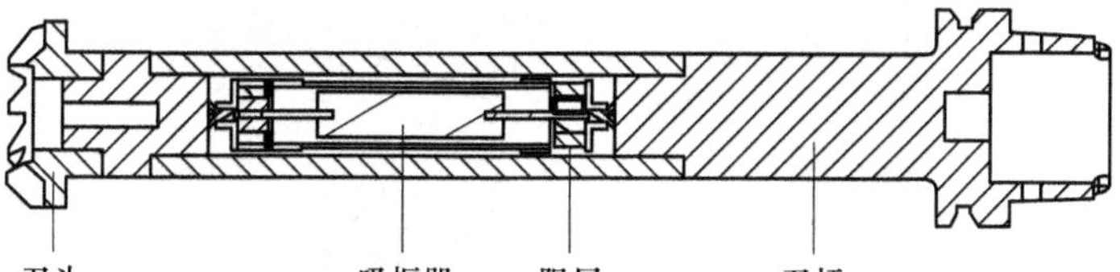

图 3-25　减振铣刀结构图

减振铣刀的减振性能主要取决于吸振器的频率及阻尼比。基于等峰值法优化方法，实现减振铣刀设计参数的优化。无吸振器铣刀的主模态固有频率为 250 Hz，阻尼比为 1.86%。当 $\mu=2.5\%$时，通过在 MATLAB 中数值寻优可得出吸振器最优频率比 $\beta_D=0.96$ 与阻尼比 $\zeta_D=9.85\%$。安装吸振器后，目标模态被分离为幅值相等的两个峰，频响函数幅值下降 74.70%，如图 3-26 所示。

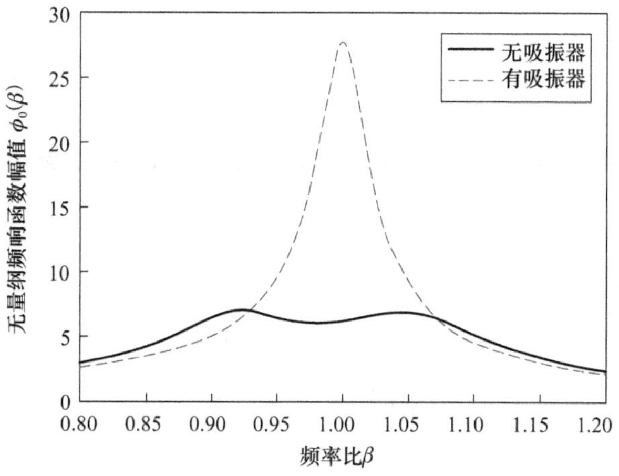

图 3-26　长悬伸铣刀减振前后频响函数对比($\mu=2.5\%$, $\zeta_0=1.86\%$, $k_0=1$)

开展减振铣刀模态测试，测试无吸振器铣刀和减振铣刀的刀尖频响函数，如图 3-27 所示。由于铣削加工时刀具高速旋转，铣削力会沿各个方向对刀具产生冲击，因此需要通过锤击实验来测量铣刀 0°～150°六组方向的频响函数，如图 3-28 所示。

对比发现，减振铣刀在各个方向均有显著的减振效果。减振铣刀频响函数幅值最大的方向与无吸振器铣刀相同，为 120°方向，幅值最低处为 30°方向。相比于无吸振器铣刀，减振铣刀在 120°和 30°方向的频响函数幅值分别降低 75.7%和 75.2%，等效刚度提升 109%、145%，阻尼比提高 107%、179%。这表明吸振器在各个方向都有稳定的抑振作用。

开展铝合金切削实验对比，选取切宽 $a_e=50$ mm，切深 $a_p=0.5$ mm，主轴转速 $n=2\,000$ r/min，无吸振器铣刀与减振铣刀的切削实验结果对比如图 3-29 所示。

图 3-27 减振铣刀实验装置

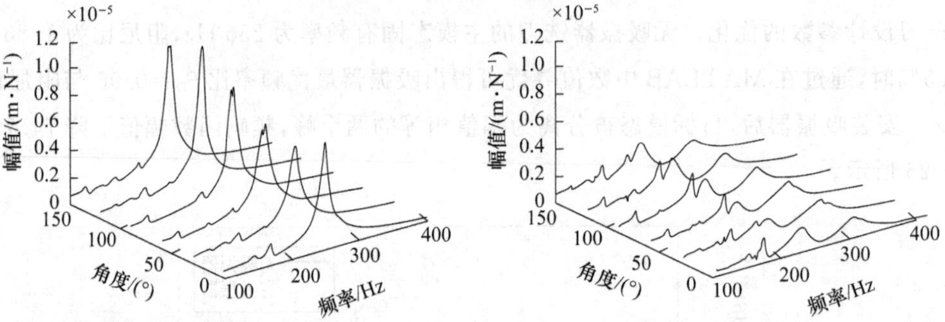

图 3-28 无吸振器铣刀与减振铣刀不同方向频响函数对比

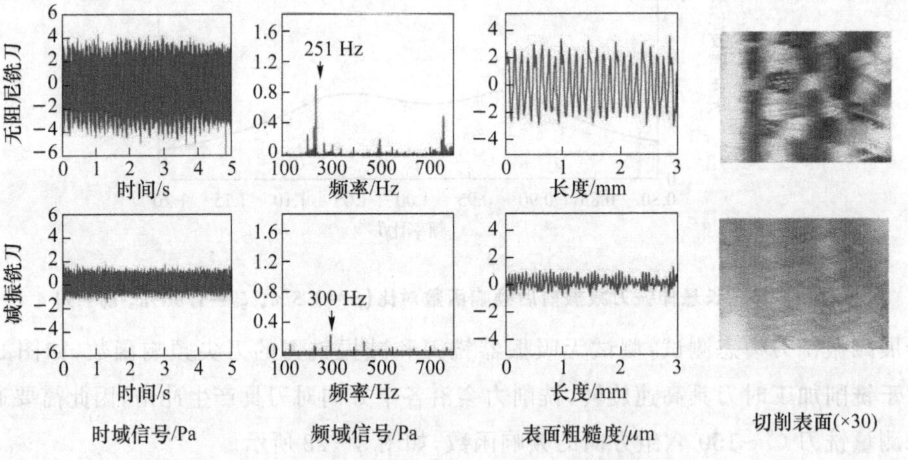

图 3-29 无吸振器铣刀与减振铣刀切削实验对比

无吸振器铣刀加工过程噪声声压幅值为 4 Pa，工件表面粗糙度值 Ra 为 1.34 μm，频域信号最大谐波分量在 251 Hz 处(刀具固有频率为 250 Hz)，因此无吸振器铣刀切削过程会产生颤振。同样切削参数下的减振铣刀切削加工过程的噪声声压幅值为 1.5 Pa，仅为无吸振器铣刀的37.5%，此时工件表面较为光滑，工件表面粗糙度值 Ra 为 0.38 μm，相比于无吸振器铣刀降低了 71%。综合以上实验结果对比可以得出，安装吸振器后减振铣刀的性能得到较大提升，减振效果非常明显。

铝合金切削实验表明，减振铣刀在不同的切削参数组合下均有明显的减振效果，性能稳定可靠。对比无吸振器铣刀，减振铣刀的加工噪声幅值、切削力幅值和表面粗糙度分别平均下降了 52%、50%、73%。

习　题

3－1　对于图 3.1 所示的两自由度系统，试求：

(1) 固有频率和主振型。

(2) 系统受激励 $F_1(t)=0$，$F_2(t)=F_0\sin\omega t$ 作用时的稳态响应。

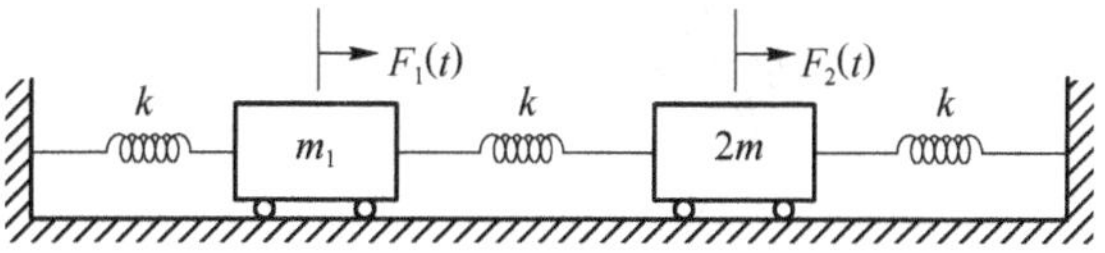

图 3.1　习题 3－1 用图

3－2　质量为 m、半径为 r 的两个完全相同的圆盘只滚动不滑动，如图 3.2 所示。试建立该两自由度系统运动的微分方程。

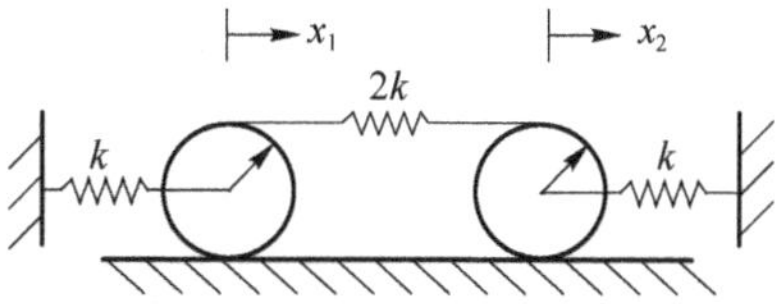

图 3.2　习题 3－2 用图

3－3　如图 3.3 所示为两自由度系统，质量为 m_1、转速为 1 500 r/min 的机器支于刚度为 k_1 的梁上，由于转子质量不平衡引起的离心力的垂直分量使系统产生上下振动。现设一质量 m_2 的辅助系统以控制振动，求辅助系统的弹簧刚度 k_2。

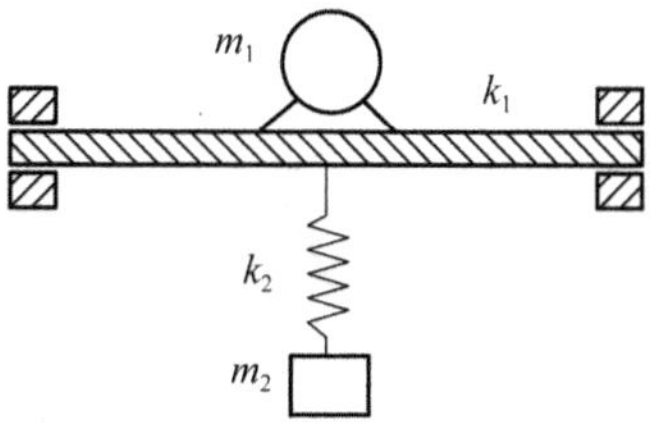

图 3.3　习题 3－3 用图

3－4　求图 3.4 所示系统各个物块的稳态振幅。

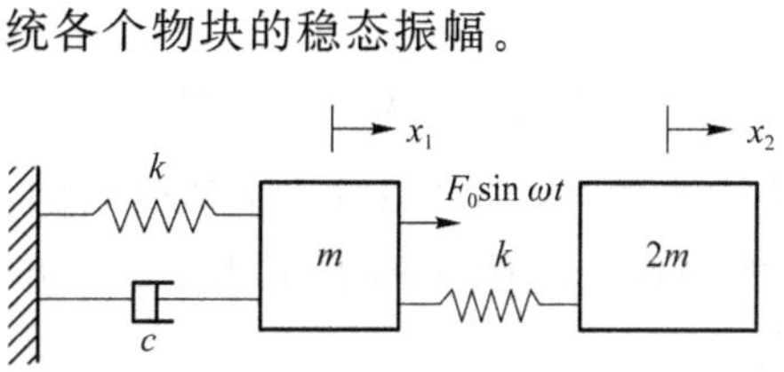

图 3.4　习题 3－4 用图

3－5　求图3.5所示系统的稳态响应。

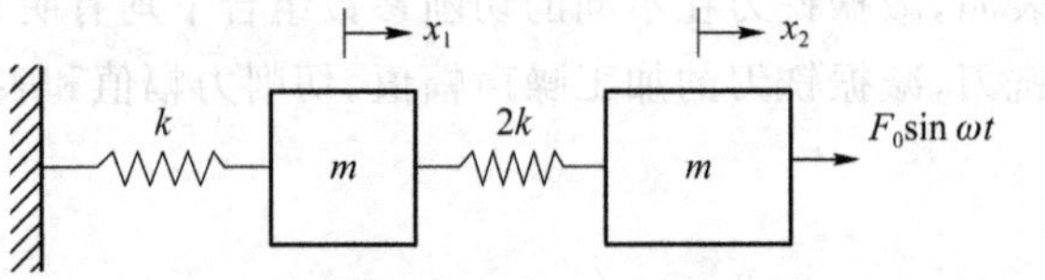

图 3.5　习题 3－5 用图

3－6　如图3.6所示，一复合摆由质量分别为 m_1 和 m_2 的球、长度分别为 l_1 和 l_2 的无重钢杆构成。假设摆在其铅垂位置附近做微幅振动，试分别取 x_1、x_2 和 φ_1、φ_2 作为广义坐标建立系统的质量矩阵和刚度矩阵。

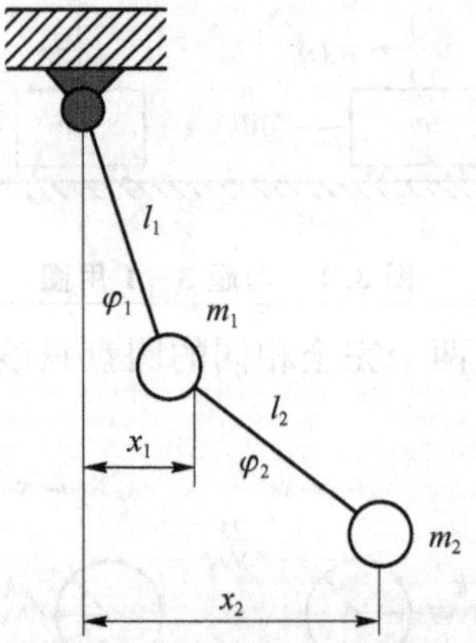

图 3.6　习题 3－6 用图

3－7　两质量块 m_1 和 m_2 用一弹簧 k 相连，将 m_1 的上端用绳子拴住，将该系统置于一个与水平面成 α 角的光滑斜面上，如图3.7所示。若 $t=0$ 时突然割断绳子，试求瞬时 t 时两质量块的位移。

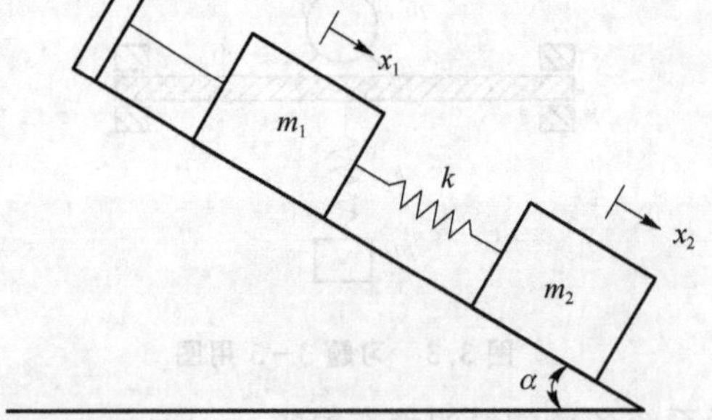

图 3.7　习题 3－7 用图

3－8　如图3.8所示，不计质量的钢杆 l 可绕水平轴 O 转动，杆的右端附有质量 m_1，同时用弹簧悬挂另一质量 m_2，杆的中点支以弹簧，使杆成水平。已知，$m_1=m_2=m$，$k_1=k_2=k$，求此系统的固有频率和主振型。

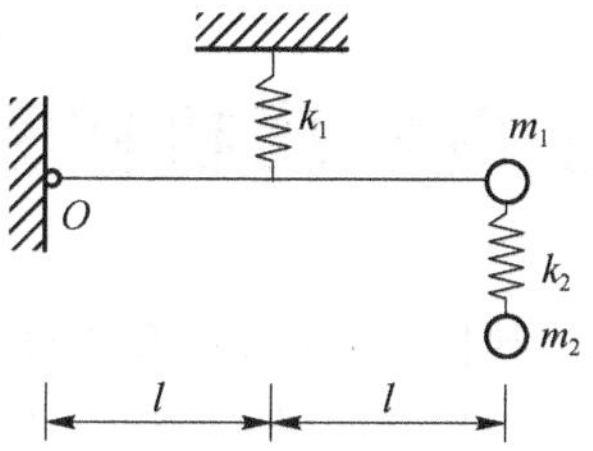

图 3.8　习题 3-8 用图

3-9　一汽车重 17 640 N,拉着一个重 15 092 N 的拖车。若弹簧挂钩的刚度 k=171 500 N/m,求该系统的固有频率和主振型(画出振型图)。

3-10　一根长为 6 m 的两端固定的梁,距其左端 2 m 处放置一台 500 kg 的机器,距其左端 4 m 处放置一台 375 kg 的机器。忽略梁的惯性影响,$E=200\times10^9$ N/m²,$I=2.35\times10^{-6}$ m⁴,求该系统的固有频率。

第 4 章 多自由度机械系统的振动

一般而言，工程实际中都是连续弹性体，其质量和刚度具有均匀分布的性质，只有掌握无限个点在每瞬时的运动情况，才能全面描述系统的振动。因此，理论上它们都属于无限自由度系统，需要用连续模型才能加以描述。但实际上往往可以通过适当的简化，将问题归结为有限多自由度的模型来分析，即将系统抽象为有限个质量块和弹性阻尼元件构成的模型。多自由度系统是两自由度系统的延伸，但本章节采用矩阵分析的手段，在总体层次上对振动系统进行讨论，给出了多自由度系统动力学模型更快速、更高效的建模与求解方法。

4.1 振动微分方程的建立

牛顿运动定律可快速建立简单系统的动力学模型，常用于单自由度、两自由度系统。但当系统具有串联、并联、平动、扭转耦合的特征时，该方法使用起来较为麻烦。对复杂系统的动力学方程建模，通常采用拉格朗日方程法和刚度影响系数法。

4.1.1 拉格朗日方程法

对复杂的多自由度系统，应用拉格朗日方程建立振动微分方程较方便。为系统每个自由度均选取一个广义坐标，求系统的动能和势能，将其表示为广义坐标、广义速度和时间的函数，然后代入拉格朗日方程

$$\frac{\mathrm{d}}{\mathrm{d}t}\left(\frac{\partial T}{\partial \dot{q}_i}\right)-\frac{\partial T}{\partial q_i}=Q_i-\frac{\partial T}{\partial q_i}\quad (i=1,2,\cdots,n) \tag{4.1.1}$$

式中，Q_i 为非有势力对应的广义力，按照虚功的方法求。特别是当阻尼存在时，计算非有势力的阻尼广义力 R_i 需确定系统的能量耗散系数

$$D=\frac{1}{2}c\,\dot{q}_i^2(t)=\frac{1}{2}\{\dot{q}(t)\}^{\mathrm{T}}[c]\{\dot{q}(t)\} \tag{4.1.2}$$

阻尼广义力为

$$R_i=-\frac{\partial D}{\partial \dot{q}_i}=-\sum_{j=1}^{n}c_{ji}\,\dot{q}_i \tag{4.1.3}$$

【例 4-1】 如图 4-1 所示为 5 弹簧 3 质量所组成的系统，试用拉格朗日方程建立系统的运动微分方程。

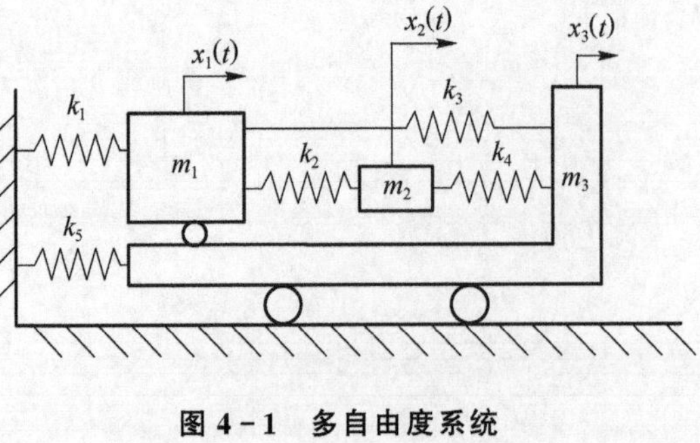

图 4-1 多自由度系统

解　系统有 3 个质量块，是三自由度系统。设各质量块的位移为 x_1,x_2,x_3，则系统动能为

$$T=\frac{1}{2}m_1\dot{x}_1^2(t)+\frac{1}{2}m_2\dot{x}_2^2(t)+\frac{1}{2}m_3\dot{x}_3^2(t)$$

系统的势能为

$$V=\frac{1}{2}k_1x_1^2(t)+\frac{1}{2}k_2[x_1(t)-x_2(t)]^2+\frac{1}{2}k_3[x_1(t)-x_3(t)]^2+\frac{1}{2}k_4[x_2(t)-x_3(t)]^2+\frac{1}{2}k_5x_3^2(t)$$

代入拉格朗日方程并整理，得

$$\begin{bmatrix} m_1 & & \\ & m_2 & \\ & & m_3 \end{bmatrix}\begin{Bmatrix} \ddot{x}_1(t) \\ \ddot{x}_2(t) \\ \ddot{x}_3(t) \end{Bmatrix}+\begin{bmatrix} k_1+k_2+k_3 & -k_2 & -k_3 \\ -k_2 & k_2+k_4 & -k_4 \\ -k_3 & -k_4 & k_3+k_4+k_5 \end{bmatrix}\begin{Bmatrix} x_1(t) \\ x_2(t) \\ x_3(t) \end{Bmatrix}=\begin{Bmatrix} 0 \\ 0 \\ 0 \end{Bmatrix}$$

4.1.2　刚度影响系数法

对多自由度系统，采用广义坐标 $q_i(i=1,2,3\cdots)$ 来描述系统的运动，系统的自由度数为 n。广义力 Q_i 要同对应的广义坐标相适应，使得 q_iQ_i 的量纲为功。

设在系统的平衡位置有 $q_1=q_2=q_3=\cdots=q_n=0$，即选取系统的静平衡位置为广义坐标的坐标原点，则各集中质量偏离平衡位置的位移可用 $q_1,q_2,q_3,\cdots,q_n$ 描述。对于线性系统，所有的广义位移、广义速度必须是微小的。

1. 刚度矩阵、阻尼矩阵和质量矩阵

以广义坐标 $q_i(i=1,2,3\cdots)$ 描述系统运动时，多自由度系统的运动方程为

$$\boldsymbol{M}\{\ddot{\boldsymbol{q}}(t)\}+\boldsymbol{C}\{\dot{\boldsymbol{q}}(t)\}+\boldsymbol{K}\{\boldsymbol{q}(t)\}=\{\boldsymbol{Q}(t)\} \tag{4.1.4}$$

质量矩阵 $\boldsymbol{M}$、阻尼矩阵 $\boldsymbol{C}$ 和刚度矩阵 $\boldsymbol{K}$ 的元素分别称为质量系数、阻尼系数和刚度系数，列阵 $\{\boldsymbol{q}(t)\}$ 和 $\{\boldsymbol{Q}(t)\}$ 称为广义位移列矢量和广义力列矢量。

刚度系数定义：只在坐标上产生单位位移，其他坐标上的位移为 0，而在坐标上需要施加的力，即

$$k_{ij}=Q_i\Bigg|\begin{matrix} q_j=1 \\ q_r=0 \end{matrix}\quad (r=1,2,\cdots,n,r\neq n) \tag{4.1.5}$$

当系统是单自由度系统时，以上定义即为弹簧刚度的定义。对于多自由度系统，假设质量 m_j 上有 $q_j=1$ 的位移，其余坐标上的位移为 0，为了使系统处于平衡状态，则必须在系统上施加一定外力。由于弹簧 k_j 和 k_{j+1} 的变形都为单位长度，其余弹簧没有变形；如果设向右为正方向，则作用于质量 m_{j-1} 上的弹性恢复力为 k_j，作用于 m_j 上的弹性恢复力为 $-k_j-k_{j+1}$，作用于上的弹性恢复力为 $-k_{j+1}$，其余质量上没有弹性恢复力作用。因此，为了使系统处于上述状态，所需要施加的与弹性恢复力平衡的外力为：在 m_{j-1} 上施加外力 $Q_{j-1}=-k_j$，在 m_j 上施加外力 $Q_j=k_j+k_{j+1}$，在 m_{j+1} 上施加外力 $Q_{j+1}=-k_{j+1}$，而在其余质量上不施加外力。按照刚度系数的定义，可得到系统的刚度系数为

$$\begin{aligned} &k_{j-1,j}=-k_j,k_{jj}=k_j+k_{j+1},k_{j+1,j}=-k_{j+1}, \\ &k_{ij}=0(i=1,2,\cdots,j-2,j+2,\cdots,n,j=1,2,\cdots,n) \end{aligned} \tag{4.1.6}$$

阻尼系数定义：只在坐标 q_j 上有单位速度，其他坐标上的速度为 0，而在坐标 q_i 上需要施加的力，即

$$c_{ij}=Q_i\left|\begin{matrix}q_j=1\\ q_r=0\end{matrix}\right.\quad(r=1,2,\cdots,n,r\neq n)\tag{4.1.7}$$

质量系数定义：只在坐标 q_j 上有单位加速度(其他坐标上的加速度为 0)而在坐标 q_i 上需要施加的力，即

$$m_{ij}=Q_i\left|\begin{matrix}q_j=1\\ q_r=0\end{matrix}\right.\quad(r=1,2,\cdots,n,r\neq n)\tag{4.1.8}$$

对弹簧-质量-阻尼系统，一般存在下述规律：

1) 刚度矩阵或阻尼矩阵中的对角元素为连接在质量 m_i 上的所有弹簧刚度或阻尼系数之和。

2) 刚度矩阵或阻尼矩阵中的非对角元素 k_{ij} 为直接连接在质量 m_i 和 m_j 之间的弹簧刚度或阻尼系数，取负值。

3) 一般而言，刚度矩阵和阻尼矩阵是对称矩阵。

4) 如果将系统质心作为坐标原点，则质量矩阵是对角矩阵，否则，不一定是对角矩阵。

2. 多自由度系统的运动微分方程

利用上面关于刚度、阻尼、质量系数的定义，可建立系统的运动微分方程。对质量块 m_j，当质量块有单位位移 $q_j=1$ 时，在 m_i 上需加上与弹性恢复力相平衡的力为 k_{ij}，而弹性恢复力为 $-k_{ij}$，如果 $q_j\neq1$，由于系统是线性的，m_j 上受到的弹性恢复力为 $-k_{ij}q_j(t)$。当各个质量块 m_j 均有位移 $q_j(t)$ $(j=1,\cdots,n)$ 时，应用叠加原理，作用在 m_i 上的弹性恢复力为 $-\sum_{j=1}^{n}k_{ij}q_j(t)$，同样，作用在质量块上的阻尼力为 $-\sum_{j=1}^{n}c_{ij}\dot{q}_j(t)$，惯性力为 $-\sum_{j=1}^{n}m_{ij}\ddot{q}_j(t)$，而外加激励力为 Q_i，应用达朗贝尔原理，作用在质量块上的弹性恢复力、阻尼力、惯性力和外加激励力组成平衡力系，从而有

$$-\sum_{j=1}^{n}m_{ij}\ddot{q}_i(t)-\sum_{j=1}^{n}c_{ij}\dot{q}_i(t)-\sum_{j=1}^{n}k_{ij}q_i(t)+Q_i(t)=0\tag{4.1.9}$$

式(4.1.9)对每一个质量块均应成立，因而其中的下标 i 应遍取 $1,\cdots,n$ 的数值，从而得到 n 个等式，整理得

$$\sum_{j=1}^{n}[m_{ij}\ddot{q}_i(t)+c_{ij}\dot{q}_i(t)+k_{ij}q_i(t)]=Q_i(t)\quad(i=1,2,\cdots,n)\tag{4.1.10}$$

这是一个关于 $q_i(t)(i=1,\cdots,n)$ 的一组联立的二阶常系数线性微分方程，可以表示为矩阵形式。

【例 4-2】 用刚度系数法建立图 4-1 所示系统的运动微分方程，并与用拉格朗日方程得到的结果进行比较。

解 设 $x_1(t)=1$，$x_2(t)=x_3(t)=0$，则质量 m_1 承受弹性恢复力 $-k_1-k_2-k_3$，质量 m_2 承受弹性恢复力 k_2，质量 m_3 承受弹性恢复力 k_3 作用。为了维持上述条件下的平衡，必须在质量 m_1 上施加力 $k_1+k_2+k_3$，在质量 m_2 上施加力 $-k_2$，在质量 m_3 上施加力 $-k_3$。故可得 $k_{11}=k_1+k_2+k_3$，$k_{12}=-k_2$，$k_{13}=-k_3$。同理可得到刚度矩阵的其他元素。从而质量矩阵和刚度矩阵分别为

$$\boldsymbol{M}=\begin{bmatrix}m_1&&\\&m_2&\\&&m_3\end{bmatrix},\quad\boldsymbol{K}=\begin{bmatrix}k_1+k_2+k_3&-k_2&-k_3\\-k_2&k_2+k_4&-k_4\\-k_3&-k_4&k_3+k_4+k_5\end{bmatrix}$$

从而得到系统的运动微分方程为

$$\begin{bmatrix} m_1 & & \\ & m_2 & \\ & & m_3 \end{bmatrix}\begin{Bmatrix} \ddot{x}_1(t) \\ \ddot{x}_2(t) \\ \ddot{x}_3(t) \end{Bmatrix}+\begin{bmatrix} k_1+k_2+k_3 & -k_2 & -k_3 \\ -k_2 & k_2+k_4 & -k_4 \\ -k_3 & -k_4 & k_3+k_4+k_5 \end{bmatrix}\begin{Bmatrix} x_1(t) \\ x_2(t) \\ x_3(t) \end{Bmatrix}=\begin{Bmatrix} 0 \\ 0 \\ 0 \end{Bmatrix}$$

可知，用刚度影响系数法建立的运动微分方程同用拉格朗日方程得到的结果完全相同。需要指出，在具体分析时，可以根据质量矩阵和刚度矩阵的形成规律直接写出质量矩阵和刚度矩阵。

【例 4-3】 如图 4-2 所示为 3 段轴 4 个盘的扭转振动系统，试用刚度系数法建立其振动方程。

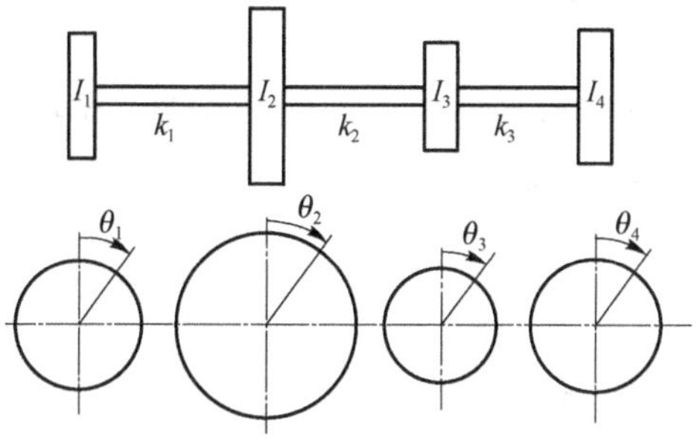

图 4-2　扭振系统

解　只考虑盘的转动惯量 I_1、I_2、I_3、I_4 和扭转刚度，选择 4 个盘的转角 $\theta_1(t)$、$\theta_2(t)$、$\theta_3(t)$、$\theta_4(t)$ 为广义坐标。根据质量矩阵和刚度矩阵的形成规律，质量矩阵和刚度矩阵分别为

$$\boldsymbol{M}=\begin{bmatrix} I_1 & & & \\ & I_2 & & \\ & & I_3 & \\ & & & I_4 \end{bmatrix}\quad \boldsymbol{K}=\begin{bmatrix} k_1 & -k_1 & & \\ -k_1 & k_1+k_2 & -k_2 & \\ & -k_2 & k_2+k_3 & -k_3 \\ & & -k_3 & k_3 \end{bmatrix}$$

则系统的运动微分方程为

$$\begin{bmatrix} I_1 & & & \\ & I_2 & & \\ & & I_3 & \\ & & & I_4 \end{bmatrix}\begin{Bmatrix} \ddot{\theta}_1(t) \\ \ddot{\theta}_2(t) \\ \ddot{\theta}_3(t) \\ \ddot{\theta}_4(t) \end{Bmatrix}+\begin{bmatrix} k_1 & -k_1 & & \\ -k_1 & k_1+k_2 & -k_2 & \\ & -k_2 & k_2+k_3 & -k_3 \\ & & -k_3 & k_3 \end{bmatrix}\begin{Bmatrix} \theta_1(t) \\ \theta_2(t) \\ \theta_3(t) \\ \theta_4(t) \end{Bmatrix}=\begin{Bmatrix} 0 \\ 0 \\ 0 \\ 0 \end{Bmatrix}$$

4.2　多自由度系统固有频率和主振型

建立系统的运动微分方程后，就可以开始分析系统特性。固有频率与振型的概念之前已进行过介绍。两自由度系统有两个固有频率及两种振动方式（振型）。多自由度系统则有 n 个固有频率和 n 种振动形式（振型），n 等于系统自由度数。本节将从无阻尼自由振动系统开始，介绍固有频率和振型的求解方法。

4.2.1 固有频率

对于 n 自由度系统，无阻尼系统自由振动方程的一般形式为

$$\begin{bmatrix} M_{11} & M_{12} & \cdots & M_{1n} \\ M_{21} & M_{22} & \cdots & M_{2n} \\ \vdots & \vdots & & \vdots \\ M_{n1} & M_{n2} & \cdots & M_{nn} \end{bmatrix} \begin{Bmatrix} \ddot{x}_1 \\ \ddot{x}_2 \\ \vdots \\ \ddot{x}_n \end{Bmatrix} + \begin{bmatrix} K_{11} & K_{12} & \cdots & K_{1n} \\ K_{21} & K_{22} & \cdots & K_{2n} \\ \vdots & \vdots & & \vdots \\ K_{n1} & K_{n2} & \cdots & K_{nn} \end{bmatrix} \begin{Bmatrix} x_1 \\ x_2 \\ \vdots \\ x_n \end{Bmatrix} = \begin{Bmatrix} 0 \\ 0 \\ \vdots \\ 0 \end{Bmatrix} \tag{4.2.1}$$

式中，$M_{ij}=M_{ji}$，$K_{ij}=K_{ji}$。式(4.2.1)可简写为

$$\boldsymbol{M}\ddot{\boldsymbol{X}}+\boldsymbol{K}\boldsymbol{X}=\boldsymbol{O} \tag{4.2.2}$$

在系统自由振动中，假设所有的质量均作简谐运动，则方程解的形式为

$$\boldsymbol{X}_i=\boldsymbol{A}^{(i)}\sin(\omega_{ni}t+\varphi_i) \tag{4.2.3}$$

式中，ω_{ni}、φ_i 分别为第 i 阶振型的固有频率和相角；$\boldsymbol{X}_i$ 为第 i 阶振型的诸位移的列阵；$\boldsymbol{A}^{(i)}$ 为第 i 阶振型中各点的位移最大值或振幅向量。

$\boldsymbol{X}_i$ 和 $\boldsymbol{A}^{(i)}$ 可表示为

$$\boldsymbol{X}_i=\begin{Bmatrix} x_1 \\ x_2 \\ \vdots \\ x_n \end{Bmatrix},\quad \boldsymbol{A}^{(i)}=\begin{Bmatrix} A_1^{(i)} \\ A_2^{(i)} \\ \vdots \\ A_n^{(i)} \end{Bmatrix} \tag{4.2.4}$$

将式(4.2.3)代入方程，得代数方程

$$(\boldsymbol{K}-\omega_{ni}^2\boldsymbol{M})\boldsymbol{A}^{(i)}=\boldsymbol{O} \tag{4.2.5}$$

令

$$\boldsymbol{K}-\omega_{ni}^2\boldsymbol{M}=\boldsymbol{H}^{(i)} \tag{4.2.6}$$

称 $\boldsymbol{H}^{(i)}$ 为特征矩阵。

对于振动系统，振幅不全部为零，因而必有

$$|\boldsymbol{K}-\omega_{ni}^2\boldsymbol{M}|=\boldsymbol{O} \tag{4.2.7}$$

式(4.2.7)称为系统的特征方程，其一般形式为

$$|\boldsymbol{H}^{(i)}|=\begin{vmatrix} K_{11}-\omega_{ni}^2M_{11} & K_{12}-\omega_{ni}^2M_{12} & \cdots & K_{1n}-\omega_{ni}^2M_{1n} \\ K_{21}-\omega_{ni}^2M_{21} & K_{22}-\omega_{ni}^2M_{22} & \cdots & K_{2n}-\omega_{ni}^2M_{2n} \\ \vdots & \vdots & & \vdots \\ K_{n1}-\omega_{ni}^2M_{n1} & K_{n2}-\omega_{ni}^2M_{n2} & \cdots & K_{nn}-\omega_{ni}^2M_{nn} \end{vmatrix}=\boldsymbol{O}$$

展开此行列式得最高阶为$(\omega_{ni}^2)^n$ 的代数多项式。由此代数多项式可解出不相等的 ω_{n1}^2，ω_{n2}^2，…，ω_{nn}^2，共 n 个根，称此根为特征根或特征值，开方后即可得固有频率 ω_{ni} 值。自由度数低的可用因式分解法求解，否则必须用数值方法求解。

如果 $\boldsymbol{M}$ 是正定的(即系统的动能除全部速度都为 0 外，总是大于 0 的)，$\boldsymbol{K}$ 是正定的或半正定的，特征值 ω_{ni}^2 全部是正实根，特殊情况下，其中有零根或重根。将这 n 个固有频率由小到大按次序排列，分别称为一阶固有频率、二阶固有频率、……、n 阶固有频率，即

$$0\leqslant\omega_{n1}^2\leqslant\omega_{n2}^2\leqslant\cdots\leqslant\omega_{nn}^2 \tag{4.2.8}$$

有的半正定系统可能不止一个零值固有频率，说明系统具有不止一个独立的刚体运动。

未加任何约束的带有若干个集中质量的梁，计算平面弯曲振动时，就出现两个零值固有频率，即系统在平面内具有平移的刚体运动及转动的刚体运动。

由物理意义上来说，半正定系统在某质点上施加一单位力后，系统将无法维持平衡而产生刚体运动，所以柔度影响系数及柔度矩阵无法建立。故本书不对柔度影响系数法作详细介绍。另由系统平衡方程组可知，由于半正定系统除了坐标值为零的中性平衡位置外，还存在着坐标值并不为零的平衡位置，故系统刚度矩阵 $\boldsymbol{K}$ 的行列式应为零。不可能用求刚度矩阵 $\boldsymbol{K}$ 的逆得到柔度矩阵，只有正定系统才能利用柔度矩阵建立唯一方程。

下面介绍位移方程表示的系统固有频率的计算。对于 n 个自由度系统，无阻尼自由振动的位移方程为

$$\begin{bmatrix} \delta_{11} & \delta_{12} & \cdots & \delta_{1n} \\ \delta_{21} & \delta_{21} & \cdots & \delta_{2n} \\ \vdots & \vdots & & \vdots \\ \delta_{n1} & \delta_{n2} & \cdots & \delta_{nn} \end{bmatrix} \begin{bmatrix} M_{11} & M_{12} & \cdots & M_{1n} \\ M_{21} & M_{21} & \cdots & M_{2n} \\ \vdots & \vdots & & \vdots \\ M_{n1} & M_{n2} & \cdots & M_{nn} \end{bmatrix} \begin{Bmatrix} \ddot{x}_1 \\ \ddot{x}_2 \\ \vdots \\ \ddot{x}_n \end{Bmatrix} + \begin{Bmatrix} x_1 \\ x_2 \\ \vdots \\ x_n \end{Bmatrix} = \begin{Bmatrix} 0 \\ 0 \\ \vdots \\ 0 \end{Bmatrix} \tag{4.2.9}$$

式(4.2.9)可简写为

$$\boldsymbol{\delta M \ddot{X}} + \boldsymbol{X} = \boldsymbol{O} \tag{4.2.10}$$

将式(4.2.3)带入式(4.2.10)，则得

$$-\omega_{ni}^2 \boldsymbol{\delta M A}^{(i)} + \boldsymbol{A}^{(i)} = \boldsymbol{O} \tag{4.2.11}$$

令 $\lambda_i = 1/\omega_{mi}^2$，上式乘以 $-\lambda_i$ 得

$$(\boldsymbol{\delta M} - \lambda_i \boldsymbol{I})\boldsymbol{A}^{(i)} = \boldsymbol{O} \tag{4.2.12}$$

再引入符号 $\boldsymbol{B}^{(i)} = \boldsymbol{\delta M} - \lambda_i \boldsymbol{I}$，该矩阵称为特征矩阵。

对于振动系统来说，振幅不应全部为零，因而必有

$$|\boldsymbol{\delta M} - \lambda_i \boldsymbol{I}| = \boldsymbol{O} \tag{4.2.13}$$

式(4.2.13)展开后得出一个关于 λ_i 的 n 阶多项式，多项式的根 λ_1、λ_2、…、λ_n 就是特征值，从而解得各阶固有频率。

4.2.2　主振型

如果特征值 ω_{ni}^2 已经求得，将 ω_{ni}^2 代入方程式中，即可求出对应于 ω_{ni}^2 的 n 个振动幅值 $A_1^{(i)}$、$A_2^{(i)}$、…、$A_n^{(i)}$ 间的比例关系，称为振幅比。这说明当系统按第 i 阶固有频率 ω_{ni} 作简谐振动时，各振幅 $A_1^{(i)}$、$A_2^{(i)}$、…、$A_n^{(i)}$ 间具有确定的相对比值，或者说系统有一定的振动形态。对应于每一个特征值 ω_{ni}^2 的振幅向量 $\boldsymbol{A}^{(i)}$ 称为特征向量。由于 $\boldsymbol{A}^{(i)}$ 各元素比值完全确定了系统振动的形态，故又称为第 i 阶主振型或固有振型，即

$$\boldsymbol{A}^{(i)} = \begin{Bmatrix} A_1^{(i)} \\ A_2^{(i)} \\ \vdots \\ A_n^{(i)} \end{Bmatrix} \tag{4.2.14}$$

若将系统的各阶固有频率依次代入式(4.2.5)中，可得到系统的第一阶、第二阶、…第 n 阶主振型，即

$$\boldsymbol{A}^{(1)}=\begin{Bmatrix}A_1^{(1)}\\A_2^{(1)}\\\vdots\\A_n^{(1)}\end{Bmatrix},\quad \boldsymbol{A}^{(2)}=\begin{Bmatrix}A_1^{(2)}\\A_2^{(2)}\\\vdots\\A_n^{(2)}\end{Bmatrix},\quad \cdots,\quad \boldsymbol{A}^{(n)}=\begin{Bmatrix}A_1^{(3)}\\A_2^{(3)}\\\vdots\\A_n^{(3)}\end{Bmatrix} \tag{4.2.15}$$

可见,n 个自由度系统有 n 个固有频率和 n 个相应的主振型。

特征向量亦可由系统的特征矩阵 $\boldsymbol{H}^{(i)}$ 或 $\boldsymbol{B}^{(i)}$ 的伴随矩阵求得。根据定义,$\boldsymbol{H}^{(i)}$ 的逆矩阵有如下形式:

$$(\boldsymbol{H}^{(i)})^{-1}=\frac{(\boldsymbol{H}^{(i)})^a}{|\boldsymbol{H}^{(i)}|} \tag{4.2.16}$$

可写作

$$\boldsymbol{H}^{(i)}(\boldsymbol{H}^{(i)})^a=|\boldsymbol{H}^{(i)}|=\boldsymbol{O} \tag{4.2.17}$$

即

$$(\boldsymbol{K}-\omega_{ni}^2\boldsymbol{M})(\boldsymbol{H}^{(i)})^a=\boldsymbol{O} \tag{4.2.18}$$

将方程(4.2.18)与方程(4.2.5)比较,显然,伴随矩阵$(\boldsymbol{H}^{(i)})^a$ 的任意一列都是特征向量。

在两自由度系统中已经知道,在某些特殊的初始条件下,可以使系统每一坐标均以同一频率 ω_{ni} 及同一相位 φ_i 做简谐振动,这样的振动称为第 i 阶主振动。显然,各坐标幅值的绝对值取决于系统的初始条件。但由于各坐标间振幅相对比值只取决于系统的物理性质,因此不局限于求出具体绝对值,而可以一般地描述系统第 i 阶主振型的形式,可任意规定某一坐标的幅值,例如 $\boldsymbol{A}_n^{(i)}\neq 0$,则可规定 $\boldsymbol{A}_n^{(i)}=1$,或规定主振型中最大的一个坐标幅值为 1,以确定其他各坐标幅值,此过程称为归一化。归一化了的特征向量又称为振型向量。

对于 n 个自由度系统,如果将其所有振型向量依序排成各列,可得如下形式的 $n\times n$ 阶振型矩阵或称模态矩阵。

$$\boldsymbol{A}_p=(\boldsymbol{A}^{(1)}\boldsymbol{A}^{(2)}\cdots\boldsymbol{A}^{(n)})=\begin{bmatrix}A_1^{(1)}&A_1^{(2)}&\cdots&A_1^{(n)}\\A_2^{(1)}&A_2^{(2)}&\cdots&A_2^{(n)}\\\vdots&\vdots&&\vdots\\A_n^{(1)}&A_n^{(2)}&\cdots&A_n^{(n)}\end{bmatrix} \tag{4.2.19}$$

【例 4-4】 求图 4-3 所示系统作自由振动时的固有频率、固有振型及振型矩阵。

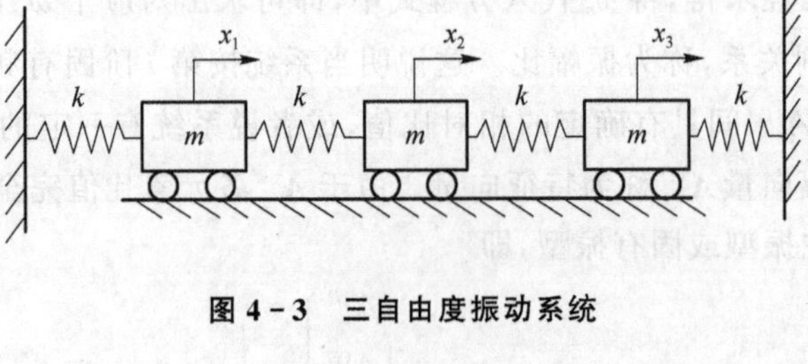

图 4-3　三自由度振动系统

解　质量矩阵

$$\boldsymbol{M}=\begin{pmatrix}m&0&0\\0&m&0\\0&0&m\end{pmatrix}$$

刚度矩阵

$$\boldsymbol{K}=\begin{pmatrix} 2k & -k & 0 \\ -k & 2k & -k \\ 0 & -k & 2k \end{pmatrix}$$

则其特征方程为

$$\boldsymbol{K}-\boldsymbol{M}\boldsymbol{\omega}^2=0$$

即

$$\begin{pmatrix} 2k-m\omega_n^2 & -k-m\omega_n^2 & 0 \\ -k-m\omega_n^2 & 2k-m\omega_n^2 & -k-m\omega_n^2 \\ 0 & -k-m\omega_n^2 & 2k-m\omega_n^2 \end{pmatrix}=\boldsymbol{O}$$

对各阶振动角速度，有

$$\begin{pmatrix} \omega_1^2 \\ \omega_2^2 \\ \omega_3^2 \end{pmatrix}=\begin{pmatrix} (3\sqrt{2}-4)\dfrac{k}{m} \\ 2\dfrac{k}{m} \\ (4+3\sqrt{2})\dfrac{k}{m} \end{pmatrix}$$

代入，得到系统振动的主振型为

$$\boldsymbol{A}^{(2)}=\begin{Bmatrix} A_1^{(2)} \\ A_2^{(2)} \\ A_3^{(2)} \end{Bmatrix}=\begin{Bmatrix} 1 \\ 0 \\ -1 \end{Bmatrix}$$

同样，再将 ω_{n3} 代入特征问题方程式(4.2.5)，并令 $A_1^{(3)}=1$，可解出对应于固有频率 ω_{n3} 的固有振型为

$$\boldsymbol{A}^{(3)}=\begin{Bmatrix} A_1^{(3)} \\ A_2^{(3)} \\ A_3^{(3)} \end{Bmatrix}=\begin{Bmatrix} 1 \\ -\sqrt{2} \\ 1 \end{Bmatrix}$$

各阶振型如图 4-4 所示。

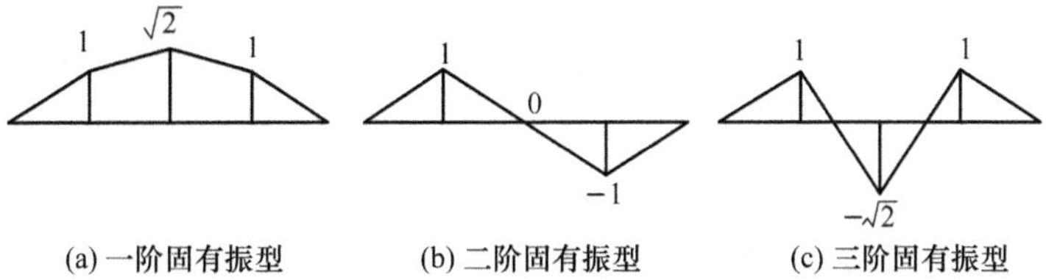

图 4-4　各阶固有振型

系统的振型矩阵为

$$\boldsymbol{A}_p=(\boldsymbol{A}^{(1)}\quad \boldsymbol{A}^{(2)}\quad \boldsymbol{A}^{(3)})=\begin{pmatrix} 1 & 1 & 1 \\ \sqrt{2} & 0 & -\sqrt{2} \\ 1 & -1 & 1 \end{pmatrix}$$

4.2.3　振型向量的正交性

n 自由度系统有 n 个固有频率及 n 组主振型 $\boldsymbol{A}^{(i)}$。正交性是模态的一个重要特性，振动分析的许多基本概念、方法及高效算法都是以此为基础的。由代数方程式(4.2.5)可得对应于固

有频率 ω_{ni} 和 ω_{nj} 的主振型 $\boldsymbol{A}^{(i)}$ 和 $\boldsymbol{A}^{(j)}$，分别得出下述两个方程式：

$$\begin{aligned}\boldsymbol{KA}^{(i)}&=\omega_{ni}^2\boldsymbol{MA}^{(i)}\qquad(i=1,2,\cdots,n)\\\boldsymbol{KA}^{(j)}&=\omega_{nj}^2\boldsymbol{MA}^{(j)}\qquad(j=1,2,\cdots,n)\end{aligned}\tag{4.2.20}$$

用 $(\boldsymbol{A}^{(j)})^{\mathrm{T}}$ 左乘方程式(4.2.20)两边转置后再右乘 $\boldsymbol{A}^{(i)}$，由于 $\boldsymbol{K}$ 和 $\boldsymbol{M}$ 是对称的，则得

$$(\boldsymbol{A}^{(j)})^{\mathrm{T}}\boldsymbol{KA}^{(i)}=\omega_{ni}^2(\boldsymbol{A}^{(j)})^{\mathrm{T}}\boldsymbol{MA}^{(i)}\tag{4.2.21}$$

$$(\boldsymbol{A}^{(j)})^{\mathrm{T}}\boldsymbol{KA}^{(i)}=\omega_{nj}^2(\boldsymbol{A}^{(j)})^{\mathrm{T}}\boldsymbol{MA}^{(i)}\tag{4.2.22}$$

两式作差，得

$$(\omega_{ni}^2-\omega_{nj}^2)(\boldsymbol{A}^{(j)})^{\mathrm{T}}\boldsymbol{MA}^{(i)}=\boldsymbol{O}\tag{4.2.23}$$

式(4.2.21)的两边除以 ω_{ni}^2，式(4.2.22)的两边除以 ω_{nj}^2，二者作差，则得

$$\left(\frac{1}{\omega_{ni}^2}-\frac{1}{\omega_{nj}^2}\right)(\boldsymbol{A}^{(j)})^{\mathrm{T}}\boldsymbol{KA}^{(i)}=\boldsymbol{O}\tag{4.2.24}$$

当 $i\neq j$ 且特征值 $\omega_{ni}\neq\omega_{nj}$ 时，要满足式(4.2.23)和式(4.2.24)，则必然有如下关系：

$$(\boldsymbol{A}^{(j)})^{\mathrm{T}}\boldsymbol{MA}^{(i)}=(\boldsymbol{A}^{(i)})^{\mathrm{T}}\boldsymbol{MA}^{(j)}=\boldsymbol{O}\tag{4.2.25}$$

$$(\boldsymbol{A}^{(j)})^{\mathrm{T}}\boldsymbol{KA}^{(i)}=(\boldsymbol{A}^{(i)})^{\mathrm{T}}\boldsymbol{KA}^{(j)}=\boldsymbol{O}\tag{4.2.26}$$

式(4.2.25)与(4.2.26)表明不相等的固有频率的两个主振型之间存在着关于质量矩阵 $\boldsymbol{M}$ 的正交性及关于刚度矩阵 $\boldsymbol{K}$ 的正交性，统称为主振型的正交性。式(4.2.25)与(4.2.26)就是主振型的正交性条件。

当 $i\neq j$ 时，式(4.2.23)和式(4.2.24)对于任何值都能成立，令

$$(\boldsymbol{A}^{(i)})^{\mathrm{T}}\boldsymbol{MA}^{(i)}=\boldsymbol{M}_{\mathrm{p}i}\tag{4.2.27}$$

$$(\boldsymbol{A}^{(i)})^{\mathrm{T}}\boldsymbol{KA}^{(i)}=\boldsymbol{K}_{\mathrm{p}i}\tag{4.2.28}$$

式中，$\boldsymbol{M}_{\mathrm{p}i}$ 和 $\boldsymbol{K}_{\mathrm{p}i}$ 均为常数，并称 $M_{\mathrm{p}i}$ 为第 i 阶主质量，$K_{\mathrm{p}i}$ 为第 i 阶主刚度，它们取决于特征向量 $\boldsymbol{A}^{(i)}$ 是如何归一化的。

从式(4.2.25)～(4.2.28)表示的主振型正交关系中可以看出，在矩阵运算中，经常要用到式(4.2.19)的转置矩阵的各种表达形式

$$\boldsymbol{A}_{\mathrm{p}}^{\mathrm{T}}=(\boldsymbol{A}^{(1)}\boldsymbol{A}^{(2)}\cdots\boldsymbol{A}^{(n)})^{\mathrm{T}}=\begin{bmatrix}A_1^{(1)}&A_2^{(1)}&\cdots&A_n^{(1)}\\A_1^{(2)}&A_2^{(2)}&\cdots&A_n^{(2)}\\\vdots&\vdots&&\vdots\\A_1^{(n)}&A_2^{(n)}&\cdots&A_n^{(n)}\end{bmatrix}=\begin{Bmatrix}(\boldsymbol{A}^{(1)})^{\mathrm{T}}\\(\boldsymbol{A}^{(2)})^{\mathrm{T}}\\\vdots\\(\boldsymbol{A}^{(n)})^{\mathrm{T}}\end{Bmatrix}\tag{4.2.29}$$

联合式(4.2.25)与式(4.2.27)，得

$$\boldsymbol{A}_{\mathrm{p}}^{\mathrm{T}}\boldsymbol{MA}_{\mathrm{p}}=\boldsymbol{M}_{\mathrm{p}}\tag{4.2.30}$$

式中，$\boldsymbol{M}_{\mathrm{p}}$ 为对角矩阵，称为主质量矩阵。同样，将式(4.2.26)与式(4.2.28)组合在一起表述为

$$\boldsymbol{A}_{\mathrm{p}}^{\mathrm{T}}\boldsymbol{KA}_{\mathrm{p}}=\boldsymbol{K}_{\mathrm{p}}\tag{4.2.31}$$

式中，$\boldsymbol{K}_{\mathrm{p}}$ 为对角矩阵，称为主刚度矩阵。利用式(4.2.30)和式(4.2.31)就把矩阵 $\boldsymbol{M}$ 与 $\boldsymbol{K}$ 变换为对角矩阵。为了说明这一点，以三自由度系统为例对主振型进行上述运算。假设质量矩阵与刚度矩阵都是填满的而不是对角线的，根据式(4.2.30)有

$$\boldsymbol{A}_{\mathrm{p}}^{\mathrm{T}}\boldsymbol{MA}_{\mathrm{p}}=\begin{Bmatrix}(\boldsymbol{A}^{(1)})^{\mathrm{T}}\\(\boldsymbol{A}^{(2)})^{\mathrm{T}}\\(\boldsymbol{A}^{(3)})^{\mathrm{T}}\end{Bmatrix}\boldsymbol{M}(\boldsymbol{A}^{(1)}\boldsymbol{A}^{(2)}\boldsymbol{A}^{(3)})$$

$$
=\begin{pmatrix} (\boldsymbol{A}^{(1)})^{\mathrm{T}}\boldsymbol{M}\boldsymbol{A}^{(1)} & (\boldsymbol{A}^{(1)})^{\mathrm{T}}\boldsymbol{M}\boldsymbol{A}^{(2)} & (\boldsymbol{A}^{(1)})^{\mathrm{T}}\boldsymbol{M}\boldsymbol{A}^{(3)} \\ (\boldsymbol{A}^{(2)})^{\mathrm{T}}\boldsymbol{M}\boldsymbol{A}^{(1)} & (\boldsymbol{A}^{(2)})^{\mathrm{T}}\boldsymbol{M}\boldsymbol{A}^{(2)} & (\boldsymbol{A}^{(2)})^{\mathrm{T}}\boldsymbol{M}\boldsymbol{A}^{(3)} \\ (\boldsymbol{A}^{(3)})^{\mathrm{T}}\boldsymbol{M}\boldsymbol{A}^{(1)} & (\boldsymbol{A}^{(3)})^{\mathrm{T}}\boldsymbol{M}\boldsymbol{A}^{(2)} & (\boldsymbol{A}^{(3)})^{\mathrm{T}}\boldsymbol{M}\boldsymbol{A}^{(3)} \end{pmatrix}
$$

$$
=\begin{pmatrix} M_{\mathrm{p1}} & 0 & 0 \\ 0 & M_{\mathrm{p2}} & 0 \\ 0 & 0 & M_{\mathrm{p3}} \end{pmatrix}=\boldsymbol{M}_{\mathrm{p}} \tag{4.2.32}
$$

这里非主对角线各项元素由于主振型的正交性而等于零。位于主质量矩阵 $\boldsymbol{M}_{\mathrm{p}}$ 对角线上的各项就是相应于各固有频率的主质量。

对于刚度矩阵 $\boldsymbol{K}$，进行类似于上述运算后得出

$$
\boldsymbol{A}_{\mathrm{p}}^{\mathrm{T}}\boldsymbol{K}\boldsymbol{A}_{\mathrm{p}}=\begin{pmatrix} K_{\mathrm{p1}} & 0 & 0 \\ 0 & K_{\mathrm{p2}} & 0 \\ 0 & 0 & K_{\mathrm{p3}} \end{pmatrix}=\boldsymbol{K}_{\mathrm{p}} \tag{4.2.33}
$$

其中主对角线元素就是第 i 阶振型的主刚度 $K_{\mathrm{p}i}$。

根据方程式(4.2.20)，并考虑到 $\boldsymbol{A}_{\mathrm{p}}=(\boldsymbol{A}^{(1)}\boldsymbol{A}^{(2)}\boldsymbol{A}^{(3)})$，可以将 $1\leqslant i\leqslant n$ 各阶的式(4.2.20)与 $\boldsymbol{A}_{\mathrm{p}}=(\boldsymbol{A}^{(1)}\boldsymbol{A}^{(2)}\boldsymbol{A}^{(3)})$ 的关系概括地表达为

$$
\boldsymbol{K}\boldsymbol{A}_{p}=\boldsymbol{M}\boldsymbol{A}_{\mathrm{p}}\boldsymbol{\omega}_{n}^{2} \tag{4.2.34}
$$

式中，$\boldsymbol{\omega}_n^2$ 为一对角矩阵，称为特征值矩阵。式(4.2.34)展开可写成

$$
\boldsymbol{K}(\boldsymbol{A}^{(1)}\boldsymbol{A}^{(2)}\cdots\boldsymbol{A}^{(n)})=\boldsymbol{M}(\boldsymbol{A}^{(1)}\boldsymbol{A}^{(2)}\cdots\boldsymbol{A}^{(n)})\begin{pmatrix} \omega_{n1}^2 & 0 & \cdots & 0 \\ 0 & \omega_{n2}^2 & \cdots & 0 \\ \vdots & \vdots & & \vdots \\ 0 & 0 & \cdots & \omega_{nn}^2 \end{pmatrix} \tag{4.2.35}
$$

或 $\boldsymbol{K}(\boldsymbol{A}^{(1)} \quad \boldsymbol{A}^{(2)} \quad \cdots \quad \boldsymbol{A}^{(n)})=(\boldsymbol{M}\boldsymbol{A}^{(1)}\omega_{n1}^2 \quad \boldsymbol{M}\boldsymbol{A}^{(2)}\omega_{n2}^2 \quad \cdots \quad \boldsymbol{M}\boldsymbol{A}^{(n)}\omega_{nn}^2)$。

可见式(4.2.34)表达了式(4.2.20)当 $1\leqslant i\leqslant n$ 时的各阶情形。

用 $\boldsymbol{A}_{\mathrm{p}}^{\mathrm{T}}$ 左乘式(4.2.34)得

$$
\boldsymbol{A}_{\mathrm{p}}^{\mathrm{T}}\boldsymbol{K}\boldsymbol{A}_{\mathrm{p}}=\boldsymbol{A}_{\mathrm{p}}^{\mathrm{T}}\boldsymbol{M}\boldsymbol{A}_{\mathrm{p}}\boldsymbol{\omega}_{n}^{2} \tag{4.2.36}
$$

即

$$
\boldsymbol{K}_{\mathrm{p}}=\boldsymbol{M}_{\mathrm{p}}\boldsymbol{\omega}_{n}^{2} \tag{4.2.37}
$$

对于第 i 阶固有频率而言，有

$$
\begin{gathered} K_{\mathrm{p}i}=M_{\mathrm{p}i}\omega_{ni}^2 \\ \omega_{ni}^2=\frac{K_{\mathrm{p}i}}{M_{\mathrm{p}i}} \end{gathered} \tag{4.2.38}
$$

【例 4-5】 图 4-5 所示的三自由度系统，已知 $m_1=2m$，$m_2=1.5m$，$m_3=m$，$k_1=3k$，$k_2=2k$，$k_3=k$，模态矩阵为 $\boldsymbol{A}_{\mathrm{p}}$，验证主振型的正交性，并计算相应于各阶主振型的主质量和主刚度。

解　由已知条件可得系统的质量矩阵 $\boldsymbol{M}$ 和刚度矩阵 $\boldsymbol{K}$ 为

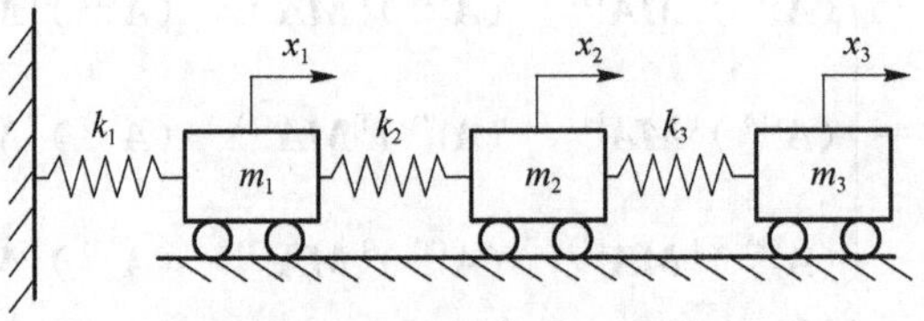

图 4-5　三自由度系统

$$\boldsymbol{M}=\begin{bmatrix}2m & 0 & 0\\ 0 & 1.5m & 0\\ 0 & 0 & m\end{bmatrix},\quad \boldsymbol{K}=\begin{bmatrix}5k & -2k & 0\\ -2k & 3k & -k\\ 0 & -k & k\end{bmatrix}$$

已知模态矩阵为

$$\boldsymbol{A}_{\mathrm{p}}=(\boldsymbol{A}^{(1)}\quad \boldsymbol{A}^{(2)}\quad \boldsymbol{A}^{(3)})=\begin{bmatrix}0.3018 & -0.6790 & -0.9598\\ 0.6485 & -0.6066 & 1.0000\\ 1.0000 & 1.0000 & -0.3934\end{bmatrix}$$

1）验证主振型的正交性。为了验证主振型的正交性，将主振型 $\boldsymbol{A}^{(1)}$ 和 $\boldsymbol{A}^{(2)}$ 代入式(4.2.27)和(4.2.28)有

$$(\boldsymbol{A}^{(1)})^{\mathrm{T}}\boldsymbol{M}\boldsymbol{A}^{(2)}=\begin{Bmatrix}0.3018\\ 0.6485\\ 1.0000\end{Bmatrix}^{\mathrm{T}}\begin{bmatrix}2m & 0 & 0\\ 0 & 1.5m & 0\\ 0 & 0 & m\end{bmatrix}\begin{Bmatrix}-0.6790\\ -0.6066\\ 1.0000\end{Bmatrix}=0$$

$$(\boldsymbol{A}^{(1)})^{\mathrm{T}}\boldsymbol{K}\boldsymbol{A}^{(2)}=\begin{Bmatrix}0.3018\\ 0.6485\\ 1.0000\end{Bmatrix}^{\mathrm{T}}\begin{bmatrix}5k & -2k & 0\\ -2k & 3k & -k\\ 0 & -k & k\end{bmatrix}\begin{Bmatrix}-0.6790\\ -0.6066\\ 1.0000\end{Bmatrix}=0$$

满足正交条件。其他 $i\neq j$ 的所有情况均可验证。

2）计算各振型的主质量和主刚度。对应于第一阶主振型的主质量和主刚度为

$$\boldsymbol{M}_{\mathrm{p1}}=(\boldsymbol{A}^{(1)})^{\mathrm{T}}\boldsymbol{M}\boldsymbol{A}^{(1)}$$

$$=(0.3018\quad 0.6485\quad 1.0000)m\begin{bmatrix}2 & 0 & 0\\ 0 & 1.5 & 0\\ 0 & 0 & 1\end{bmatrix}\begin{Bmatrix}0.3018\\ 0.6485\\ 1.0000\end{Bmatrix}=1.8130m$$

$$\boldsymbol{K}_{\mathrm{p1}}=(\boldsymbol{A}^{(1)})^{\mathrm{T}}\boldsymbol{K}\boldsymbol{A}^{(1)}$$

$$=(0.3018\quad 0.6485\quad 1.0000)k\begin{bmatrix}5 & -2 & 0\\ -2 & 3 & -1\\ 0 & -1 & 1\end{bmatrix}\begin{Bmatrix}0.3018\\ 0.6485\\ 1.0000\end{Bmatrix}=0.6372k$$

同样，对应于第二阶主振型的主质量和主刚度为

$$M_{p2}=(A^{(2)})^{T}MA^{(2)}=2.4740m$$

$$K_{p2}=(A^{(2)})^{T}KA^{(2)}=3.9748k$$

同样，对应于第三阶主振型的主质量和主刚度为

$$M_{p3}=(A^{(3)})^{T}MA^{(3)}=3.4972m$$

$$K_{p3}=(A^{(3)})^{T}KA^{(3)}=12.3868k$$

由此可知，系统的主质量矩阵和主刚度矩阵分别为

$$M_p=\begin{bmatrix}1.8130m & 0 & 0\\ 0 & 2.4740m & 0\\ 0 & 0 & 3.4972m\end{bmatrix}$$

$$K_p=\begin{bmatrix}0.6372k & 0 & 0\\ 0 & 3.9748k & 0\\ 0 & 0 & 12.3868k\end{bmatrix}$$

4.3　多自由度系统的受迫振动

图 4-6 所示为无阻尼多自由度受迫振动系统。假如在各位移坐标 x_1、x_2、…、x_n 上均作用有激振力，则无阻尼受迫振动系统的作用力方程为

$$M\ddot{X}+KX=F \tag{4.3.1}$$

式中，F 为激励力向量，它可以是简谐的、周期的和任意的激振函数。

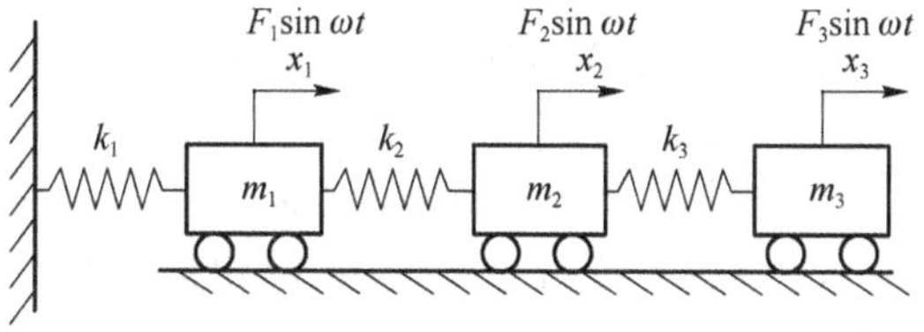

图 4-6　无阻尼多自由度受迫振动系统

4.3.1　无阻尼多自由度系统对简谐激振的响应

假定图 4-6 各位移坐标上作用的激振力为同频率、同相位的简谐力，则无阻尼受迫振动方程可写为

$$M\ddot{X}+KX=F\sin\omega t \tag{4.3.2}$$

式中，F 为激振力幅值矩阵，$F=(F_1\quad F_2\quad \cdots\quad F_n)^T$。

式(4.3.2)为 n 个方程的方程组，而且是互相耦联的方程组。为了便于求解，解除方程组的耦联，需将方程式(4.3.2)变换为主坐标。用振型矩阵的转置矩阵 A_p^T 左乘方程两边，并将 $X=A_pX_p$ 及 $\ddot{X}=A_p\ddot{X}_p$ 代入，得

$$\boldsymbol{A}_p^T\boldsymbol{M}\boldsymbol{A}_p\ddot{\boldsymbol{X}}_p+\boldsymbol{A}_p^T\boldsymbol{K}\boldsymbol{A}_p\boldsymbol{X}_p=\boldsymbol{A}_p^T\boldsymbol{F}\sin\omega t \tag{4.3.3}$$

或写成

$$\boldsymbol{M}_p\ddot{\boldsymbol{X}}_p+\boldsymbol{K}_p\boldsymbol{X}_p=\boldsymbol{F}_p\sin\omega t \tag{4.3.4}$$

式中其他符号同前，而 $\boldsymbol{F}_p$ 是用主坐标表示的激振力幅值列阵，其值可由下式确定：

$$\boldsymbol{F}_p=\boldsymbol{A}_p^T\boldsymbol{F} \tag{4.3.5}$$

写成展开形式为

$$\begin{Bmatrix}F_{p1}\\F_{p2}\\\vdots\\F_{pn}\end{Bmatrix}=\begin{bmatrix}A_1^{(1)} & A_2^{(1)} & \cdots & A_n^{(1)}\\A_1^{(2)} & A_2^{(2)} & \cdots & A_n^{(2)}\\\vdots & \vdots & & \vdots\\A_1^{(n)} & A_2^{(n)} & \cdots & A_n^{(n)}\end{bmatrix}\begin{Bmatrix}F_1\\F_2\\\vdots\\F_n\end{Bmatrix}=\begin{Bmatrix}A_1^{(1)}F_1+A_2^{(1)}F_2+\cdots+A_n^{(1)}F_n\\A_1^{(2)}F_1+A_2^{(2)}F_2+\cdots+A_n^{(2)}F_n\\\vdots\\A_1^{(n)}F_1+A_2^{(n)}F_2+\cdots+A_n^{(n)}F_n\end{Bmatrix} \tag{4.3.6}$$

如果用正则振型矩阵 $\boldsymbol{A}_N$ 代替 $\boldsymbol{A}_p$，则式(4.3.5)变为

$$\boldsymbol{F}_N=\boldsymbol{A}_N^T\boldsymbol{F} \tag{4.3.7}$$

进而按正则坐标，方程式(4.3.4)有下面形式：

$$\boldsymbol{I}\ddot{\boldsymbol{X}}_N+\boldsymbol{\omega}_n^2\boldsymbol{X}_N=\boldsymbol{F}_N\sin\omega t \tag{4.3.8}$$

式(4.3.8)还可写成

$$\ddot{x}_{Ni}+\omega_{ni}^2x_{Ni}=f_{Ni}\sin\omega t\quad(i=1,2,3,\cdots,n) \tag{4.3.9}$$

式中第 i 个激振力幅值为

$$\boldsymbol{f}_{Ni}=\boldsymbol{A}_{N1}^{(i)}\boldsymbol{F}_1+\boldsymbol{A}_{N2}^{(i)}\boldsymbol{F}_2+\cdots+\boldsymbol{A}_{Nn}^{(i)}\boldsymbol{F}_n \tag{4.3.10}$$

式(4.3.9)表示的 n 个独立方程具有与单自由度系统相同的形式，因而可以用单自由度系统受迫振动的结果求出每个方程正则坐标下的响应

$$x_{Ni}=\frac{f_{Ni}}{\omega_{ni}}\times\frac{1}{1-(\omega/\omega_{ni})^2}\sin\omega t\quad(i=1,2,3,\cdots,n) \tag{4.3.11}$$

或写成

$$\boldsymbol{X}_N=\begin{Bmatrix}x_{N1}\\x_{N2}\\\vdots\\x_{Nn}\end{Bmatrix}=\begin{Bmatrix}f_{N1}/(\omega_{n1}^2-\omega^2)\\f_{N2}/(\omega_{n2}^2-\omega^2)\\\vdots\\f_{Nn}/(\omega_{nn}^2-\omega^2)\end{Bmatrix}\sin\omega t \tag{4.3.12}$$

求出 $\boldsymbol{X}_N$ 后，按关系式 $\boldsymbol{X}=\boldsymbol{A}_N\boldsymbol{X}_N$ 进行坐标变换，求出原坐标的响应。从式(4.3.11)或式(4.3.12)可以看出，当激振频率 ω 与系统第 i 阶固有频率 ω_{ni} 值比较接近时，即 $\omega/\omega_{ni}=1$，第 i 阶正则坐标 x_{Ni} 的稳态受迫振动的振幅值变得很大，与单自由度系统的共振现象类似。因此，对于 n 个自由度系统的 n 个不同的固有频率，可以出现 n 个频率不同的共振现象。

【例 4-6】 假定图 4-5 所示系统的 m_2 质量上作用有简谐激振力 $F_2\sin\omega t$，试计算系统的响应。

解 为简化计算，给出固有频率与正则振型矩阵

$$\omega_{n1}^2=0.3515\,\frac{k}{m},\quad\omega_{n2}^2=1.6066\,\frac{k}{m},\quad\omega_{n3}^2=3.5419\,\frac{k}{m}$$

$$\boldsymbol{A}_N=\frac{1}{\sqrt{m}}\begin{bmatrix}0.2242 & -0.4317 & -0.5132\\0.4816 & -0.3857 & 0.5348\\0.7427 & 0.6358 & -0.2104\end{bmatrix}$$

正则坐标表示的激振力幅值 $\boldsymbol{F}_{\mathrm{N}}$ 为

$$\boldsymbol{F}_{\mathrm{N}}=\boldsymbol{A}_{\mathrm{N}}^{\mathrm{T}}\boldsymbol{F}=\frac{1}{\sqrt{m}}\begin{bmatrix}0.2242 & 0.4816 & 0.7427\\ -0.4317 & -0.3857 & 0.6358\\ -0.5132 & 0.5348 & -0.2104\end{bmatrix}\begin{Bmatrix}0\\ F_2\\ 0\end{Bmatrix}=\frac{F_2}{\sqrt{m}}\begin{Bmatrix}0.4816\\ -0.3857\\ 0.5348\end{Bmatrix}$$

正则坐标的响应为

$$\boldsymbol{X}_{\mathrm{N}}=\begin{Bmatrix}x_{\mathrm{N1}}\\ x_{\mathrm{N2}}\\ x_{\mathrm{N3}}\end{Bmatrix}=\begin{Bmatrix}f_{\mathrm{N1}}/(\omega_{n1}^2-\omega^2)\\ f_{\mathrm{N2}}/(\omega_{n2}^2-\omega^2)\\ f_{\mathrm{N3}}/(\omega_{n3}^2-\omega^2)\end{Bmatrix}\sin\omega t$$

式中，$f_{\mathrm{N1}}=0.4816\dfrac{F_2}{\sqrt{m}}$，$f_{\mathrm{N2}}=-0.3857\dfrac{F_2}{\sqrt{m}}$，$f_{\mathrm{N3}}=0.5348\dfrac{F_2}{\sqrt{m}}$。

变换回原坐标为

$$\boldsymbol{X}=\boldsymbol{A}_{\mathrm{N}}\boldsymbol{X}_{\mathrm{N}}=\frac{1}{\sqrt{m}}\begin{pmatrix}0.2242 & -0.4317 & -0.5132\\ 0.4816 & -0.3857 & 0.5348\\ 0.7427 & 0.6358 & -0.2104\end{pmatrix}\times\frac{F_2}{\sqrt{m}}\begin{Bmatrix}0.4816/(\omega_{n1}^2-\omega^2)\\ -0.3857/(\omega_{n1}^2-\omega^2)\\ 0.5348/(\omega_{nl}^2-\omega^2)\end{Bmatrix}\sin\omega t$$

$$=\frac{F_2}{m}\begin{Bmatrix}0.1080/(\omega_{n1}^2-\omega^2)+0.1665/(\omega_{n2}^2-\omega^2)-0.2745/(\omega_{n3}^2-\omega^2)\\ 0.2319/(\omega_{n1}^2-\omega^2)+0.1488/(\omega_{n2}^2-\omega^2)+0.2860/(\omega_{n3}^2-\omega^2)\\ 0.3577/(\omega_{n1}^2-\omega^2)-0.2452/(\omega_{n2}^2-\omega^2)-0.1125/(\omega_{n3}^2-\omega^2)\end{Bmatrix}\sin\omega t$$

若激振力为非简谐周期激振函数，应将激振函数展开成傅里叶级数，然后仍可按振型叠加法如同上述步骤进行求解。

4.3.2　有阻尼多自由度系统对简谐激振的响应

如果系统具有一定的阻尼且激振频率接近于系统的固有频率，则阻尼起着非常显著的抑制共振振幅的作用，因此在系统的共振分析中，就必须考虑阻尼的影响。由于阻尼本身的复杂性，人们对它的机理的研究至今还不充分，因此，通常只是对小阻尼的情况做近似的计算。

图 4－7 所示为具有黏性阻尼的 n 自由度受迫振动系统，受任意激励时的运动方程为

$$\boldsymbol{M}\ddot{\boldsymbol{X}}+\boldsymbol{C}\dot{\boldsymbol{X}}+\boldsymbol{K}\boldsymbol{X}=\boldsymbol{F} \tag{4.3.13}$$

其中，质量矩阵 $\boldsymbol{M}$、刚度矩阵 $\boldsymbol{K}$ 及激振力列阵 $\boldsymbol{F}$ 的意义如前所述。而且阻尼矩阵 $\boldsymbol{C}$ 的形式为

$$\boldsymbol{C}=\begin{bmatrix}C_{11} & C_{12} & \cdots & C_{1n}\\ C_{21} & C_{22} & \cdots & C_{2n}\\ \vdots & \vdots & & \vdots\\ C_{n1} & C_{n2} & \cdots & C_{nn}\end{bmatrix} \tag{4.3.14}$$

其中各元素 C_{ij} 称为阻尼影响系数。通常情况下，矩阵 $\boldsymbol{C}$ 也是对称阵，而且一般都是正定(或半正定)的。

系统引入了阻尼，使振动分析变得十分复杂。如果引入正则坐标 $\boldsymbol{X}_{\mathrm{N}}$，则式(4.3.13)变为

$$\boldsymbol{I}\ddot{\boldsymbol{X}}_{\mathrm{N}}+\boldsymbol{C}_{\mathrm{N}}\ddot{\boldsymbol{X}}_{\mathrm{N}}+\boldsymbol{K}_{\mathrm{N}}\boldsymbol{X}_{\mathrm{N}}=\boldsymbol{F}_{\mathrm{N}} \tag{4.3.15}$$

式中，$\boldsymbol{C}_{\mathrm{N}}$ 是正则坐标下的阻尼矩阵，称为正则阻尼矩阵，即

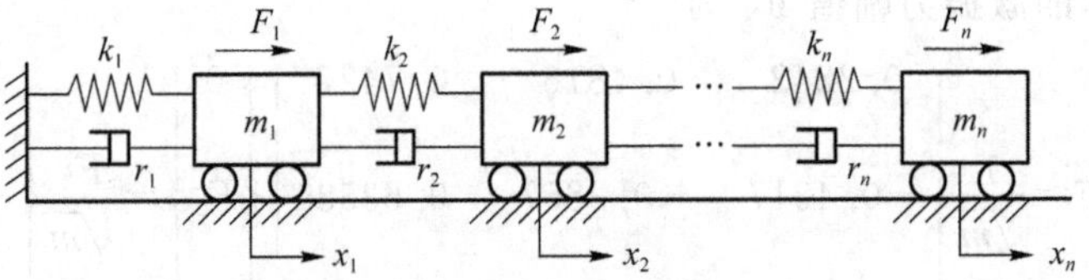

图 4-7 具有黏性阻尼的多自由度受迫振动系统

$$C_N = A_N^T C A_N = \begin{bmatrix} C_{N11} & C_{N12} & \cdots & C_{N1n} \\ C_{N21} & C_{N22} & \cdots & C_{N2n} \\ \vdots & \vdots & & \vdots \\ C_{Nn1} & C_{N22} & \cdots & C_{Nnn} \end{bmatrix} \tag{4.3.16}$$

一般来说，C_N 不是对角线矩阵，因此，式(4.3.15)仍是一组通过 $\ddot{X}_n$ 速度项互相耦联的微分方程式。为了使方程组解耦，工程上常采用比例阻尼和振型阻尼。

1. 比例阻尼

比例阻尼是指阻尼矩阵 C 与质量矩阵 M 或刚度矩阵 K 成比例，或者正比于它们两者的线性组合，即

$$C = \alpha M + \beta K \tag{4.3.17}$$

式中，α，β 为正的比例常数，由实验测定。

对式(4.3.13)进行模态坐标变换，有

$$A_N^T A_N \ddot{X}_N + A_N^T C A_N \dot{X}_N + A_N^T K A_N X_N = A_N^T F$$

即

$$M_N \ddot{X}_N + C_N \dot{X}_N + K_N X_N = F_N \tag{4.3.18}$$

在比例阻尼情况下，当坐标变换为正则坐标时，正则坐标下的阻尼矩阵 R_N 是一个对角线矩阵，即有

$$\begin{aligned} C_N &= \alpha M_N + \beta K_N \\ &= \alpha I + \beta \omega_n^2 \\ &= \begin{bmatrix} \alpha+\beta\omega_{n1}^2 & 0 & \cdots & 0 \\ 0 & \alpha+\beta\omega_{n2}^2 & \cdots & 0 \\ \vdots & \vdots & & \vdots \\ 0 & 0 & \cdots & \alpha+\beta\omega_{nn}^2 \end{bmatrix} \end{aligned} \tag{4.3.19}$$

这样，就将方程式(4.3.13)分解为 n 个相互独立的二阶常系数线性微分方程式，于是方程式(4.3.18)可写成

$$\ddot{X}_N + C_N \dot{X}_N + \omega_n^2 X_N = F_N \tag{4.3.20}$$

由式(4.3.20)，正则坐标表示的第 i 阶运动方程为

$$\ddot{x}_{Ni} + C_{Ni} \dot{x}_{Ni} + \omega_{ni}^2 x_{Ni} = f_{Ni} \quad (i=1,2,\cdots,n) \tag{4.3.21}$$

由式(4.3.19)的定义，式(4.3.21)可写成

$$\ddot{x}_{Ni} + (\alpha+\beta\omega_{ni}^2)\dot{x}_{Ni} + \omega_{ni}^2 x_{Ni} = f_{Ni} \quad (i=1,2,\cdots,n) \tag{4.3.22}$$

式中，x_{Ni} 为第 i 个正则坐标；ω_{ni} 为第 i 阶固有频率；f_{Ni} 为对应于第 i 个正则坐标的广义激振力。

必须注意，当引入比例阻尼时，方程组得以解耦，但这只是 C 与 M 和 K 的线性组合成比

例的一种特殊情况。

2. 振型阻尼

比例阻尼只是使 C_N 成为对角线矩阵的一种特殊情况。工程中的大多数场合，C_N 都不是对角线矩阵，但是工程上大多数振动系统中阻尼都比较小，而且由于各种阻尼比较复杂，精确测定阻尼的大小也还有很多困难。因此，为使正则阻尼矩阵 C_N 对角线化，最简单的办法就是将式(4.3.16)中非对角线元素的值改为零，保留对角上各元素的原有数值，这样式(4.3.16)可写成

$$\boldsymbol{C}_N \approx \overline{\boldsymbol{C}}_N = \begin{bmatrix} \boldsymbol{C}_{N11} & 0 & \cdots & 0 \\ 0 & \boldsymbol{C}_{N22} & \cdots & 0 \\ \vdots & \vdots & & \vdots \\ 0 & 0 & \cdots & \boldsymbol{C}_{Nnn} \end{bmatrix} \tag{4.3.23}$$

只要系统中的阻尼比较小，且系统的各固有频率值彼此不等又有一定间隔，按照上述处理，通常可获得很好的近似解。这样，就把振型叠加法有效地推广到有阻尼的多自由度系统的振动问题的分析求解。

将式(4.3.23)代入式(4.3.20)中，得

$$\ddot{\boldsymbol{X}}_N + \overline{\boldsymbol{C}}_N \dot{\boldsymbol{X}}_N + \boldsymbol{\omega}_n^2 \boldsymbol{X}_N = \boldsymbol{F}_N \tag{4.3.24}$$

或

$$\ddot{x}_{Ni} + C_{Nii}\dot{x}_{Ni} + \omega_{ni}^2 x_{Ni} = f_{Ni} \quad (i=1,2,\cdots,n) \tag{4.3.25}$$

式中，$C_{Nii}=2m_i n_{Ni}$，其中 n_{Ni} 为第 i 阶正则振型的衰减系数。在实际进行振动分析时，通常用实验或实测给出各阶振型的阻尼比 ζ_{ii}。实测结果表明，各阶振型的阻尼比 ζ_{ii} 数量级相同，高阶振型的数值略大些，这样，式(4.3.25)可写成

$$\begin{gathered} \ddot{x}_{Ni} + 2n_{Ni}\dot{x}_{Ni} + \omega_{ni}^2 x_{Ni} = f_{Ni} \\ \ddot{x}_{Ni} + 2\zeta_{ii}\omega_{ni}\dot{x}_{Ni} + \omega_{ni}^2 x_{Ni} = f_{Ni} \end{gathered} \tag{4.3.26}$$

式中，$\zeta_{ii}=n_{Ni}/\omega_{ni}$，称为第 i 阶正则坐标振型的阻尼比。对于小阻尼系统，通常规定所有振型的阻尼比均在[0,0.2]范围内。为简单起见，通常还假定各阶振型的阻尼比是相同的，即 $\zeta_{ii}=\zeta$，这时方程式(4.3.26)可写成

$$\ddot{x}_{Ni} + 2\zeta\omega_{ni}\dot{x}_{Ni} + \omega_{ni}^2 x_{Ni} = f_{Ni} \quad (i=1,2,\cdots,n) \tag{4.3.27}$$

应注意，若实测出第 i 阶正则振型的阻尼比 ζ_{ii} 值，则可按式(4.3.26)进行计算；若假设各阶振型的阻尼比相等，则可按式(4.3.27)进行计算。这就省去了对原坐标的阻尼矩阵 $\boldsymbol{C}$ 的计算或实测。假如需要对系统用原坐标表示的运动方程式直接求解，可由已确定的 $\overline{\boldsymbol{C}}_N$ 计算出 $\boldsymbol{C}$，即把 $\overline{\boldsymbol{C}}_N$ 看作 C_N，利用式(4.3.26)则有

$$\overline{\boldsymbol{C}}_N = \boldsymbol{A}_N^{T}\boldsymbol{C}\boldsymbol{A}_N \tag{4.3.28}$$

由式(4.3.28)有

$$\boldsymbol{C} = (\boldsymbol{A}_N^{T})^{-1}\overline{\boldsymbol{C}}_N\boldsymbol{A}_N^{-1} \tag{4.3.29}$$

再根据 $\boldsymbol{A}_N^{-1}=\boldsymbol{A}_N^{T}\boldsymbol{M}$，可得

$$\overline{\boldsymbol{C}}_N = \begin{bmatrix} C_{N11} & 0 & \cdots & 0 \\ 0 & C_{N22} & \cdots & 0 \\ \vdots & \vdots & & \vdots \\ 0 & 0 & \cdots & C_{Nnn} \end{bmatrix} = \begin{bmatrix} 2\zeta_{11}\omega_{n1} & 0 & \cdots & 0 \\ 0 & 2\zeta_{22}\omega_{n2} & \cdots & 0 \\ \vdots & \vdots & & \vdots \\ 0 & 0 & \cdots & 2\zeta_{nn}\omega_{nn} \end{bmatrix} \tag{4.3.30}$$

将式(4.3.30)代入式(4.4.29),则得

$$C=M\left(\sum_{i=I}^{n}2\zeta_{ii}\omega_{ni}A_{\mathrm{N}}^{(i)}\ (A_{\mathrm{N}}^{(i)})^{\mathrm{T}}M\right) \tag{4.3.31}$$

从式(4.3.31)中可以明显地看出各阶振型阻尼对阻尼矩阵 C 的作用。

3. 简谐激励的响应

对于一个小阻尼系统,当各坐标上作用的激振力均与谐函数 $\sin\omega t$ 成比例时,系统的受迫振动方程式为

$$M\ddot{X}+C\dot{X}+KX=F\sin\omega t \tag{4.3.32}$$

根据正则坐标,式(4.3.32)可变换为下列形式:

$$\ddot{x}_{\mathrm{N}i}+2n_i\dot{x}_{\mathrm{N}i}+\omega_{ni}^2x_{\mathrm{N}i}=f_{\mathrm{N}i}\sin\omega t\quad(i=1,2,\cdots,n) \tag{4.3.33}$$

式中,$f_{\mathrm{N}i}$ 为广义激振力幅值;n_i 由下式确定:

① 比例阻尼,$n_i=(\alpha+\beta\omega_{ni}^2)/2$;

② 振型阻尼,$n_i=\zeta_{ii}\omega_{ni}$。

从而,可按单自由度系统的计算方法求出每个正则坐标的稳态响应为

$$x_{\mathrm{N}i}=\frac{f_{\mathrm{N}i}}{\omega_{ni}^2}\beta_i\sin(\omega t-\psi_i) \tag{4.3.34}$$

其中,β_i 为放大因子,其值为

$$\beta_i=\frac{1}{\sqrt{(1-\omega^2/\omega_{ni}^2)^2+(2\zeta_{ii}\omega/\omega_{ni})^2}} \tag{4.3.35}$$

相位角 ψ_i 为

$$\psi_i=\arctan\frac{2\zeta_{ii}\omega/\omega_{ni}}{1-(\omega/\omega_{ni})^2} \tag{4.3.36}$$

再利用关系式 $X=A_{\mathrm{N}}X_{\mathrm{N}}$,得系统原坐标的稳态响应为

$$X=A_{\mathrm{N}}^{(1)}x_{\mathrm{N}1}+A_{\mathrm{N}}^{(2)}x_{\mathrm{N}2}+\cdots+A_{\mathrm{N}}^{(n)}x_{\mathrm{N}n} \tag{4.3.37}$$

或写成

$$\begin{Bmatrix}x_1\\x_2\\\vdots\\x_n\end{Bmatrix}=x_{\mathrm{N}1}\begin{Bmatrix}A_{\mathrm{N}1}^{(1)}\\A_{\mathrm{N}2}^{(1)}\\\vdots\\A_{\mathrm{N}n}^{(1)}\end{Bmatrix}+x_{\mathrm{N}2}\begin{Bmatrix}A_{\mathrm{N}1}^{(2)}\\A_{\mathrm{N}2}^{(2)}\\\vdots\\A_{\mathrm{N}n}^{(2)}\end{Bmatrix}+\cdots+x_{\mathrm{N}n}\begin{Bmatrix}A_{\mathrm{N}1}^{(n)}\\A_{\mathrm{N}2}^{(n)}\\\vdots\\A_{\mathrm{N}n}^{(n)}\end{Bmatrix} \tag{4.3.38}$$

【例 4-7】 在图 4-7 所示的系统中,当 $n=3$ 时,在质量 m_1、m_2、m_3 上作用的激振力分别为 $F_1=F_2=F_3=F\sin\omega t$。假定振型阻尼比 $\zeta_i=0.02(i=1,2,3)$,取 $m_1=m_2=m_3=m$ 及 $k_1=k_2=k_3=k$,试求当激振频率 $\omega=1.25\sqrt{k/m}$ 时各质量的稳态响应。

解 首先求解系统的固有频率和主振型。该系统无阻尼自由振动微分方程为

$$M\ddot{X}+KX=O$$

$$M=\begin{pmatrix}m&0&0\\0&m&0\\0&0&m\end{pmatrix},\quad K=\begin{pmatrix}2k&-k&0\\-k&2k&-k\\0&-k&k\end{pmatrix}$$

则系统的特征方程为

$$\begin{vmatrix} 2k-m\omega_{ni}^2 & -k & 0 \\ -k & 2k-m\omega_{ni}^2 & -k \\ 0 & -k & 2k-m\omega_{ni}^2 \end{vmatrix}$$

展开后得

$$(\omega_{ni}^2)^3-5\left(\frac{k}{m}\right)(\omega_{ni}^2)^2+6\left(\frac{k}{m}\right)^2\omega_{ni}^2-\left(\frac{k}{m}\right)^3=0$$

求解上式，得

$$\omega_{n1}^2=0.198\,\frac{k}{m},\quad \omega_{n2}^2=1.555\,\frac{k}{m},\quad \omega_{n3}^2=3.247\,\frac{k}{m}$$

特征向量为

$$\boldsymbol{A}^{(1)}=\begin{Bmatrix}1.000\\1.802\\2.247\end{Bmatrix},\quad \boldsymbol{A}^{(2)}=\begin{Bmatrix}1.000\\0.445\\-0.802\end{Bmatrix},\quad \boldsymbol{A}^{(3)}=\begin{Bmatrix}1.000\\-1.247\\0.555\end{Bmatrix}$$

则振型矩阵为

$$\boldsymbol{A}_{\mathrm{p}}=(\boldsymbol{A}^{(1)}\quad \boldsymbol{A}^{(2)}\quad \boldsymbol{A}^{(3)})=\begin{pmatrix}1.000 & 1.000 & 1.000\\1.802 & 0.445 & -1.247\\2.247 & -0.802 & 0.555\end{pmatrix}$$

用正则化因子除 $\boldsymbol{A}_p$ 中相应列后，得正则振型矩阵为

$$\boldsymbol{A}_{\mathrm{N}}=\frac{1}{\sqrt{m}}\begin{pmatrix}0.328 & 0.737 & 0.591\\0.591 & 0.328 & -0.737\\0.737 & -0.591 & 0.328\end{pmatrix}$$

正则坐标下的激振力向量为

$$\boldsymbol{F}_{\mathrm{N}}=\boldsymbol{A}_{\mathrm{N}}^{\mathrm{T}}\boldsymbol{F}=\frac{1}{\sqrt{m}}\begin{Bmatrix}1.656\\0.474\\0.182\end{Bmatrix}F\sin\omega t$$

由式(4.3.35)计算放大因子为：$\beta_1=0.145$，$\beta_2=24.761$，$\beta_3=1.925$。

由式(4.3.36)计算相位角为：$\psi_1=179°4'$，$\psi_1=96°52'$，$\psi_1=3°4'$。

正则坐标下的稳态解为：

$$x_{\mathrm{N1}}=1.213\,\frac{F\sqrt{m}}{k}\sin(\omega t-179°4')$$

$$x_{\mathrm{N2}}=7.548\,\frac{F\sqrt{m}}{k}\sin(\omega t-96°52')$$

$$x_{\mathrm{N3}}=0.108\,\frac{F\sqrt{m}}{k}\sin(\omega t-3°4')$$

转化为原坐标下的稳态响应为

$$\boldsymbol{X}=\begin{Bmatrix}x_1\\x_2\\x_3\end{Bmatrix}=x_{\mathrm{N1}}\begin{Bmatrix}A_{\mathrm{N1}}^{(1)}\\A_{\mathrm{N2}}^{(1)}\\A_{\mathrm{N3}}^{(1)}\end{Bmatrix}+x_{\mathrm{N2}}\begin{Bmatrix}A_{\mathrm{N1}}^{(2)}\\A_{\mathrm{N2}}^{(2)}\\A_{\mathrm{N3}}^{(2)}\end{Bmatrix}+x_{\mathrm{N3}}\begin{Bmatrix}A_{\mathrm{N1}}^{(3)}\\A_{\mathrm{N2}}^{(3)}\\A_{\mathrm{N3}}^{(3)}\end{Bmatrix}$$

$$=\frac{F}{k}\begin{Bmatrix}0.398\sin(\omega t-179°4')+5.563\sin(\omega t-96°52')+0.064\sin(\omega t-3°4')\\0.717\sin(\omega t-179°4')+2.476\sin(\omega t-96°52')-0.080\sin(\omega t-3°4')\\0.894\sin(\omega t-179°4')-4.461\sin(\omega t-96°52')+0.035\sin(\omega t-3°4')\end{Bmatrix}$$

由以上结果可以看出，第二阶主振型的响应占主要部分，而第一、第三阶主振型的响应则很小。

4. 周期激励的响应

当小阻尼系统各坐标上作用有周期函数 $f(t)$ 成比例的激振力时，激振力向量可写成

$$\boldsymbol{F}(t)=\begin{Bmatrix}F_1\\F_2\\\vdots\\F_n\end{Bmatrix}f(t) \tag{4.3.39}$$

周期函数 $f(t)$ 可展成傅里叶级数：

$$f(t)=a_0+\sum_{j=1}^{m}\left[a_j\cos(j\omega t)+b_j\sin(j\omega t)\right]\quad(j=1,2,\cdots,n) \tag{4.3.40}$$

式中，a_0，a_j，b_j 为傅氏系数。

在周期激振力作用下的振动方程，变换为正则坐标后，可得出与式(4.3.33)类似的 n 个独立方程

$$\ddot{x}_{Ni}+2n_i\dot{x}_{Ni}+\omega_{ni}^2x_{Ni}=f_{Ni}f(t)\quad(i=1,2,\cdots,n) \tag{4.3.41}$$

按正则坐标，其第 i 阶的有阻尼稳态响应为

$$x_{Ni}=\frac{f_{Ni}}{\omega_{ni}^2}\left\{a_0+\sum_{j=1}^{m}\beta_{ij}\left[a_j\cos(j\omega t-\psi_{ij})+b_j\sin(j\omega t-\psi_{ij})\right]\right\} \tag{4.3.42}$$

$$(i=1,2,\cdots,n;j=1,2,\cdots,m)$$

式中，放大因子 β_{ij} 为

$$\beta_{ij}=\frac{1}{\sqrt{(1-j^2\omega^2/\omega_{ni}^2)^2+(2\zeta_{ii}j\omega/\omega_{ni})^2}} \tag{4.3.43}$$

相位角 ψ_{ij} 为

$$\psi_{ij}=\arctan\frac{2\zeta_{ij}j\omega/\omega_{ni}}{1-(j\omega/\omega_{ni})^2} \tag{4.3.44}$$

从式(4.3.42)可以看出，对于任意阶(如第 i 阶)正则坐标的响应，是多个具有不同频率的激振力引起的响应的叠加，因而周期性激振函数产生共振的可能性要比简谐函数大得多。所以，很难预料各振型中哪一个振型将受到激振力的强烈影响。但是，当激振力函数展成傅里叶级数之后，每个 $j\omega$ 激振频率可以和每个固有频率 ω_{ni} 相比较，从而可以预测出强烈振动所在。

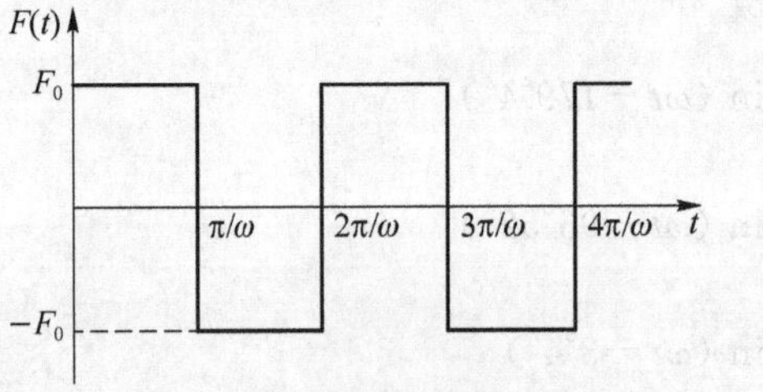

图 4-8　矩形波周期性激振力函数

【例 4-8】 图 4-8 所示为一矩形波的周期性激振力函数，如果该施力函数作用于例 4-7的第一个质量上，并已知振型阻尼 $\zeta_{ii}=\zeta_{11}=\zeta_{22}=\zeta_{33}=\zeta$，求系统的稳态响应。

解　将该矩形波函数展开为傅里叶级数

$$F(t)=a_0+\sum_{j=1}^{m}\left[a_j\cos(j\omega t)+b_j\sin(j\omega t)\right]$$

$$a_0=0,a_j=0,b_j=\frac{2F_0}{\pi j}\left[1-(-1)^j\right]\quad(j=1,2,\cdots,m)$$

得

$$F_1(t)=\frac{4F_0}{\pi}\left[\sin(\omega t)+\frac{1}{3}\sin(3\omega t)+\frac{1}{5}\sin(5\omega t)+\cdots\right]=\frac{4F_0}{\pi}f(t)$$

则激振力列阵为

$$\boldsymbol{F}(t)=\begin{Bmatrix}4F_0/\pi\\0\\0\end{Bmatrix}f(t)$$

按正则坐标的激振力向量为

$$\boldsymbol{F}_N=\boldsymbol{A}_N^{\mathrm{T}}\boldsymbol{F}(t)=\frac{4F_0}{\pi\sqrt{m}}\begin{Bmatrix}0.328\\0.737\\0.591\end{Bmatrix}f(t)$$

放大因子为

$$\beta_{11}=\frac{1}{\sqrt{(1-\omega^2/\omega_{n1}^2)^2+(2\zeta\omega/\omega_{n1})^2}}$$

$$\beta_{13}=\frac{1}{\sqrt{(1-9\omega^2/\omega_{n1}^2)^2+(2\zeta)^2(3\omega/\omega_{n1})^2}}$$

$$\vdots$$

相位角为

$$\psi_{11}=\arctan\frac{2\zeta\omega/\omega_{n1}}{1-(\omega/\omega_{n1})^2}$$

$$\psi_{13}=\arctan\frac{2\zeta\times3\omega/\omega_{n1}}{1-(3\omega/\omega_{n1})^2}$$

$$\vdots$$

进而求得正则坐标下的稳态响应为

$$x_{\mathrm{N1}}=\frac{0.328}{\omega_{n1}^2\sqrt{m}}\times\frac{4F_0}{\pi}\left[\beta_{11}\sin(\omega t-\psi_{11})+\frac{\beta_{13}}{3}\sin(3\omega t-\psi_{13})+\cdots\right]=\frac{1.657\sqrt{m}}{k}\times\frac{4F_0}{\pi}\varphi_1(t)$$

$$x_{\mathrm{N2}}=\frac{0.737}{\omega_{n2}^2\sqrt{m}}\times\frac{4F_0}{\pi}\left[\beta_{21}\sin(\omega t-\psi_{21})+\frac{\beta_{23}}{3}\sin(3\omega t-\psi_{23})+\cdots\right]=\frac{0.474\sqrt{m}}{k}\times\frac{4F_0}{\pi}\varphi_2(t)$$

$$x_{\mathrm{N3}}=\frac{0.591}{\omega_{n3}^2\sqrt{m}}\times\frac{4F_0}{\pi}\left[\beta_{31}\sin(\omega t-\psi_{31})+\frac{\beta_{33}}{3}\sin(3\omega t-\psi_{33})+\cdots\right]=\frac{0.182\sqrt{m}}{k}\times\frac{4F_0}{\pi}\varphi_3(t)$$

原坐标下的稳态响应为

$$\boldsymbol{X}=\boldsymbol{A}_{\mathrm{N}}\boldsymbol{X}_{\mathrm{N}}=\frac{1}{\sqrt{m}}\begin{pmatrix}0.328&0.737&0.591\\0.591&0.328&-0.737\\0.737&-0.591&0.328\end{pmatrix}\times\frac{4F_0\sqrt{m}}{k\pi}\begin{Bmatrix}1.657\varphi_1(t)\\0.474\varphi_2(t)\\0.182\varphi_3(t)\end{Bmatrix}$$

4.4 工程应用——两自由度动力吸振器

单自由度吸振器由于结构简单，因此广泛应用于工程实践中，但其抑振带宽较小。随后，人们又进一步发展了两自由度动力吸振器，其可用于单模态、两模态的抑制。

4.4.1 两自由度吸振器运动微分方程

与单自由度吸振器不同，两自由度吸振器具有较为特殊的结构，该类型吸振器抑制单自由度主结构振动的示意图如图 4-9 所示。吸振器质量为 m_d，转动惯量为 $J_d = m_d \times \rho^2$（ρ 为等效回转半径），质量块通过两个位置对称的弹簧-阻尼单元安装在主结构上，连接点与吸振器质心的距离为 d。

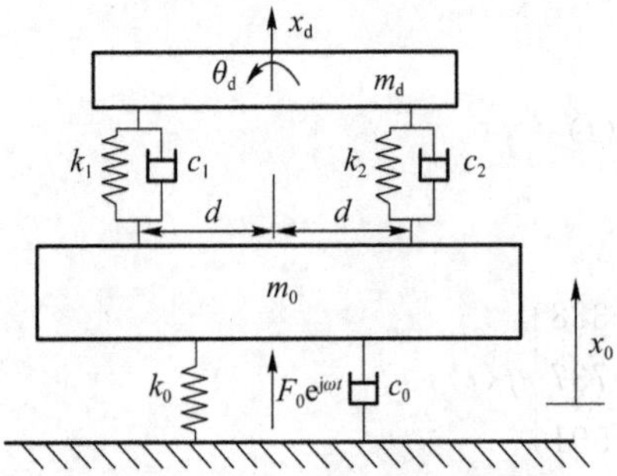

图 4-9 两自由度吸振器抑振系统

由结构可知，吸振器在平面范围内具有两个自由度，其自由度有两种表述方式：可以视为竖直方向的平动自由度 x_d 加上绕中心点的转动自由度 θ_d，也可以视为两个接触点处分别具有的自由度 x_1 和 x_2，$(x_d,\ \theta_d)$和$(x_1,\ x_2)$之间的换算关系为

$$\begin{cases} x_d = (x_1 + x_2)/2 \\ \theta_d = (x_2 - x_1)/2d \end{cases} \tag{4.4.1}$$

系统运动方程为$[\boldsymbol{M}]\{\ddot{\boldsymbol{x}}\}+[\boldsymbol{C}]\{\dot{\boldsymbol{x}}\}+[\boldsymbol{K}]\{\boldsymbol{x}\}=\{\boldsymbol{F}\}$，当采用$(x_d,\ \theta_d)$表示时，有

$$\{\boldsymbol{x}\}=\begin{Bmatrix} x_0 \\ x_d \\ \theta_d \end{Bmatrix},\quad \{\boldsymbol{F}\}=\begin{Bmatrix} F_0e^{j\omega t} \\ 0 \\ 0 \end{Bmatrix},\quad [\boldsymbol{C}]=\begin{bmatrix} c_0+c_1+c_2 & -c_1-c_2 & d(c_1-c_2) \\ -c_1-c_2 & c_1+c_2 & d(-c_1+c_2) \\ d(c_1-c_2) & d(-c_1+c_2) & d^2(c_1+c_2) \end{bmatrix}$$

$$[\boldsymbol{M}]=\begin{bmatrix} m_0 & 0 & 0 \\ 0 & m_d & 0 \\ 0 & 0 & J_d \end{bmatrix},\quad [\boldsymbol{K}]=\begin{bmatrix} k_0+k_1+k_2 & -k_1-k_2 & d(k_1-k_2) \\ -k_1-k_2 & k_1+k_2 & d(-k_1+k_2) \\ d(k_1-k_2) & d(-k_1+k_2) & d^2(k_1+k_2) \end{bmatrix} \tag{4.4.2}$$

当采用$(x_1,\ x_2)$表示时，有

$$\{\boldsymbol{x}\}=\begin{Bmatrix} x_0 \\ x_1 \\ x_2 \end{Bmatrix},\quad \{F\}=\begin{Bmatrix} F_0e^{j\omega t} \\ 0 \\ 0 \end{Bmatrix},\quad [\boldsymbol{C}]=\begin{bmatrix} c_0+c_1+c_2 & -c_1 & -c_2 \\ -c_1-c_2 & c_1 & c_2 \\ c_1-c_2 & -c_1 & c_2 \end{bmatrix}$$

$$[\boldsymbol{M}]=\begin{bmatrix} m_0 & 0 & 0 \\ 0 & m_d/2 & m_d/2 \\ 0 & -m_d\rho^2/2d^2 & m_d\rho^2/2d^2 \end{bmatrix},\quad [\boldsymbol{K}]=\begin{bmatrix} k_0+k_1+k_2 & -k_1 & -k_2 \\ -k_1-k_2 & k_1 & k_2 \\ k_1-k_2 & -k_1 & k_2 \end{bmatrix} \tag{4.4.3}$$

通过上式的互相代换可知，两种表示方式的结果完全相同，区别只在于形式。在下文的数值计算及参数优化中，均选用第一种表示方式。

将系统运动方程$[\boldsymbol{M}]\{\ddot{\boldsymbol{x}}\}+[\boldsymbol{C}]\{\dot{\boldsymbol{x}}\}+[\boldsymbol{K}]\{\boldsymbol{x}\}=\{\boldsymbol{F}\}$变换到频域，得到

$$[\boldsymbol{H}(\omega)]=(-\omega^2[\boldsymbol{M}]+j\omega[\boldsymbol{C}]+[\boldsymbol{K}])^{-1}$$

所求的主结构频响函数为矩阵$[\boldsymbol{H}]$的第一行第一列元素$[H]_{11}$，是吸振器参数优化过程中的目标函数之一。决定$[H]_{11}$的参数有：主结构刚度 k_0，阻尼 c_0；吸振器质量 m，矢径比 a、刚度 k_i 和阻尼 $c_i(i=1,\ 2)$。

4.4.2 两自由度吸振器抑制单模态

对固定在工字型工装上的铝合金工件进行一阶模态振动抑制。对该结构进行有限元仿真，得到其一阶模态振型如图 4-10 所示。随后，利用锤击实验测试获得一阶模态的动力学参数，$m_0=$

8.8 kg, $k_0=3.3\times10^6$ N/m, $\zeta_0=0.62\%$。

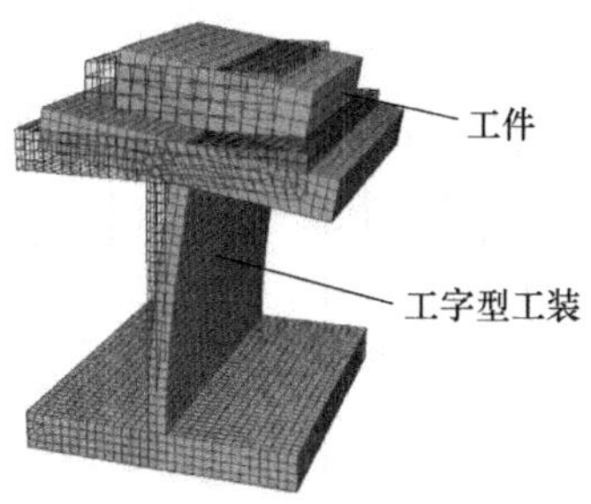

图 4-10　主结构形式及其一阶模态振型

为抑制该主结构的振动，所设计吸振器参数应以其一阶模态动力学参数为目标，作为参数设计及优化的依据。结合数值优化的结果，并进行一定的换算，可以计算出两自由度吸振器的最优参数为：$\mu=3\%$（选定），$a=\sqrt{3}/2$（选定），$k_1=3.6\times10^4$ N/m, $\zeta_1=0.16\%$，$k_2=4.4\times10^4$ N/m, $\zeta_2=0.03\%$。然后对吸振器进行结构设计，使其具有明显的两自由度特征，且刚度及阻尼参数可调，调整范围要包括最优参数。通过有限元仿真及锤击实验对其动力学参数进行确认，直到满足设计要求为止。

测量安装吸振器前后主结构频率响应函数(见图 4-11)。两自由度吸振器理论上可使主结构频响函数的幅值下降 91.6%，实际下降了 80.8%，说明吸振器表现出很好的抑振效果。

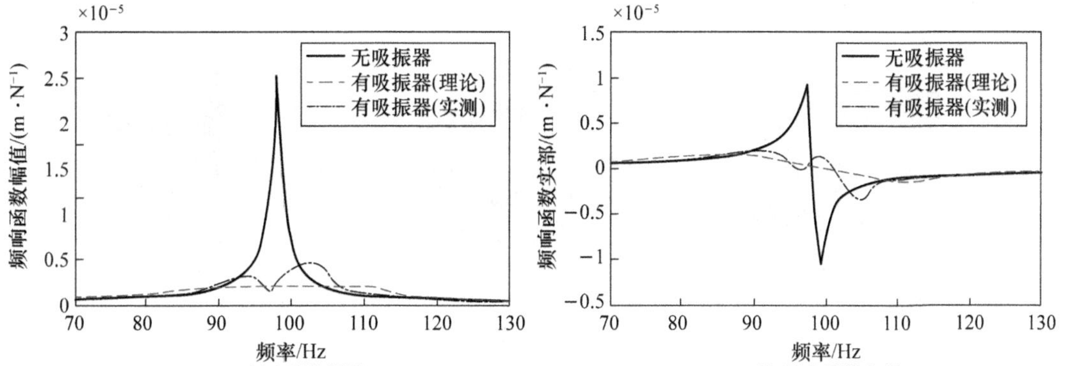

(a) 频响函数幅值　(b) 频响函数实部

图 4-11　工件安装吸振器前后频响函数对比

通过主结构频响函数测试可知，其固有频率为 98 Hz。用两齿刀具开展铣削加工实验，以激振力频率接近固有频率为例，计算可得到对应主轴转速 $n=2\,940$ rev/min。其他切削参数为：进给速度 $F=600$ mm/min，切宽 $a_e=3$ mm。图 4-12 所示为安装吸振器前后工件切削振动加速度的时域信号对比，其中图 4-12(a)所示为切深 $a_p=1$ mm、图 4-12(b)所示为切深 $a_p=1.5$ mm时的振动信号。由图可知，不安装吸振器时工件振动加速度最大值分别为 7 g 和 10 g，而安装吸振器后分别下降至 3 g 和 4 g，降幅均在 50%以上。可见两自由度吸振器在抑制工件共振方面有非常明显的作用。

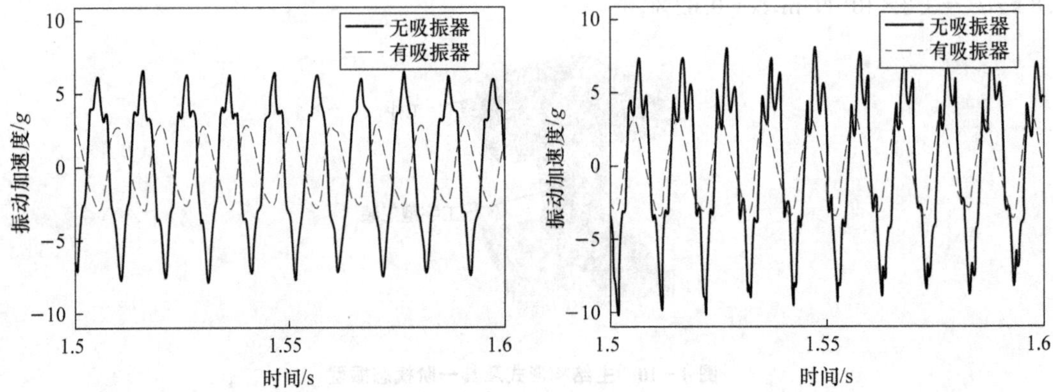

(a) a_p=1 mm　　(b) a_p=1.5 mm

图 4-12　工件铣削振动信号对比

4.4.3　两自由度吸振器抑制两模态

将两自由度吸振器用于抑制具有两阶明显模态的薄壁框型工件，其结构图以及对其进行动力学仿真得到的前两阶模态振型如图 4-13 所示。工件前两阶固有频率分别为 881 Hz 和 1 059 Hz，以此作为所设计的两自由度吸振器的前两阶频率的目标值。吸振器结构及前两阶振型如图 4-14 所示。

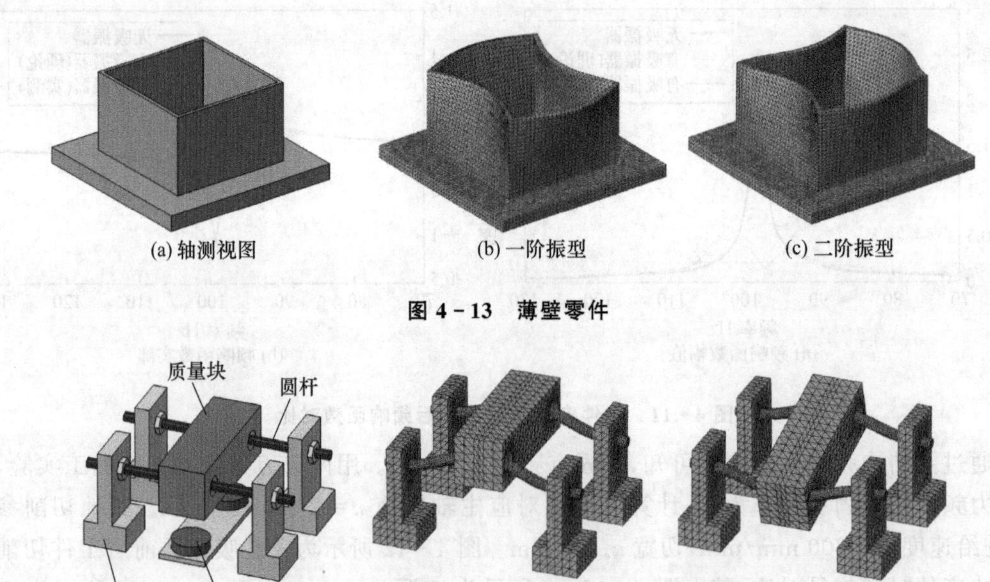

(a) 轴测视图　　(b) 一阶振型　　(c) 二阶振型

图 4-13　薄壁零件

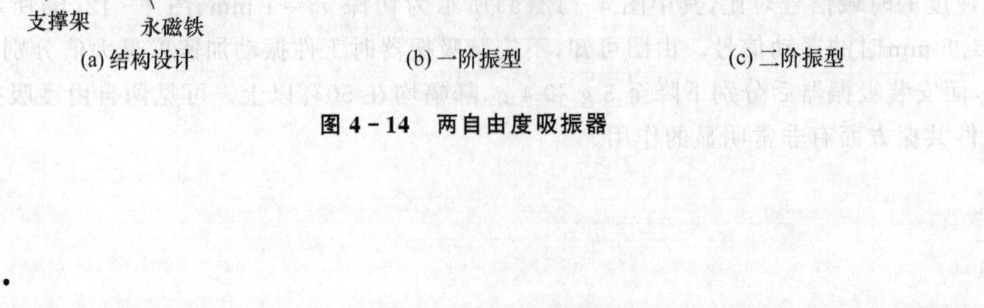

(a) 结构设计　　(b) 一阶振型　　(c) 二阶振型

图 4-14　两自由度吸振器

薄壁框形工件固定在机床工作台上的实物图如图 4－15 所示。在未安装吸振器的情况下，对其进行模态实验，频响函数如图 4－16 中所示。该工件前两阶模态的固有频率分别为 891 Hz 和 1 124 Hz，与有限元仿真结果较为接近，两阶模态的频响函数峰值分别为－98.3 dB 和－110 dB。将吸振器安装在薄壁零件侧壁上，使前两阶固有频率均与主结构相等，此时再对主结构进行锤击实验得到频响函数，可以观察到频响函数在目标模态的幅值有明显下降。

图 4－15　吸振器抑制薄壁零件振动

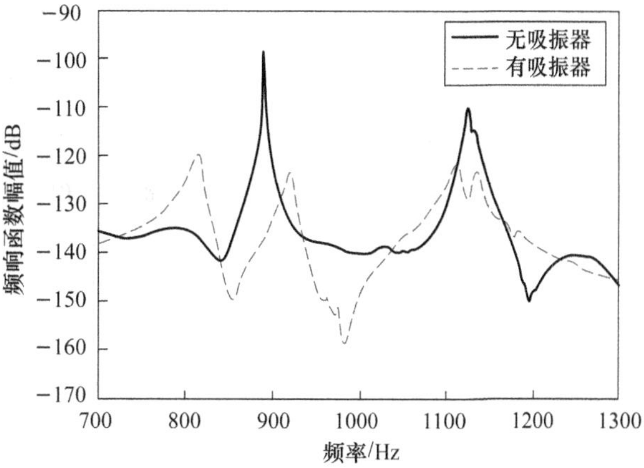

图 4－16　工件安装两自由度吸振器前后频响函数对比

开展铣削实验，验证两自由度吸振器在工程实际应用中的抑振性能。实验在 XKR50A 五轴数控加工中心上进行，对零件侧壁直线铣削，选用的参数分别为：主轴转速 n＝3 368 r/min，切宽 a_e＝0.2 mm，切深 a_p＝4 mm，进给速度 F＝400 mm/min，安装吸振器前后的切削振动时域信号如图 4－17 所示。工件振动的平均幅值由 45 g 下降到了 20 g，而表面质量也得到了很大提升，基本消除了振纹，说明两自由度吸振器可以很好地抑制薄壁零件的铣削振动。

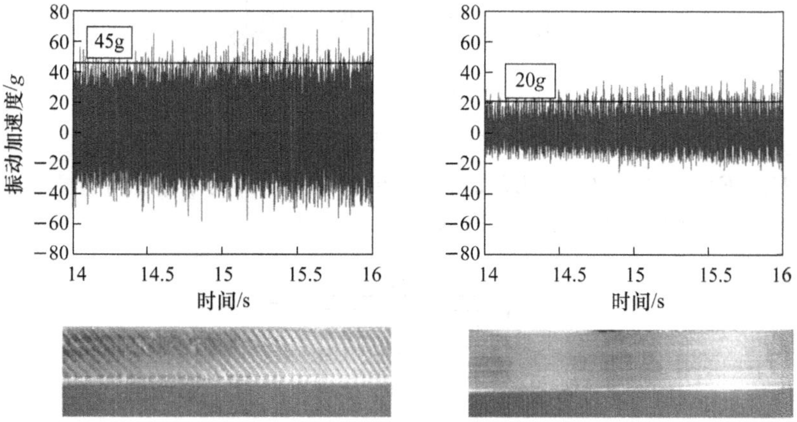

(a) 无吸振器　　(b) 有吸振器

图 4－17　切削振动信号及表面质量对比

习 题

4-1 求图 4.1 所示系统的刚度矩阵。

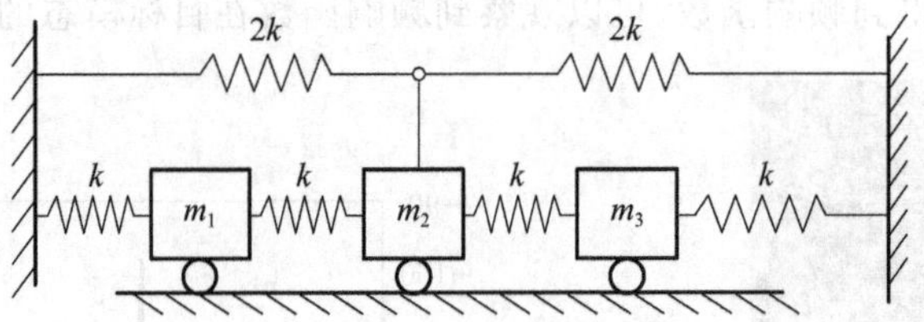

图 4.1 习题 4-1 用图

4-2 求图 4.2 所示系统的振动微分方程。

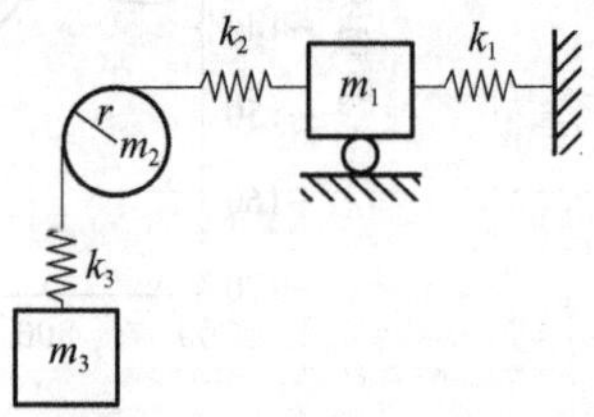

图 4.2 习题 4-2 用图

4-3 如图 4.3 所示，两质量被限制在水平面内运动。对于微幅振动，在相互垂直的两个方向运动彼此独立，试建立系统的运动微分方程。

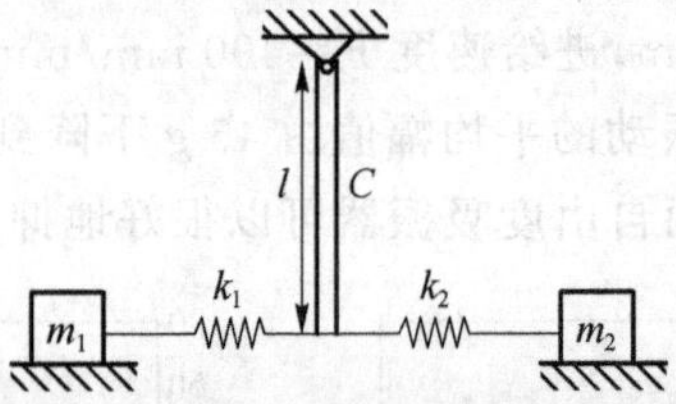

图 4.3 习题 4-3 用图

4-4 如图 4.4 所示为 3 层建筑结构，假设刚性梁质量 $m_1=m_2=m_3=m$，柔性柱的弯曲刚度 $EI_1=3EI$，$EI_2=2EI$，$EI_3=EI$，而且 $h_1=h_2=h_3=h$，用水平微小位移 x_1，x_2 及 x_3 表示位移坐标，求结构的固有频率及固有振型。

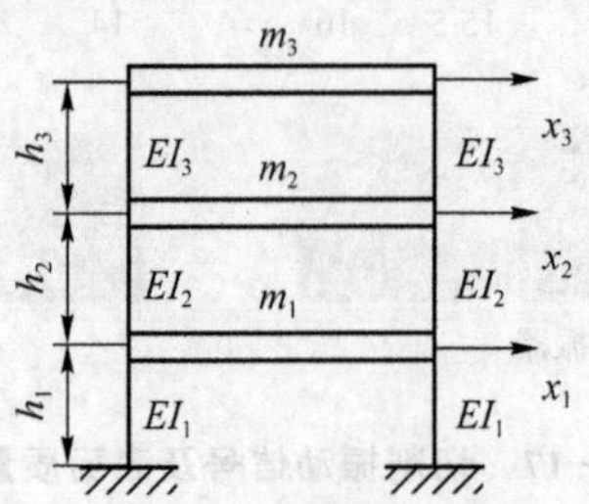

图 4.4 习题 4-4 用图

第 5 章　连续体振动

前面讨论了有限自由度系统(或称离散系统)的振动问题,它们都是将实际系统简化为由若干集中质量和不计质量的弹性元件组成的系统。这类系统在数学上表达为方程与自由度数目相等的二阶常微分方程组,对微幅振动有确定的解析解。

实际的物理系统都是由弹性体组成的系统,通常称为连续系统。具有分布物理参数(质量、刚度和阻尼)的弹性体需要无限多个坐标描述其运动,是无限多自由度的系统。运动不仅在时间上,而且在空间上连续分布,描述其运动的方程是偏微分方程。

离散系统和连续系统并无本质的区别。工程实际中为了分析计算方便,绝大多数把连续系统处理为离散系统。对弹性体振动具备基本的了解,不仅有助于正确地列出等效的离散系统模型,而且便于将许多系统作为连续系统进行更严密的研究,给出更精确的运动方程和表征系统运动特性的参数。

本章将介绍杆的纵向振动、圆轴的扭转振动和等截面直梁的横向振动等内容。为便于分析问题,在建立连续系统振动理论之前,对系统进行一定简化和抽象。假定材料是均匀连续和各向同性的,并且只发生微幅振动,服从胡克定律;此外,不考虑系统的阻尼并忽略系统的非线性因素,将其简化为线性系统进行研究。

5.1　杆的纵向振动

5.1.1　振动微分方程的建立

要承受轴力的直杆零件在工程中十分常见,如连杆机构中的连杆、凸轮机构中的挺杆等。它们内部同样存在着由载荷变化等因素引起的轴向振动,其力学模型如图 5-1 所示。

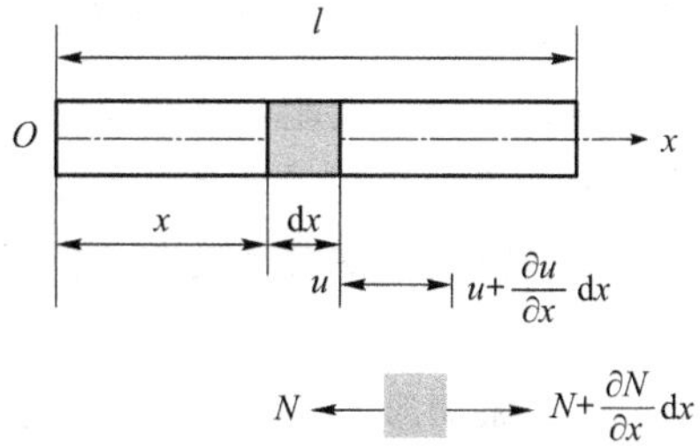

图 5-1　杆的纵向振动示意图

设杆的密度为 ρ,长度为 l,截面积随杆长的变化规律为 $A(x)$,弹性模量为 E。当杆发生变形时,假设其截面仍保持平面,且忽略杆的横向变形。

发生振动时,杆内同一横截面上各点仅在轴线方向发生位移,此位移是其在杆上的位置 x 与时间 t 的函数,用 $u(x,t)$表示。同样,杆内产生的轴向力可用 $N(x,t)$表示。在杆上取一微段 $\mathrm{d}x$,其质量 $\mathrm{d}m=\rho A\mathrm{d}x$。微段左右截面的位移分别为 u 和 $u+\frac{\partial u}{\partial x}\mathrm{d}x$,故微段的应变为

$$\varepsilon(x,t)=\frac{\partial u}{\partial x} \tag{5.1.1}$$

两截面上的轴向内力分别为 N 和 $N+\frac{\partial N}{\partial x}\mathrm{d}x$。对细长杆，轴向力可表示为

$$N=EA\varepsilon=EA\,\frac{\partial u}{\partial x} \tag{5.1.2}$$

在截面 $x+\mathrm{d}x$ 处，轴向内力为

$$N+\frac{\partial N}{\partial x}\mathrm{d}x=EA\,\frac{\partial u}{\partial x}+EA\,\frac{\partial^2 u}{\partial x^2}\mathrm{d}x \tag{5.1.3}$$

分析微段的受力情况，根据牛顿第二定律可知 $\mathrm{d}m\cdot a=\sum F$，代入位移函数和单元受力，得

$$\rho A\,\frac{\partial^2 u}{\partial t^2}\mathrm{d}x=N+\frac{\partial N}{\partial x}\mathrm{d}x-N=EA\,\frac{\partial^2 u}{\partial x^2}\mathrm{d}x$$

即

$$\frac{\partial^2 u}{\partial t^2}=\frac{E}{\rho}\frac{\partial^2 u}{\partial x^2} \tag{5.1.4}$$

令 $\alpha^2=\frac{E}{\rho}$，得到纵向振动微分方程(一维波动方程)为

$$\frac{\partial^2 u}{\partial t^2}=\alpha^2\,\frac{\partial^2 u}{\partial x^2} \tag{5.1.5}$$

式中，α 代表了弹性纵波的传播速度。

波动方程或称波方程(wave equations)是由麦克斯韦方程组导出的、描述电磁场波动特征的一组微分方程，是一种重要的偏微分方程，主要描述自然界中的各种波动现象，包括横波和纵波，例如声波、光波和水波。

二维波动方程：$\frac{\partial^2 u}{\partial t^2}=a^2\left(\frac{\partial^2 u}{\partial x^2}+\frac{\partial^2 u}{\partial y^2}\right)+f(x,y,t)$

三维波动方程：$\frac{\partial^2 u}{\partial t^2}=a^2\left(\frac{\partial^2 u}{\partial x^2}+\frac{\partial^2 u}{\partial y^2}+\frac{\partial^2 u}{\partial z^2}\right)+f(x,y,z,t)$

在分析多自由度系统振动时得知，系统在无阻尼条件下做主振动时，各个质点以同样的频率和相位运动，它们同时经过静平衡位置和达到最大偏离位置，即系统具有一定的、与时间无关的振动。连续系统也应具有这样的特性，考虑分离变量，假设式(5.1.5)的解为

$$u(x,t)=X(x)T(t) \tag{5.1.6}$$

式中，$X(x)$为杆的振型函数，表示杆的振动形态，是仅关于 x 的函数，而与时间 t 无关；$T(t)$表示杆的振动随时间变化的方式，为仅关于 t 的函数。

将式(5.1.6)求二阶偏导后，代入波动方程，得

$$X(x)\frac{\mathrm{d}^2 T(t)}{\mathrm{d}t^2}=\alpha^2 T(t)\frac{\mathrm{d}^2 X(x)}{\mathrm{d}x^2}$$

移项后得

$$\frac{1}{T}\frac{\mathrm{d}^2 T}{\mathrm{d}t^2}=\frac{\alpha^2}{X}\frac{\mathrm{d}^2 X}{\mathrm{d}x^2} \tag{5.1.7}$$

上式两端必须等于同一负常数，才有可能得到满足端点条件的非零解。设该常数为$-\omega^2$，

于是得到两个二阶常系数齐次线性微分方程：

$$\frac{\mathrm{d}^2 T}{\mathrm{d}t^2}+\omega^2 T=0 \tag{5.1.8}$$

$$\frac{\mathrm{d}^2 X}{\mathrm{d}x^2}+\frac{\omega^2}{\alpha^2}X=0 \tag{5.1.9}$$

事实上，ω_n 即为杆纵向振动的固有频率。式(5.1.8)与式(5.1.9)与单自由度振动微分方程具有相同的形式，故设解的形式为

$$T(t)=A\sin\omega t+B\cos\omega t \tag{5.1.10}$$

$$X(x)=C\sin\frac{\omega}{\alpha}x+D\cos\frac{\omega}{\alpha}x \tag{5.1.11}$$

式中，待定常数 A、B 由初始条件确定；C、D 由边界条件确定。

5.1.2　固有频率和振型函数

现讨论在常见的几种端点边界条件下的固有频率和主振型。

1）两端均为固定端(如图 5-2 所示)。边界条件可表示为

$$X(0)=X(l)=0 \tag{5.1.12}$$

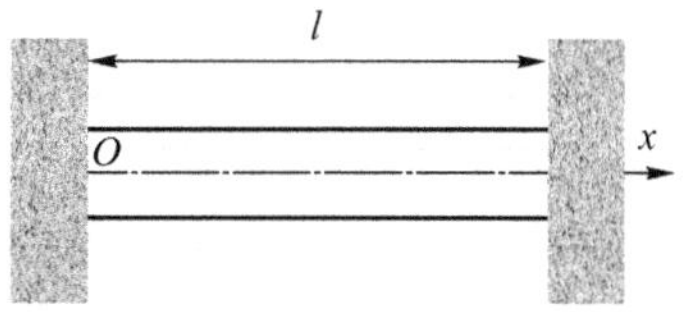

图 5-2　杆两端固定

将边界条件代入式(5.1.11)得

$$C\sin\frac{\omega}{\alpha}l=0,\quad D=0$$

式中，$\sin\frac{\omega}{\alpha}l=0$ 为纵向振动的特征方程。求解得到纵向振动的各阶固有频率为

$$\omega_n=\frac{n\pi\alpha}{l}=\frac{n\pi}{l}\sqrt{\frac{E}{\rho}}\ (n=1,2,3\cdots) \tag{5.1.13}$$

于是相应的振型函数为

$$X_n(x)=C\sin\frac{n\pi}{l}x\ (n=1,2,3\cdots) \tag{5.1.14}$$

2）两端均为自由端(如图 5-3 所示)。杆两端的轴向应力为零，此时边界条件为

$$N(0,t)=N(l,t)=0$$

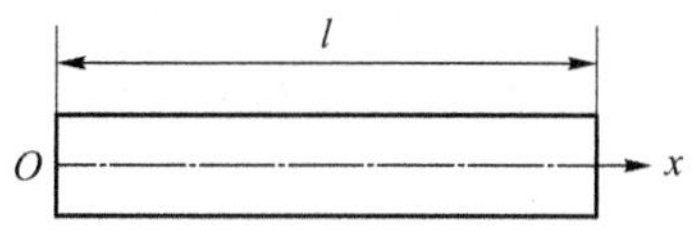

图 5-3　杆两端自由

将式(5.1.2)代入上式得

$$\left.\frac{\mathrm{d}X}{\mathrm{d}x}\right|_{x=0}=0,\quad \left.\frac{\mathrm{d}X}{\mathrm{d}x}\right|_{x=l}=0 \tag{5.1.15}$$

于是有

$$C=0,\quad D\frac{\omega}{\alpha}\sin\frac{\omega}{\alpha}l=0$$

求解特征方程得到各阶固有频率

$$\omega_n=\frac{n\pi\alpha}{l}=\frac{n\pi}{l}\sqrt{\frac{E}{\rho}}\quad (n=1,2,3\cdots) \tag{5.1.16}$$

代入式(5.1.11)得到振型函数为

$$X_n(x)=D\cos\frac{n\pi}{l}x\quad (n=1,2,3\cdots) \tag{5.1.17}$$

3) 杆一端固定、一端自由(如图 5-4 所示)。$x=0$ 处为固定端,$x=l$ 处为自由端。此时边界条件为

$$X(0)=0,\quad \left.\frac{\mathrm{d}X}{\mathrm{d}x}\right|_{x=l}=0 \tag{5.1.18}$$

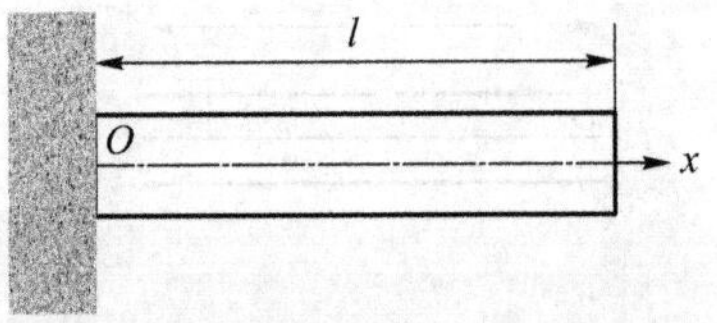

图 5-4 杆一端固定、一端自由

代入振型函数得

$$C\frac{\omega}{\alpha}\cos\frac{\omega}{\alpha}l=0,\quad D=0$$

特征方程为 $\cos\frac{\omega}{\alpha}l=0$。解得各阶固有频率

$$\omega_n=\frac{2n-1}{2}\cdot\frac{\pi\alpha}{l}=\frac{2n-1}{2}\cdot\frac{\pi}{l}\sqrt{\frac{E}{\rho}}\quad (n=1,2,3\cdots) \tag{5.1.19}$$

杆的各阶振型函数为

$$X_n=C\sin\left(\frac{2n-1}{2}\cdot\frac{\pi}{l}x\right)\quad (n=1,2,3\cdots) \tag{5.1.20}$$

4) 杆一端固定、一端弹性支承(如图 5-5 所示)。$x=0$ 处为固定端,仍然存在 $X(0)=0$;而在 $x=l$ 处由弹性元件支承,设其刚度为 k,则该处的边界条件为

$$N(l,t)=-ku(l,t)$$

即

$$X(0)=0,\quad EA\left.\frac{\mathrm{d}X}{\mathrm{d}x}\right|_{x=l}+kX(l)=0 \tag{5.1.21}$$

将式(5.1.21)代入振型函数得

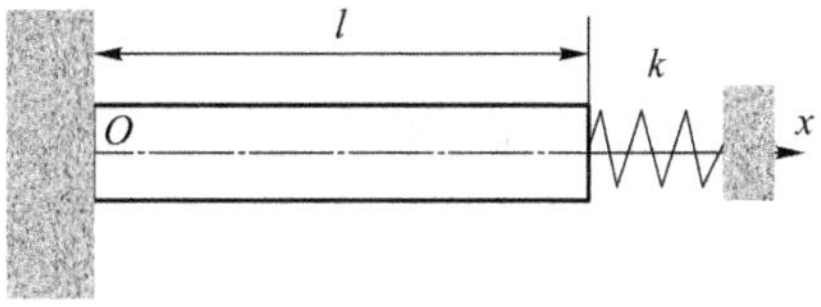

图 5-5　杆一端固定、一端弹性支承

$$D=0,\quad \frac{\tan\dfrac{\omega l}{\alpha}}{\dfrac{\omega l}{\alpha}}+\frac{EA}{kl}=0$$

给定结构和材料时，可通过数值方法对特征方程进行求解，得到各阶固有频率 $\omega_n(n=1,2,3\cdots)$，振型函数为

$$X_n(x)=C\sin\frac{\omega_n x}{\alpha}\quad(n=1,2,3\cdots)\tag{5.1.22}$$

5）杆一端固定、一端连接重物（如图 5-6 所示）。杆的轴线为竖直方向，$x=0$ 处为固定端；$x=l$ 处连接一质量为 M 的重物，于是有

$$N(l,t)=-M\left.\frac{\partial^2 u}{\partial t^2}\right|_{x=l}$$

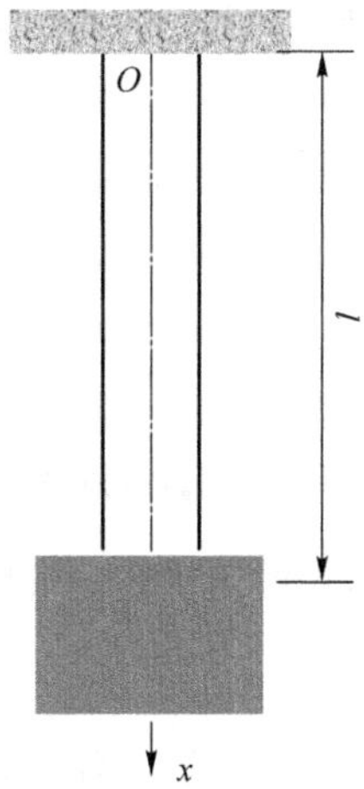

图 5-6　杆一端固定、一端连接重物

将式(5.1.2)和式(5.1.6)分别代入上式，得到边界条件

$$X(0)=0,\quad EA\left.\frac{\mathrm{d}X}{\mathrm{d}x}\right|_{x=l}-M\omega^2X(l)=0\tag{5.1.23}$$

特征方程为

$$D=0,\quad \frac{EA}{\alpha}\cos\frac{\omega l}{\alpha}-M\omega\sin\frac{\omega l}{\alpha}=0$$

定义质量比

$$\frac{\rho Al}{M}=\frac{m}{M}=\frac{\omega l}{\alpha}\tan\frac{\omega l}{\alpha} \tag{5.1.24}$$

式中，m 为杆的质量，当质量比给定时，可通过数值解法对上式进行求解得到固有频率 ω_n（$n=1,2,3\cdots$），各阶振型函数为

$$X_n(x)=C\sin\frac{\omega_n x}{\alpha}\quad(n=1,2,3\cdots) \tag{5.1.25}$$

5.1.3 纵向振动的响应求解

1. 杆的自由振动

根据以上讨论，杆的纵向自由振动由无穷多阶主振动叠加而成，其微分方程的通解是无穷多个线性无关的特解的叠加。其固有频率和振型函数可由边界条件确定。设微分方程特解的形式为

$$u_n(x,t)=X_n(x)T_n(t)=X_n(x)(A_n\sin\omega_n t+B_n\cos\omega_n t) \tag{5.1.26}$$

于是通解可表示为

$$u(x,t)=\sum_{n=1}^{\infty}u_n(x,t)=\sum_{n=1}^{\infty}X_n(x)(A_n\sin\omega_n t+B_n\cos\omega_n t) \tag{5.1.27}$$

式中，待定常数 A_n、B_n 可由初始条件确定。

【例 5-1】 设有一等截面均质直杆，如图 5-7 所示一端固定，一端自由，抗拉压刚度为 EA，长为 l，自由端作用一个轴向力 F_0。当 $t=0$ 时，突然撤去该力，试确定杆的自由振动方程。

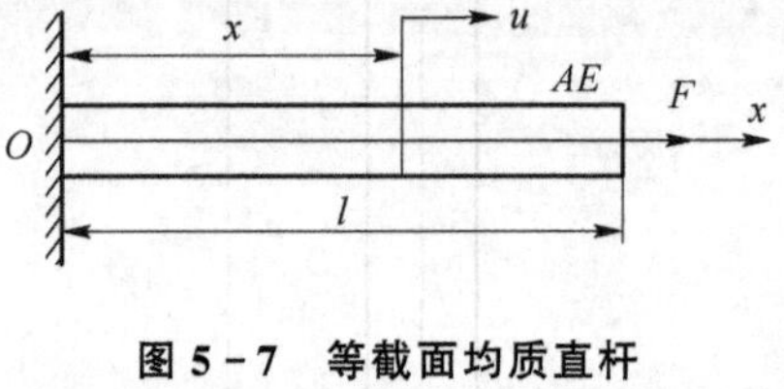

图 5-7 等截面均质直杆

解 根据式(5.1.19)和式(5.1.20)，可知杆在一端固定、一端自由时纵向振动的固有频率和振型函数分别为

$$\omega_n=\frac{2n-1}{2}\cdot\frac{\pi}{l}\sqrt{\frac{E}{\rho}}\quad(n=1,2,3\cdots)$$

$$X_n=C\sin\left(\frac{2n-1}{2}\cdot\frac{\pi}{l}x\right)\quad(n=1,2,3\cdots)$$

因此振动响应为

$$u(x,t)=\sum_{n=1}^{\infty}\sin\frac{(2n-1)\pi x}{2l}\left(A_n\sin\frac{(2n-1)\pi\alpha t}{2l}+B_n\cos\frac{(2n-1)\pi\alpha t}{2l}\right) \tag{a}$$

下面通过杆的初始状态确定方程中的未知参数。

初始时，杆受到大小为 F_0 的拉力，该力使杆上位置为 x 处的微元产生位移，其大小为

$$u(x,t)\big|_{t=0}=\varepsilon_0 x=\frac{F_0}{EA}x \tag{b}$$

当 $t=0$ 时，突然将力 F_0 撤去，杆的初速度为零，即

$$\left.\frac{\partial u}{\partial t}\right|_{t=0}=0 \tag{c}$$

结合(a)式可得

$$A_n=0$$

$$\sum_{n=1}^{\infty}B_n\sin\frac{(2n-1)\pi x}{2l}=\frac{F_0}{EA}x \tag{d}$$

根据三角函数的正交性,有

$$\int_a^b\sin(n\omega t)\sin(m\omega t)\,\mathrm{d}t=\begin{cases}0, m\neq n\\ \dfrac{\pi}{4\omega}, m=n\end{cases}$$

式中,m、n 为奇数,a、b 满足 $b-a=\dfrac{\pi}{2\omega}$。在(d)式左右两边同时乘以 $\sin\dfrac{(2k-1)\pi x}{2l}$,并计算两式在区间$[0,\ l]$上的积分,则等式左端只剩下一项,其余项的积分皆为零,即

$$B_k\int_0^l\sin^2\frac{(2k-1)\pi x}{2l}\mathrm{d}x=\int_0^l\frac{F_0}{EA}x\sin\frac{(2k-1)\pi x}{2l}\mathrm{d}x$$

记 $p=\dfrac{(2k-1)\pi}{2l}$,于是有

$$B_k\frac{l}{2}=\int_0^l\frac{F_0}{EA}x\sin px\,\mathrm{d}x=\frac{F_0}{EA}\left(\frac{1}{p^2}\sin px-\frac{x}{p}\cos px\right)\Big|_0^l$$

计算得到

$$B_k=(-1)^{k-1}\frac{8F_0l}{EA\ (2k-1)^2\pi^2}\quad(k=1,2,3\cdots) \tag{e}$$

自由振动的响应为

$$u(x,t)=\frac{8F_0l}{EA\pi^2}\sum_{n=1}^{\infty}\frac{(-1)^{n-1}}{(2n-1)^2}\sin\frac{(2n-1)\pi x}{2l}\cos\frac{(2n-1)\pi\alpha t}{2l}$$

2. 杆的受迫振动

在求解杆的受迫振动响应之前,首先对几种简单边界条件下振型函数的正交性进行证明。对于振型函数 $X(x)$,有

$$\frac{\mathrm{d}^2X(x)}{\mathrm{d}x^2}=\frac{\mathrm{d}^2}{\mathrm{d}x^2}\left(C\sin\frac{\omega x}{\alpha}+D\cos\frac{\omega x}{\alpha}\right)=-\frac{\omega^2}{\alpha^2}X(x) \tag{5.1.28}$$

成立。设 ω_r 和 ω_s 分别为杆纵向振动的 r 阶和 s 阶固有频率,将其代入上式得到

$$\frac{\mathrm{d}^2X_r(x)}{\mathrm{d}x^2}=-\frac{\omega_r^2}{\alpha^2}X_r(x) \tag{5.1.29}$$

$$\frac{\mathrm{d}^2X_s(x)}{\mathrm{d}x^2}=-\frac{\omega_s^2}{\alpha^2}X_s(x) \tag{5.1.30}$$

以 $X_s(x)$乘式(5.1.29),并沿杆长对 x 进行积分得到

$$\int_0^lX_s(x)\frac{\mathrm{d}^2X_r(x)}{\mathrm{d}x^2}\mathrm{d}x=X_s(x)\frac{\mathrm{d}X_r(x)}{\mathrm{d}x}\Big|_0^l-\int_0^l\frac{\mathrm{d}X_r(x)}{\mathrm{d}x}\frac{\mathrm{d}X_s(x)}{\mathrm{d}x}\mathrm{d}x$$

$$=-\frac{\omega_r^2}{\alpha^2}\int_0^lX_r(x)X_s(x)\,\mathrm{d}x \tag{5.1.31}$$

以 $X_r(x)$ 乘式(5.1.30)，并沿杆长对 x 进行积分得到

$$\int_0^l X_r(x)\frac{\mathrm{d}^2X_s(x)}{\mathrm{d}x^2}\mathrm{d}x = X_r(x)\frac{\mathrm{d}X_s(x)}{\mathrm{d}x}\bigg|_0^l - \int_0^l \frac{\mathrm{d}X_r(x)}{\mathrm{d}x}\frac{\mathrm{d}X_s(x)}{\mathrm{d}x}\mathrm{d}x$$

$$= -\frac{\omega_s^2}{\alpha^2}\int_0^l X_r(x)X_s(x)\mathrm{d}x \tag{5.1.32}$$

将式(5.1.31)与式(5.1.32)相减得

$$\frac{\omega_s^2-\omega_r^2}{\alpha^2}\int_0^l X_r(x)X_s(x)\mathrm{d}x = \left[X_s(x)\frac{\mathrm{d}X_r(x)}{\mathrm{d}x} - X_r(x)\frac{\mathrm{d}X_s(x)}{\mathrm{d}x}\right]\bigg|_0^l \tag{5.1.33}$$

式(5.1.33)的右边即为杆的边界条件，不论杆端为固定端还是自由端，其结果均为零。因此有

$$\frac{\omega_s^2-\omega_r^2}{\alpha^2}\int_0^l X_r(x)X_s(x)\mathrm{d}x = 0 \tag{5.1.34}$$

当 $r\neq s$ 时，$\omega_r\neq\omega_s$，即

$$\int_0^l X_r(x)X_s(x)\mathrm{d}x = 0 \tag{5.1.35}$$

将上式代入式(5.1.31)，同时考虑到 $X_s(x)\dfrac{\mathrm{d}X_r(x)}{\mathrm{d}x}\bigg|_0^l=0$，有

$$\int_0^l \frac{\mathrm{d}X_r(x)}{\mathrm{d}x}\frac{\mathrm{d}X_s(x)}{\mathrm{d}x}\mathrm{d}x = 0 \tag{5.1.36}$$

式(5.1.35)和式(5.1.36)即为杆纵向振动振型函数正交性的表达式。当杆的截面积随杆长发生变化时，上述二式成为

$$\int_0^l \rho A(x)X_r(x)X_s(x)\mathrm{d}x = 0 \tag{5.1.37}$$

$$\int_0^l EA(x)\frac{\mathrm{d}X_r(x)}{\mathrm{d}x}\frac{\mathrm{d}X_s(x)}{\mathrm{d}x}\mathrm{d}x = 0 \tag{5.1.38}$$

分别为主振型关于质量和刚度的正交性条件。为方便计算，通常将振型函数 $X_n(x)$ 正则化为 $X_{1n}(x)$，即令

$$\int_0^l X_n^2(x)\mathrm{d}x = 1 \tag{5.1.39}$$

通过计算其积分可得到相应的系数。下面基于振型函数的正交性质对杆纵向受迫振动的响应进行讨论。

设杆上作用均布轴向载荷，载荷集度为 $Q(x,t)$，如图 5-8(a)所示。

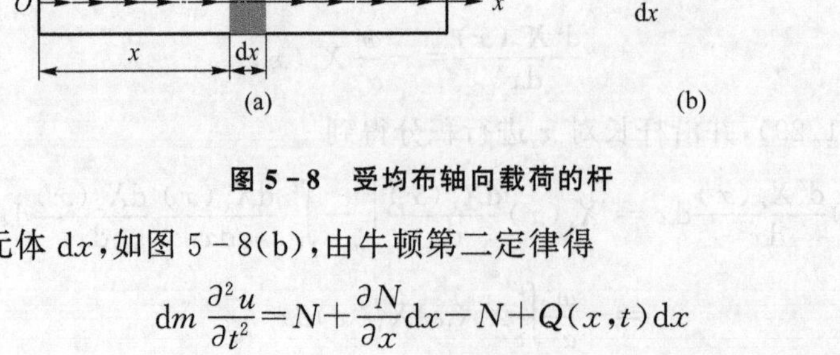

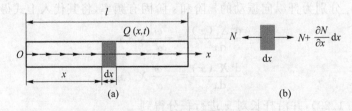

图 5-8　受均布轴向载荷的杆

在杆上取微元体 $\mathrm{d}x$，如图 5-8(b)，由牛顿第二定律得

$$\mathrm{d}m\frac{\partial^2 u}{\partial t^2} = N + \frac{\partial N}{\partial x}\mathrm{d}x - N + Q(x,t)\mathrm{d}x$$

将式(5.1.2)代入得

$$\rho A\frac{\partial^2 u}{\partial t^2}-EA\frac{\partial^2 u}{\partial x^2}=Q(x,t) \tag{5.1.40}$$

设该受迫振动特解的形式为

$$u(x,t)=\sum_{n=1}^{\infty}\eta_n(t)X_{1n}(x) \tag{5.1.41}$$

式中,$\eta_n(t)$为时间的函数,称为正则坐标;$X_{1n}(x)$为正则振型函数,满足

$$\int_0^l X_{1n}^2(x)\mathrm{d}x=1 \tag{5.1.42}$$

将式(5.1.41)代入式(5.1.40),得

$$\rho A\sum_{n=1}^{\infty}\frac{\mathrm{d}^2\eta_n(t)}{\mathrm{d}t^2}X_{1n}(x)-EA\sum_{n=1}^{\infty}\eta_n(t)\frac{\mathrm{d}^2X_{1n}(x)}{\mathrm{d}x^2}=Q(x,t)$$

上式左右两端同乘以 $X_{1k}(x)$,并在区间$[0,\ l]$上对 x 进行积分;由振型函数的正交性,上式变为

$$\frac{\mathrm{d}^2\eta_k(t)}{\mathrm{d}t^2}+\omega_k^2\eta_k(t)=q_k(t)\quad(k=1,2,3\cdots) \tag{5.1.43}$$

式中

$$q_k(t)=\frac{1}{\rho A}\int_0^l Q(x,t)X_{1k}(x)\mathrm{d}x\quad(k=1,2,3\cdots) \tag{5.1.44}$$

为广义力或正则激振力。

式(5.1.43)与单自由度无阻尼受迫振动微分方程具有相同的形式,由此可求得系统在正则坐标下的振型响应,系统的振动响应可将正则坐标代入式(5.1.41)得到。关于正则激振力$q_k(t)$,常见的几种形式以及相应的求解方法如下:

1) $q_k(t)$为简谐形式,可直接得到特解;

2) $q_k(t)$为周期函数,可将其按照傅里叶级数形式展开,然后求特解;

3) $q_k(t)$为一般的非周期函数,则利用卷积积分得

$$\begin{aligned}\eta_k(t)&=\frac{1}{\omega_k}\int_0^t q_k(\tau)\sin\omega_k(t-\tau)\mathrm{d}\tau\\&=\frac{1}{\omega_k}\cdot\frac{1}{\rho A}\int_0^l X_{1k}(x)\int_0^t Q(x,\tau)\sin\omega_k(t-\tau)\mathrm{d}\tau\mathrm{d}x\end{aligned} \tag{5.1.45}$$

$$u(x,t)=\frac{1}{\rho A}\sum_{n=1}^{\infty}\frac{X_{1n}(x)}{\omega_n}\int_0^l X_{1n}(x)\int_0^t Q(x,\tau)\sin\omega_n(t-\tau)\mathrm{d}\tau\mathrm{d}x \tag{5.1.46}$$

4) 激励力为作用在 $x=x_l$处的集中力 $P_l(t)$,则杆的动态响应为

$$u(x,t)=\sum_{n=1}^{\infty}\frac{X_{1n}(x)X_{1n}(x_l)}{\omega_n}\int_0^t\frac{P_l(\tau)}{\rho A}\sin\omega_n(t-\tau)\mathrm{d}\tau \tag{5.1.47}$$

【例5-2】 设有一均质杆,一端固定,一端自由,如图5-9所示。抗拉压刚度为EA,长为l,自由端作用简谐激振力 $P(t)=P_0\sin\omega t$,试求杆的稳态纵向受迫振动方程。

解 根据式(5.1.43)和式(5.1.41),杆纵向受迫振动正则坐标下的振动方程以及特解的形式分别如下:

$$\frac{\mathrm{d}^2\eta_k(t)}{\mathrm{d}t^2}+\omega_k^2\eta_k(t)=q_k(t)\quad(k=1,2,3\cdots) \tag{a}$$

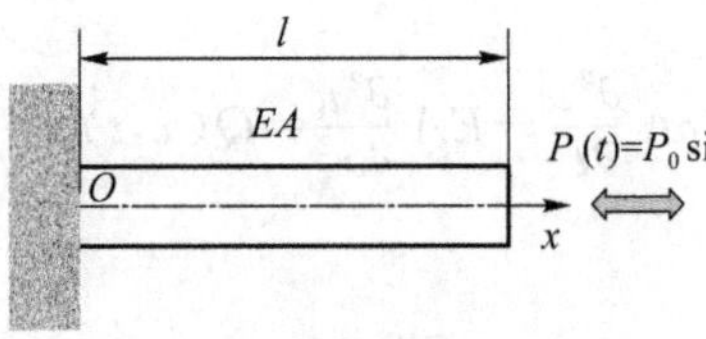

图 5-9　杆受简谐纵向力

$$u(x,t) = \sum_{n=1}^{\infty} \eta_n(t) X_{1n}(x) \tag{b}$$

首先求解振动方程中的正则激振力 $q_k(t)$。由式(5.1.20)，一端固定、一端自由的杆纵向振动振型函数为

$$X_k = C_k \sin\left(\frac{2k-1}{2}\cdot\frac{\pi}{l}x\right) \quad (k=1,2,3\cdots)$$

利用式(5.1.42)将振型函数正则化

$$\int_0^l C_k^2 \sin^2 \frac{(2k-1)\pi x}{2l} \mathrm{d}x = 1$$

得到 $C_k = \sqrt{\dfrac{l}{2}}$，于是正则化的振型函数为

$$X_{1k} = \sqrt{\frac{2}{l}} \sin\frac{(2k-1)\pi x}{2l} \quad (k=1,2,3\cdots) \tag{c}$$

激振力为 $P(t)$ 对应的载荷集度为

$$p(x,t) = \delta(x-l) P_0 \sin\omega t$$

式中，$\delta(x)$ 为单位冲激函数，即

$$\delta(x) = \begin{cases} 0, x \neq 0 \\ \infty, x = 0 \end{cases}, \quad 且 \int_{-\infty}^{+\infty} \delta(x)\mathrm{d}x = 1$$

于是正则激励力为

$$q_k(t) = \frac{1}{\rho A}\int_0^l X_{1k} p(x,t)\mathrm{d}x = \sqrt{\frac{2}{l}}\frac{P_0}{\rho A}(-1)^{k-1}\sin\omega t \quad (k=1,2,3\cdots) \tag{d}$$

将其代入式(a)得

$$\frac{\mathrm{d}^2\eta_k(t)}{\mathrm{d}t^2} + \omega_k^2 \eta_k(t) = \sqrt{\frac{2}{l}}\frac{P_0}{\rho A}(-1)^{k-1}\sin\omega t$$

解得

$$\eta_k(t) = \sqrt{\frac{2}{l}}\frac{(-1)^{k-1}P_0}{\rho A(\omega_k^2-\omega^2)}\sin\omega t \quad (k=1,2,3\cdots) \tag{e}$$

将上式代入式(b)得到稳态受迫振动方程

$$u(x,t) = \sum_{n=1}^{\infty}\frac{2P_0}{\rho Al}\frac{(-1)^{n-1}}{(\omega_n^2-\omega^2)}\sin\frac{\omega_n x}{\alpha}\sin\omega t$$

式中，各阶固有频率 $\omega_n = \dfrac{(2n-1)\pi}{2l}\sqrt{\dfrac{E}{\rho}}$。

5.2　圆轴的扭转振动

5.2.1　振动微分方程的建立

传动轴在各类机械部件中十分常见,其主要用于传递转矩。设有一承受扭矩的均质实心圆轴,如图 5-10 所示,其密度为 ρ,材料的剪切模量为 G,截面极惯性矩为 $I_p(x)$。

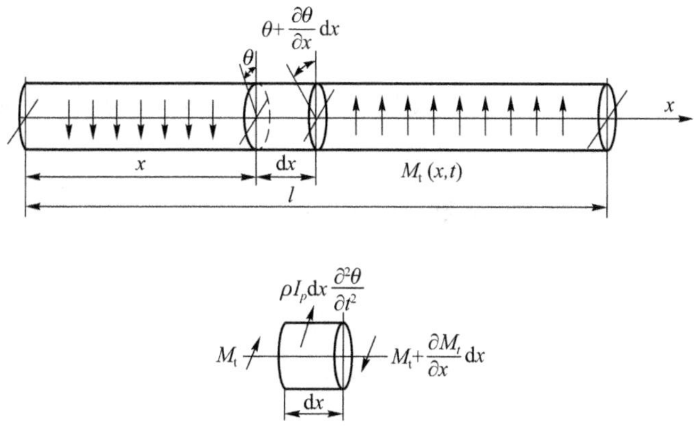

图 5-10　圆轴扭转振动

设当轴发生扭转振动时,各横截面绕 x 轴作微幅扭转,且仍然保持平面。以各截面绕 x 轴的角位移函数 $\theta(x,t)$ 描述轴的扭转振动规律,其为轴长 x 与时间 t 的函数;同样的,圆轴内部各截面承受的转矩为 $M_t(x,t)$。取微段 $\mathrm{d}x$,其转动惯量为

$$\mathrm{d}J_p=\frac{\pi d^4\rho}{32}\mathrm{d}x=I_p\rho\mathrm{d}x \tag{5.2.1}$$

微段左右截面的角位移分别为 θ 和 $\theta+\frac{\partial\theta}{\partial x}\mathrm{d}x$,两截面的转矩分别为 M_t 和 $M_t+\frac{\partial M_t}{\partial x}\mathrm{d}x$。根据材料力学,微段受扭矩时,有

$$\frac{\partial\theta}{\partial x}\mathrm{d}x=\frac{M_t}{GI_p}\mathrm{d}x$$

即

$$M_t=GI_p\frac{\partial\theta}{\partial x} \tag{5.2.2}$$

$$\frac{\partial M_t}{\partial x}=GI_p\frac{\partial^2\theta}{\partial x^2} \tag{5.2.3}$$

由微段所受力矩与其惯性力矩平衡,得

$$\mathrm{d}J_p\frac{\partial^2\theta}{\partial t^2}=\frac{\partial M_t}{\partial x}\mathrm{d}x$$

将式(5.2.1)与式(5.2.3)代入上式得

$$\rho I_p\frac{\partial^2\theta}{\partial t^2}\mathrm{d}x=GI_p\frac{\partial^2\theta}{\partial x^2}\mathrm{d}x$$

令 $\alpha=\sqrt{\dfrac{G}{\rho}}$，得到圆轴扭转自由振动微分方程

$$\frac{\partial^2\theta}{\partial t^2}=\alpha^2\frac{\partial^2\theta}{\partial x^2} \tag{5.2.4}$$

式中，α 是剪切弹性纵波沿 x 轴的传播速度。设此偏微分方程解的形式为

$$\theta(x,t)=\Theta(x)T(t) \tag{5.2.5}$$

其中

$$T(t)=A\sin\omega t+B\cos\omega t \tag{5.2.6}$$

$$\Theta(x)=C\sin\frac{\omega}{\alpha}x+D\cos\frac{\omega}{\alpha}x \tag{5.2.7}$$

与杆纵向振动微分方程的求解方法类似，其中 $\Theta(x)$ 为振型函数，待定常数 A、B 由初始条件确定，C、D 由边界条件确定。

5.2.2 轴的扭转自由振动

轴的扭转自由振动微分方程的特解为

$$\theta_n(x,t)=\Theta_n(x)(A_n\sin\omega_n t+B_n\cos\omega_n t)\quad(n=1,2,3\cdots) \tag{5.2.8}$$

通解即为各阶具有不同固有频率的特解的叠加

$$\theta(x,t)=\sum_{n=1}^{\infty}\Theta_n(x)(A_n\sin\omega_n t+B_n\cos\omega_n t) \tag{5.2.9}$$

式中，振型函数的形式与圆轴的固定形式有关，具体分析方法与杆纵向振动振型函数的求解相同，最后利用初始条件确定方程中其余未知参数。特殊地，若初始条件为 $\theta(x,0)=f_1(x)$，$\left.\dfrac{\partial\theta(x,t)}{\partial t}\right|_{t=0}=f_2(x)$，可按照以下方法确定 $T(t)$ 中的未知参数。

先将振型函数 $\Theta_n(x)$ 正则化，得到 $\Theta_{1n}(x)$，其满足

$$\int_0^l\Theta_{1n}^2(x)\,\mathrm{d}x=1\quad(n=1,2,3\cdots)$$

将式(5.2.9)代入初始条件得

$$\theta(x,0)=\sum_{n=1}^{\infty}B_n\Theta_{1n}(x)=f_1(x)$$

$$\left.\frac{\partial\theta(x,t)}{\partial t}\right|_{t=0}=\sum_{n=1}^{\infty}\omega_nA_n\Theta_{1n}(x)=f_2(x)$$

在以上两式的左右两端同时乘以 $\Theta_{1k}(x)$，并在区间$[0,\ l]$上对 x 进行积分，考虑到振型函数的正交性，有

$$B_k=\int_0^l\Theta_{1k}(x)f_1(x)\,\mathrm{d}x\quad(k=1,2,3\cdots) \tag{5.2.10}$$

$$A_k=\frac{1}{\omega_k}\int_0^l\Theta_{1k}(x)f_2(x)\,\mathrm{d}x\quad(k=1,2,3\cdots) \tag{5.2.11}$$

将上述结果代入式(5.2.9)，即可得到轴的扭转振动方程

$$\theta(x,t)=\sum_{n=1}^{\infty}\Theta_{1n}(x)(A_n\sin\omega_n t+B_n\cos\omega_n t)$$

【例 5-3】 设有一均质圆轴，一端固定，一端自由；抗扭刚度为 GI_p，长为 l，如图 5-11 所示。在其自由端作用以扭矩 M_0，$t=0$ 时刻，突然将 M_0 撤去，试求该圆轴的自由振动方程。

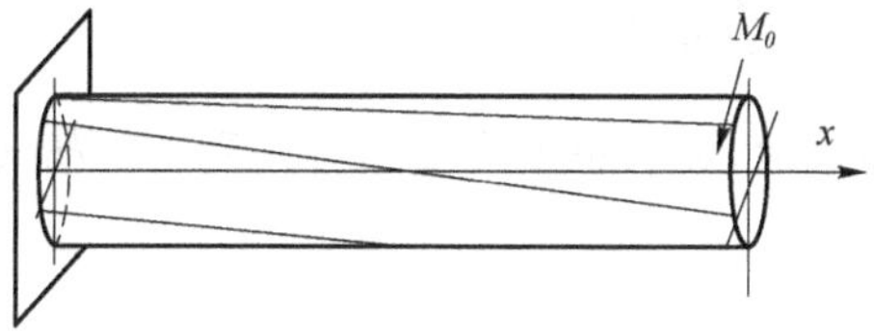

图 5-11　一端固定的均质圆轴

解　首先根据边界条件求解圆轴扭转自由振动的各阶固有频率。在 $x=0$ 处，轴的扭转角为零；$x=l$ 处，截面所受的扭矩为零。于是分别有下式成立：

$$\theta(0,t)=0,\quad M_t(l,t)=0$$

将式(5.2.2)和式(5.2.5)代入得

$$C\frac{\omega}{\alpha}\cos\frac{\omega l}{\alpha}=0,\quad D=0 \tag{a}$$

解得各阶固有频率为

$$\omega_n=\frac{(2n-1)\pi}{2l}\sqrt{\frac{G}{\rho}}\quad (n=1,2,3\cdots) \tag{b}$$

相应的振型函数为

$$\Theta_n(x)=C_n\sin\frac{(2n-1)\pi x}{2l}\quad (n=1,2,3\cdots) \tag{c}$$

下面利用初始条件求解函数 $T(t)$ 中的未知参数。设振动方程的通解为

$$\theta(x,t)=\sum_{n=1}^{\infty}\Theta_{1n}(x)(A_n\sin\omega_n t+B_n\cos\omega_n t)$$

根据式 $\int_0^l \Theta_{1n}^2(x)\mathrm{d}x=1$ 将振型函数正则化，得到

$$\Theta_{1n}(x)=\sqrt{\frac{2}{l}}\sin\frac{(2n-1)\pi x}{2l}\quad (n=1,2,3\cdots) \tag{d}$$

在 $t=0$ 之前，圆轴末端受扭力矩 M_0 的作用，根据材料力学，有 $\frac{\mathrm{d}\theta}{\mathrm{d}x}=\frac{M_0}{GI_p}$；突然撤去外力矩瞬间，各截面初始角速度为零，即

$$f_1(x)=\theta(x,0)=\frac{M_0x}{GI_p} \tag{e}$$

$$f_2(x)=\left.\frac{\partial\theta(x,t)}{\partial t}\right|_{t=0}=0 \tag{f}$$

根据式(5.2.10)与式(5.2.11)，可得

$$\begin{cases}A_k=\dfrac{1}{\omega_k}\displaystyle\int_0^l\Theta_{1k}(x)f_2(x)\mathrm{d}x=0\\[2ex] B_k=\displaystyle\int_0^l\Theta_{1k}(x)f_1(x)\mathrm{d}x=(-1)^{n-1}\sqrt{\frac{2}{l}}\,\frac{4M_0l^2}{GI_p(2n-1)^2\pi^2}\end{cases} \tag{g}$$

将式(g)代入方程的通解中，得到

$$\theta(x,t)=\frac{8M_0 l}{\pi^2 GI_p}\sum_{n=1}^{\infty}\frac{(-1)^{n-1}}{(2n-1)^2}\sin\frac{(2n-1)\pi x}{2l}\cos\frac{(2n-1)\pi a t}{2l}$$

5.2.3 轴的扭转受迫振动

设圆轴上作用均布扭转载荷，载荷集度为$Q(x,t)$，则轴的扭转受迫振动微分方程为

$$\rho I_p\frac{\partial^2\theta}{\partial t^2}-GI_p\frac{\partial^2\theta}{\partial x^2}=Q(x,t) \tag{5.2.12}$$

与杆纵向受迫振动微分方程的求解方法相同，设其通解为

$$\theta(x,t)=\sum_{n=1}^{\infty}\eta_n(t)\Theta_{1n}(x) \tag{5.2.13}$$

式中，$\Theta_{1n}(x)$为正则化的振型函数，将上式代入式(5.2.12)得到在正则坐标下的受迫振动微分方程为

$$\frac{\mathrm{d}^2\eta_n(t)}{\mathrm{d}t^2}+\omega_n^2\eta_n(t)=q_n(t)\quad(n=1,2,3\cdots) \tag{5.2.14}$$

其中，正则激励力为

$$q_n(t)=\frac{1}{\rho I_p}\int_0^l Q(x,t)\Theta_{1n}(x)\mathrm{d}x\quad(n=1,2,3\cdots) \tag{5.2.15}$$

5.3 等截面直梁的横向振动

5.3.1 振动微分方程的建立

当梁在垂直轴线方向振动时，其主要变形形式为弯曲变形，即横向振动。如图 5-12(a)所示的等截面梁，其密度为ρ，梁上位置为x处截面的横截面积为$A(x)$，弹性模量为E，截面沿其中性轴的惯性矩为$J(x)$，梁在集度为$q(x,t)$的载荷作用下发生横向振动。假设当梁发生变形时，各截面仍保持平面，且忽略截面的摆动和轴向位移。

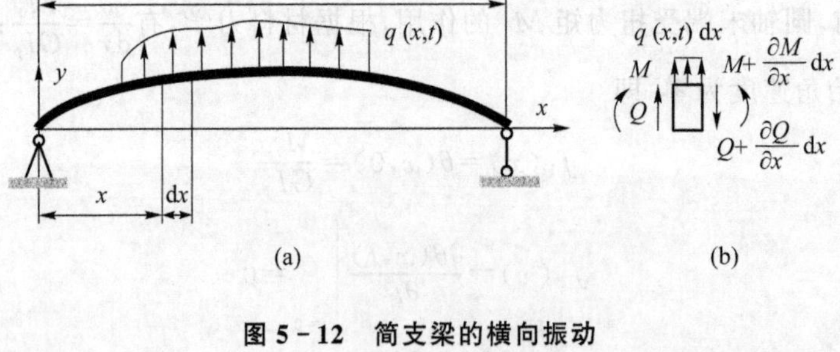

图 5-12 简支梁的横向振动

取微段 dx，其横向位移为$y(x,t)$，如图 5-12(b)所示。分别用$Q(x,t)$和$M(x,t)$表示x处的剪力和弯矩。则微段左右两截面的剪力为$Q(x,t)$和$Q(x,t)+\frac{\partial Q(x,t)}{\partial x}$，弯矩为$M(x,t)$和$M(x,t)+\frac{\partial M(x,t)}{\partial x}$，微段受力满足

$$-\rho A\mathrm{d}x\frac{\partial^2 y}{\partial t^2}+Q-\left(Q+\frac{\partial Q}{\partial x}\mathrm{d}x\right)+q(x,t)\mathrm{d}x=0 \tag{5.3.1}$$

化简得到

$$\rho A\frac{\partial^2 y}{\partial t^2}+\frac{\partial Q}{\partial x}=q(x,t) \tag{5.3.2}$$

忽略截面的转动，则微段的力矩平衡，有

$$\left(M+\frac{\partial M}{\partial x}\mathrm{d}x\right)-M-\left(Q+\frac{\partial Q}{\partial x}\mathrm{d}x\right)\mathrm{d}x+q(x,t)\mathrm{d}x\cdot\frac{\mathrm{d}x}{2}=0 \tag{5.3.3}$$

略去高阶无穷小量，上式简化为

$$Q=\frac{\partial M}{\partial x} \tag{5.3.4}$$

根据材料力学，发生弯曲变形的梁，其弯矩和挠度满足

$$M=EJ\frac{\partial^2 y}{\partial x^2} \tag{5.3.5}$$

将式(5.3.4)和式(5.3.5)代入式(5.3.2)得到梁弯曲振动的偏微分方程为

$$\frac{\partial^2 y}{\partial t^2}+\alpha^2\frac{\partial^4 y}{\partial x^4}=\frac{1}{\rho A}q(x,t) \tag{5.3.6}$$

式中 $\alpha=\sqrt{\frac{EJ}{\rho A}}$，代表了剪切弹性波沿 x 轴的传播速度。

采用分离变量法对(5.3.6)的微分方程进行求解，设其解的形式为

$$y(x,t)=Y(x)T(t) \tag{5.3.7}$$

$Y(t)$为梁横向振动的振型函数，将上式代入微分方程得

$$Y(x)\frac{\mathrm{d}^2 T(t)}{\mathrm{d}t^2}+\alpha^2 T(t)\frac{\mathrm{d}^4 Y(x)}{\mathrm{d}x^4}=\frac{1}{\rho A}q(x,t) \tag{5.3.8}$$

当外界载荷为零时，经整理，方程形式为

$$-\frac{1}{T(t)}\frac{\mathrm{d}^2 T(t)}{\mathrm{d}t^2}=\alpha^2\frac{1}{Y(x)}\frac{\mathrm{d}^4 Y(x)}{\mathrm{d}x^4} \tag{5.3.9}$$

令上式两边同时等于常数 ω^2，可以得到两个常微分方程

$$\frac{\mathrm{d}^2 T(t)}{\mathrm{d}t^2}+\omega^2 T(t)=0 \tag{5.3.10}$$

$$\frac{\mathrm{d}^4 Y(x)}{\mathrm{d}x^4}-\frac{\omega^2}{\alpha^2}Y(x)=0 \tag{5.3.11}$$

设式(5.3.10)的解为

$$T(t)=M\sin\omega t+N\cos\omega t \tag{5.3.12}$$

对于式(5.3.11)，令 $k^4=\frac{\omega^2}{\alpha^2}=\frac{\rho A}{EJ}\omega^2$，则微分方程转化为

$$\frac{\mathrm{d}^4 Y(x)}{\mathrm{d}x^4}-k^4 Y(x)=0 \tag{5.3.13}$$

设解的形式为

$$Y(x)=\mathrm{e}^{sx} \tag{5.3.14}$$

则有$\frac{\mathrm{d}^4 Y(x)}{\mathrm{d}x^4}=s^4\mathrm{e}^{sx}$，将两式代入微分方程得到其特征方程为

$$s^4-k^4=0 \tag{5.3.15}$$

解得方程的四个特征根为

$$s_1=-\mathrm{j}k, s_2=\mathrm{j}k, s_3=-k, s_4=k$$

于是得到方程的解为

$$Y(x)=a\mathrm{e}^{-\mathrm{j}kx}+b\mathrm{e}^{\mathrm{j}kx}+c\mathrm{e}^{-kx}+d\mathrm{e}^{kx} \tag{5.3.16}$$

又有 $\mathrm{e}^{\pm \mathrm{j}kx}=\cos kx \pm \sin kx, \mathrm{e}^{\pm kx}=\cosh kx \pm \sinh kx$，并引入克雷洛夫函数：

$$\begin{cases} S(x)=\dfrac{1}{2}(\cosh x+\cos x) \\ T(x)=\dfrac{1}{2}(\sinh x+\sin x) \\ U(x)=\dfrac{1}{2}(\cosh x-\cos x) \\ V(x)=\dfrac{1}{2}(\sinh x-\sin x) \end{cases} \tag{5.3.17}$$

代入式(5.3.16)，于是振型函数具有如下形式：

$$Y(x)=AS(kx)+BT(kx)+CU(kx)+DV(kx) \tag{5.3.18}$$

式中

$$A=a+b+c+d$$
$$B=-\mathrm{j}a+\mathrm{j}b-c+d$$
$$C=-a-b+c+d$$
$$D=\mathrm{j}a-\mathrm{j}b-c+d$$

因此，梁横向振动微分方程的解的一般形式为

$$y(x,t)=[AS(kx)+BT(kx)+CU(kx)+DV(kx)](M\sin \omega t+N\cos \omega t) \tag{5.3.19}$$

式中，常数可由初始条件和边界条件确定。

5.3.2 横向振动的固有频率

通过以上讨论，建立了梁弯曲自由振动的微分方程，并得到了微分方程解的形式。现考虑克雷洛夫函数，有

$$\frac{\mathrm{d}S(x)}{\mathrm{d}x}=\frac{1}{2}(\sinh x-\sin x)=V(x)$$
$$\frac{\mathrm{d}T(x)}{\mathrm{d}x}=\frac{1}{2}(\cosh x+\cos x)=S(x)$$
$$\frac{\mathrm{d}U(x)}{\mathrm{d}x}=\frac{1}{2}(\sinh x+\sin x)=T(x)$$
$$\frac{\mathrm{d}V(x)}{\mathrm{d}x}=\frac{1}{2}(\cosh x-\cos x)=U(x)$$

成立。则对于振型函数，有

$$\frac{\mathrm{d}Y}{\mathrm{d}x}=k[AV(kx)+BS(kx)+CT(kx)+DU(kx)] \tag{5.3.20}$$

$$\frac{\mathrm{d}^2Y}{\mathrm{d}x^2}=k^2[AU(kx)+BV(kx)+CS(kx)+DT(kx)] \tag{5.3.21}$$

$$\frac{\mathrm{d}^3Y}{\mathrm{d}x^3}=k^3[AT(kx)+BU(kx)+CV(kx)+DS(kx)] \tag{5.3.22}$$

基于此，下面对几种常见的边界条件下梁发生振动的固有频率和主振型进行讨论。

1. 简支梁

简支梁两端由铰链支承，因此梁端位移与弯矩均为零，即

$$\begin{cases} y(0,t)=0, M(0,t)=0 \\ y(l,t)=0, M(l,t)=0 \end{cases} \tag{5.3.23}$$

将式(5.3.5)和(5.3.7)代入得

$$\begin{cases} Y(0)=0, \left.\dfrac{\mathrm{d}^2Y(x)}{\mathrm{d}x^2}\right|_{x=0}=0 \\ Y(l)=0, \left.\dfrac{\mathrm{d}^2Y(x)}{\mathrm{d}x^2}\right|_{x=l}=0 \end{cases} \tag{5.3.24}$$

将振型函数及其导数的表达式代入得

$$\begin{cases} A=0 \\ C=0 \\ BT(kl)+DV(kl)=0 \\ Bk^2V(kl)+Dk^2T(kl)=0 \end{cases} \tag{5.3.25}$$

将式(5.3.17)代入方程，为使待定常数 B、D 有非零解，则该齐次线性方程组的系数行列式为零，即

$$\begin{vmatrix} T(kl) & V(kl) \\ V(kl) & T(kl) \end{vmatrix}=0$$

化简得到特征方程

$$\sin kl=0 \tag{5.3.26}$$

解得

$$k_n=\frac{n\pi}{l}\quad(n=1,2,3\cdots) \tag{5.3.27}$$

且有 $B+D=0$。因此各阶固有频率为

$$\omega_n=\alpha k_n^2=\frac{n^2\pi^2}{l^2}\sqrt{\frac{EJ}{\rho A}}\quad(n=1,2,3\cdots) \tag{5.3.28}$$

相应的简支梁横向振动的各阶振型函数为

$$Y_n(x)=B_nT(k_nx)+D_nV(k_nx)=B_n\sin k_nx\quad(n=1,2,3\cdots) \tag{5.3.29}$$

2. 固定梁

由于固支梁两端的位移和转角均为零，因此边界条件为

$$\begin{cases} Y(0)=0, \left.\dfrac{\mathrm{d}Y(x)}{\mathrm{d}x}\right|_{x=0}=0 \\ Y(l)=0, \left.\dfrac{\mathrm{d}Y(x)}{\mathrm{d}x}\right|_{x=l}=0 \end{cases} \tag{5.3.30}$$

代入振型函数表达式得到

$$\begin{cases} A=0 \\ B=0 \\ CU(kl)+DV(kl)=0 \\ CkT(kl)+DkU(kl)=0 \end{cases} \tag{5.3.31}$$

令系数行列式为零,有

$$\begin{vmatrix} U(kl) & V(kl) \\ T(kl) & U(kl) \end{vmatrix}=0$$

化简得到特征方程为

$$\cos kl \cosh kl-1=0 \tag{5.3.32}$$

舍去 $k=0$ 的解,通过数值解法可求得该方程的特征根,如表 5-1 所列。

表 5-1　两端固定梁前五阶特征值

阶　数	k_1l	k_2l	k_3l	k_4l	k_5l
特征值	4.730	7.583	10.996	14.137	17.249

各阶固有频率和振型函数分别为

$$\omega_n=\alpha k_n^2=k_n^2\sqrt{\frac{EJ}{\rho A}} \quad (n=1,2,3\cdots) \tag{5.3.33}$$

$$Y(x)=C_nU(k_nx)+D_nV(k_nx) \quad (n=1,2,3\cdots) \tag{5.3.34}$$

式中,C_n、D_n 满足$\frac{C_n}{D_n}=-\frac{V(k_nl)}{U(k_nl)}=-\frac{U(k_nl)}{T(k_nl)}$。

3. 悬臂梁

设悬臂梁 $x=0$ 的一端为固定端,$x=l$ 为自由端。因此在 $x=0$ 处,位移和转角均为零,$x=l$处剪力和弯矩均为零,即

$$\begin{cases} y(0,t)=0,\left.\frac{\mathrm{d}y(x,t)}{\mathrm{d}x}\right|_{x=l}=0 \\ Q(l,t)=0,M(l,t)=0 \end{cases} \tag{5.3.35}$$

将式(5.3.4)、(5.3.7)和(5.3.8)代入得

$$\begin{cases} Y(0)=0,\left.\frac{\mathrm{d}Y(x)}{\mathrm{d}x}\right|_{x=0}=0 \\ \left.\frac{\mathrm{d}^3Y(x)}{\mathrm{d}x^3}\right|_{x=l}=0,\left.\frac{\mathrm{d}^2Y(x)}{\mathrm{d}x^2}\right|_{x=l}=0 \end{cases} \tag{5.3.36}$$

即

$$\begin{cases} A=0 \\ B=0 \\ Ck^3V(kx)+Dk^3S(kx)=0 \\ Ck^2S(kx)+Dk^2T(kx)=0 \end{cases} \tag{5.3.37}$$

系数 C、D 具有非零解的条件为

$$\begin{vmatrix} V(kl) & S(kl) \\ S(kl) & T(kl) \end{vmatrix}=0$$

对上式进行化简得到特征方程

$$\cos kl\cosh kl+1=0 \tag{5.3.38}$$

表 5-2 所列即为特征方程的根。

表 5-2　悬臂梁前五阶特征值

阶　数	$k_1 l$	$k_2 l$	$k_3 l$	$k_4 l$	$k_5 l$
特征值	1.875	4.694	7.855	10.996	14.137

相应的固有频率和振型函数分别为

$$\omega_n=\alpha k_n^2=k_n^2\sqrt{\frac{EJ}{\rho A}}\quad (n=1,2,3\cdots) \tag{5.3.39}$$

$$Y(x)=C_nU(k_nx)+D_nV(k_nx)\quad (n=1,2,3\cdots) \tag{5.3.40}$$

式中，C_n、D_n 满足$\dfrac{C_n}{D_n}=-\dfrac{S(k_nl)}{V(k_nl)}=-\dfrac{T(k_nl)}{S(k_nl)}$。

4. 固定-铰支梁

固定端的位移和转角为零，铰支端位移和弯矩为零。边界条件为

$$\begin{cases} Y(0)=0,\left.\dfrac{\mathrm{d}Y(x)}{\mathrm{d}x}\right|_{x=0}=0 \\ Y(l)=0,\left.\dfrac{\mathrm{d}^2Y(x)}{\mathrm{d}x^2}\right|_{x=l}=0 \end{cases} \tag{5.3.41}$$

对应的特征方程为

$$\tan kl-\tanh kl=0 \tag{5.3.42}$$

其前几阶特征值见表 5-3。

表 5-3　固定-铰支梁前五阶特征值

阶　数	$k_1 l$	$k_2 l$	$k_3 l$	$k_4 l$	$k_5 l$
特征值	3.927	7.069	10.210	13.352	16.493

据此可得固定-铰支梁的固有频率和振型函数为

$$\omega_n=\alpha k_n^2=k_n^2\sqrt{\frac{EJ}{\rho A}}\quad (n=1,2,3\cdots) \tag{5.3.43}$$

$$Y(x)=C_nU(k_nx)+D_nV(k_nx)\quad (n=1,2,3\cdots) \tag{5.3.44}$$

式中，C_n、D_n 满足$\dfrac{C_n}{D_n}=-\dfrac{V(k_nl)}{U(k_nl)}=-\dfrac{T(k_nl)}{S(k_nl)}$。

5. 铰支-自由梁

一端铰支的梁边界条件为

$$\begin{cases} Y(0)=0, \left.\dfrac{d^2Y(x)}{dx^2}\right|_{x=0}=0 \\ \left.\dfrac{d^3Y(x)}{dx^3}\right|_{x=l}=0, \left.\dfrac{d^2Y(x)}{dx^2}\right|_{x=l}=0 \end{cases} \tag{5.3.45}$$

将振型函数代入得到

$$\tan kl-\tanh kl=0 \tag{5.3.46}$$

此特征方程与固定-铰支梁相同，其特征值可参见表 5 - 3。对应的固有频率和振型函数为

$$\omega_n=\alpha k_n^2=k_n^2\sqrt{\frac{EJ}{\rho A}} \quad (n=1,2,3\cdots) \tag{5.3.47}$$

$$Y(x)=B_nT(k_nx)+D_nV(k_nx) \quad (n=1,2,3\cdots) \tag{5.3.48}$$

式中，B_n、D_n 满足$\dfrac{B_n}{D_n}=-\dfrac{S(k_nl)}{U(k_nl)}=-\dfrac{T(k_nl)}{V(k_nl)}$。

6. 自由梁

自由梁的边界条件为

$$\begin{cases} \left.\dfrac{d^3Y(x)}{dx^3}\right|_{x=0}=0, \left.\dfrac{d^2Y(x)}{dx^2}\right|_{x=0}=0 \\ \left.\dfrac{d^3Y(x)}{dx^3}\right|_{x=l}=0, \left.\dfrac{d^2Y(x)}{dx^2}\right|_{x=l}=0 \end{cases} \tag{5.3.49}$$

将其整理化简，得到特征方程

$$\cos kl\cosh kl-1=0 \tag{5.3.50}$$

该方程与固定梁的特征方程相同，特征值可参见表 5 - 1。固有频率和振型函数为

$$\omega_n=\alpha k_n^2=k_n^2\sqrt{\frac{EJ}{\rho A}} \quad (n=1,2,3\cdots) \tag{5.3.51}$$

$$Y(x)=A_nS(k_nx)+B_nT(k_nx) \quad (n=1,2,3\cdots) \tag{5.3.52}$$

式中，A_n、B_n 满足$\dfrac{A_n}{B_n}=-\dfrac{U(k_nl)}{T(k_nl)}=-\dfrac{V(k_nl)}{U(k_nl)}$。

5.3.3 横向自由振动的响应

梁弯曲自由振动第 n 阶固有频率下的特解为

$$y_n(x,t)=Y_n(x)T_n(t)=Y_n(x)(M_n\sin\omega_nt+N_n\cos\omega_nt) \quad (n=1,2,3\cdots) \tag{5.3.53}$$

因此振动微分方程的通解为

$$y(x,t)=\sum_{n=1}^{\infty}y_n(x,t)=\sum_{n=1}^{\infty}Y_n(x)(M_n\sin\omega_nt+N_n\cos\omega_nt) \tag{5.3.54}$$

【例 5 - 4】 一等截面均质悬臂梁自由端由弹性元件横向支承，如图 5 - 13 所示。梁的密度为 ρ，截面积为 A，抗弯刚度为 EJ，弹性元件刚度为 K。试推导其弯曲振动的特征方程。

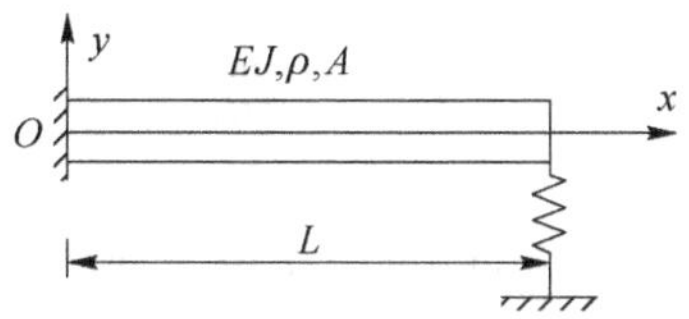

图 5-13　自由端弹性支承的悬臂梁

解　取固定端为坐标原点，x 方向为梁的长度方向，如图 5-13 所示。在固定端，梁的位移与转角均为零，即

$$y(0,t)=0,\quad \left.\frac{\partial y(x,t)}{\partial x}\right|_{x=0}=0 \tag{a}$$

弹性支承端弯矩为零，剪力与弹性元件形变产生的力大小相等。根据材料力学，当位移为正时，弹性力与位移方向相反，此时剪力为正；位移为负时，剪力为负。因此，该处的边界条件为

$$M(l,t)=0,\quad Q(l,t)=Ky(l,t) \tag{b}$$

将式(5.3.4)、式(5.3.5)与式(5.3.7)代入(a)、(b)得

$$\begin{cases} Y(0)=0 \\ \left.\dfrac{\mathrm{d}Y(x)}{\mathrm{d}x}\right|_{x=0}=0 \\ \left.\dfrac{\mathrm{d}^2Y(x)}{\mathrm{d}x^2}\right|_{x=l}=0 \\ EJ\left.\dfrac{\mathrm{d}^3Y(x)}{\mathrm{d}x^3}\right|_{x=l}=KY(x) \end{cases} \tag{c}$$

化简得到

$$\begin{cases} A=0 \\ B=0 \\ Ck^2S(kl)+Dk^2T(kl)=0 \\ CEJk^3V(kl)+DEJk^3S(kl)=CKU(kl)+DKV(kl) \end{cases} \tag{d}$$

要使 C、D 有非零解，则须使

$$\begin{vmatrix} k^2S(kl) & k^2T(kl) \\ EJk^3V(kl)-KU(kl) & EJk^3S(kl)-KV(kl) \end{vmatrix}=0 \tag{e}$$

化简得到

$$EJk^3(\cos kl\cosh kl+1)+K(\sin kl\cosh kl-\cos kl\sinh kl)=0$$

上式即为一端固定、一端弹性支承梁弯曲振动的特征方程。注意到：

① 当 $K=0$ 时，上式成为 $\cos kl\cosh kl+1=0$，即悬臂梁的特征方程。

② 当 $K=\infty$ 时，上式转化为 $\sin kl\cosh kl-\cos kl\sinh kl=0$，即一端固定、一端铰支梁的特征方程。

习 题

5-1 一长为 l 的等截面均质直杆，中点处作用一轴向力 F，如图 5.1 所示。$t=0$ 时突然将力撤去，求杆纵向振动的响应。

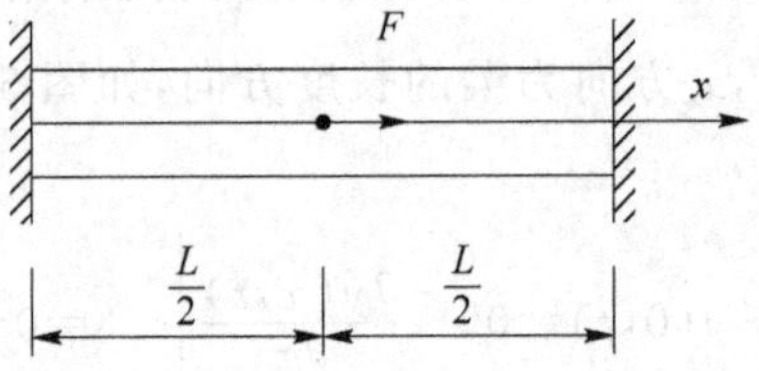

图 5.1 习题 5-1 用图

5-2 试求图 5.2 所示的悬臂直杆在固定端受纵向支撑运动 $u_s(0,t)=r\sin\omega t$ 时的稳态响应。

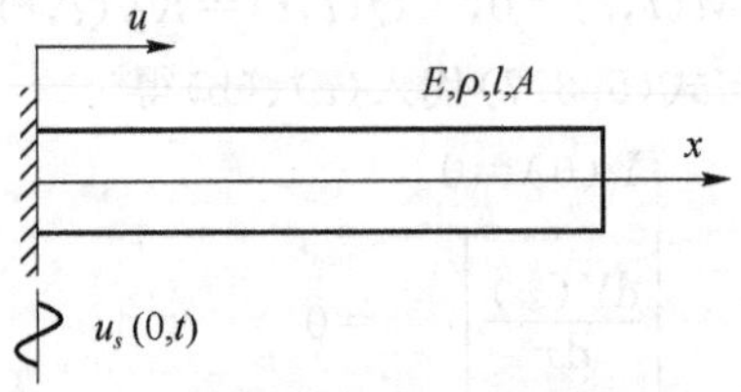

图 5.2 习题 5-2 用图

5-3 一直杆左端固定，右端附一个重量为 W 的重物并和弹簧相连，如图 5.3 所示。已知杆长为 l，密度为 ρ，截面积为 A，弹性模量为 E，弹簧刚度为 k。求杆的纵向自由振动的特征方程。

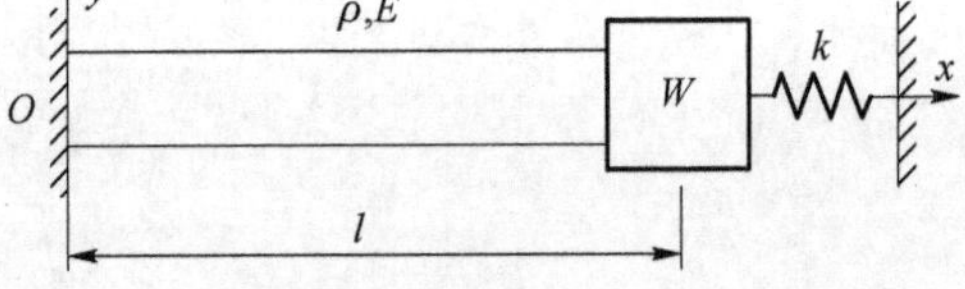

图 5.3 习题 5-3 用图

5-4 长为 l 的圆轴以角速度 ω 转动，如图 5.4 所示。$t=0$ 时突然将轴左端固定，求轴的扭转自由振动响应。

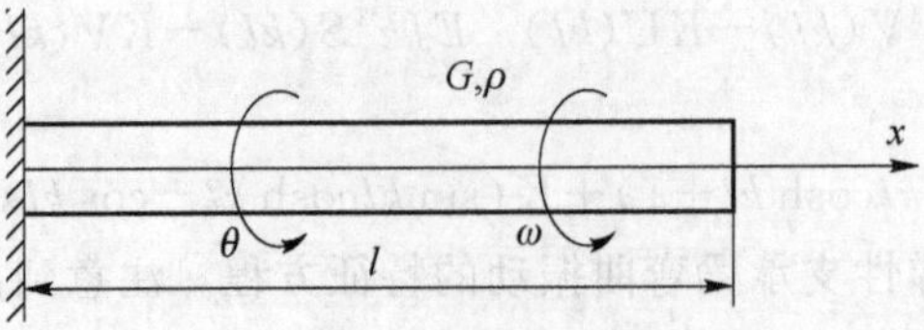

图 5.4 习题 5-4 用图

5－5　试求图 5.5 所示的梁横向振动特征方程。

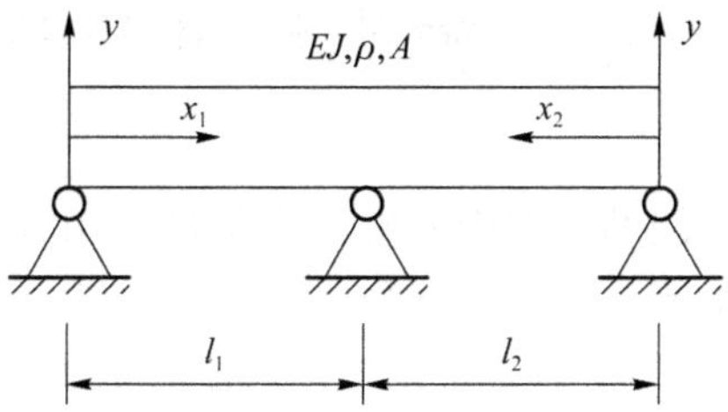

图 5.5　习题 5－5 用图

第6章　模态测试与分析

前面各章主要讲述了振动问题的理论分析和计算方法，在工程实际中，模态测试与分析也是解决振动问题必不可少的重要手段。模态测试与分析是综合运用线性振动理论、动态测试技术、数字信号处理和系数辨识等手段进行系统动力学参数识别的过程。本章将对模态测试与分析技术作简要的概述。

6.1　信号处理技术

6.1.1　采样定理

当信号由模拟量转为数字量时，在单位时间内采样的点数(采样频率)越多，则数字信号越能真实地反映模拟信号。但采样率越大，对数据采集卡和计算机的性能要求就越高。易知，模拟信号变化越快即频率越高，则所需的采样频率越高。采样定理指出：数字信号能复现模拟信号所需的最低采样频率必须大于或等于模拟信号中最高频率的2倍，即

$$f_s \geqslant 2f_N \tag{6.1.1}$$

式中 f_s 为采样频率，f_N 为模拟信号中的最高频率。当采样过程不满足采样定理时，采样的结果将产生频率混淆。例如，对图6-1中粗实线代表的简谐振动，若每间隔 $\Delta t<1/(2f_N)$ 采样一次，则将采样点(以"."表示)用直线连接后能反映实际的振动；但若每间隔 $7\Delta t>1/(2f_N)$ 采样一次(以"□"表示)，反映的振动将如细实线所示，频率只有实际频率的1/7。这意味着，如果采样频率不满足采样定理，则模拟信号中部分高频信号可能被误作为低频信号，从而与实际的低频部分相混淆。

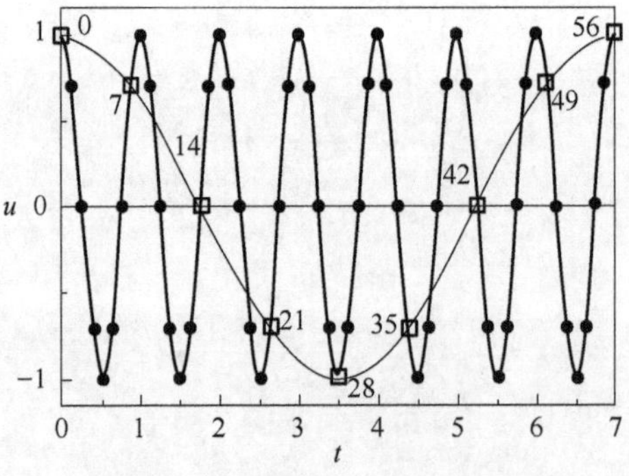

图6-1　采样中的频率混淆

实验中，一般应保证采样频率满足

$$f_s > (2.5\sim5)f_N \tag{6.1.2}$$

在实际测量时，模拟信号中常含有高频噪声，因此数据采集系统内一般装有特殊的低通滤波器，称作抗混滤波器。它的作用是将模拟信号中不需要的部分高频信号在数据采集变换前

衰减掉，从而保证采样过程满足采样定理。

6.1.2　快速傅里叶变换

采集到计算机内的数字信号反映了其时域特征，在实际中常常需要知道信号的频域特征。快速傅里叶变换(FFT)是针对离散信号的一种快速计算方法，它可以快速地将离散时域信号变换为离散的频域信号。快速傅里叶变换相当于对信号进行傅里叶级数展开，这要求时域信号必须是周期性的。在实际测量中，由于受到噪声干扰，严格意义上的信号周期性难以保证，此时要求信号必须是平稳的。使用快速傅里叶变换时必须知道以下几个关键点：

1) 所采集的时域信号的时间总长度决定了频域内信号的频率分辨率。例如，若采集的时间长度为 T，则频域内谱线之间的间隔为

$$\Delta f=\frac{1}{T} \tag{6.1.3}$$

显然，在相同的采样频率下，采样的时间越长，即采样的点数越多，Δf 就越小，频率的分辨率也就越高。

2) 频域内谱线的根数与所采集的时域信号采样点数(为 2 的幂次值)相同，且谱线在正负频率区间对称分布。在实际数值计算时，例如用 MATLAB 进行 FFT 计算，频域数据将按照图 6-2 所示方式排列(图中仅取 8 个采样点)。

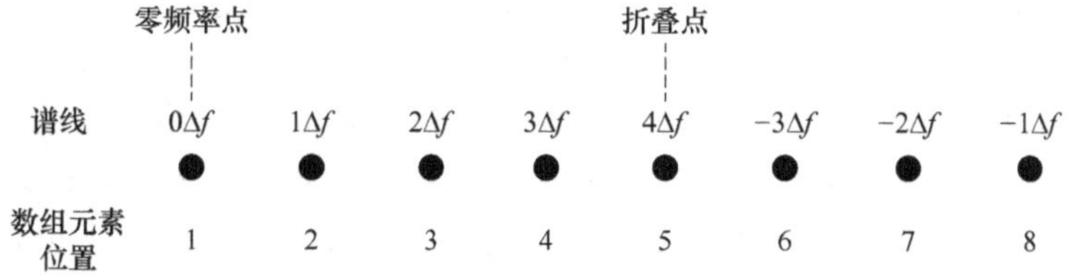

图 6-2　频域数据点排列方式

在图 6-2 中，零频率点和折叠点是两个较特殊的点，它们的数值均为实数。除零频率点外(零频率点的谱线幅值表征了时域信号中的直流分量)，其余点围绕折叠点左右对称分布，对称点的数值为一对共轭复数，表明它们代表的振动幅值相同，相位相反。由于对称点谱线所包含的振动信息是等价的，因此，在实际应用中，频域数据中可仅取零频率点到折叠点之间的谱线即可，无须取负频率部分的谱线。但若要进行傅里叶逆变换即由频域返回时域，则必须按照图 6-2 所示方式形成所有谱线上的数值。由图 6-2 可推得：若采样点数为 n，则频域中折叠点在数组中第($n/2+1$)个位置；有效谱线数为($n/2+1$)根，理论最高分析频率为

$$f_{\max}=\frac{1}{2}n\Delta f=\frac{1}{2}n\cdot\frac{1}{T}=\frac{1}{2}f_s \tag{6.1.4}$$

式中，f_s 为单位时间内采样点数，因此为采样频率。

3) 与理论上的模拟计算不同，实际采集过程受抗混滤波器性能的限制，靠近理论上最高分析频率的谱线会遭到高频信号污染，因而，不能达到理论最高分析频率。常用的数据采集设备中大多设定采样频率为要分析的频率带宽的 2.56 倍，因此若采样点数为 1 024，则可用的谱线根数为 1 024/2.56=400，其余 513 根－400 根=113 根谱线不能用，这就是实际中常讲的 400 线的含义。

【例 6-1】　一振动信号的采样长度为 $T=20$ s，采样点数 $n=1\,024$，试求采样频率、频率

分辨率和理论最高分析频率。若采用的是 400 线有效带宽,求实际可得到的最高分析频率。

解

采样频率为

$$f_s=\frac{n}{T}=\frac{1\,024}{20}=51.2\ \text{Hz} \tag{a}$$

频率分辨率

$$\Delta f=\frac{1}{T}=0.05\ \text{Hz} \tag{b}$$

由式(6-1)得理论最高分析频率为

$$f_{\max}=\frac{f_s}{2}=25.6\ \text{Hz} \tag{c}$$

对 400 线有效带宽,实际可得到的最高分析频率为

$$f_{400}=\frac{f_s}{2.56}=20\ \text{Hz} \tag{d}$$

6.1.3 频谱泄漏

对周期振动来讲,若采样的时间长度不是该周期振动周期的整数倍,则在频域内原来谱线上的能量会泄漏到其他谱线上去,这就是频谱泄漏现象。泄漏现象可用正弦信号来说明。图 6-3(a)所示是一振动频率为 ω_0、周期为 T_0 的正弦波。如果采样时间长度 T 是正弦波周期 T_0 的整数倍,则其在频谱图上表现为频率为 ω_0 的唯一谱线。但若 T 不是 T_0 的整数倍(见图 6-3(b)),则在频谱图上将得到包括频率 ω_0 在内的多根谱线,频率为 ω_0 的谱线幅值最大。实际信号仅有一个振动频率,结果得到多个频率,这就是发生了泄漏,即振动能量泄漏到 ω_0 之外的其他频率的振动中。在理论上进行模拟计算时,可将采样时间长度精确地设定为正弦波周期的整数倍,从而消除泄漏现象;但实际中数据采集卡的采样周期是分级固定的,常常不能精确实现整周期采样,因此实际采集过程,泄漏大多无法避免。为了减少泄漏,可对已采集的信号进行加窗处理,具体可参照其他数字信号处理方面的专著。需要指出的是,除周期信号外,其他信号在采样时也会发生泄漏。

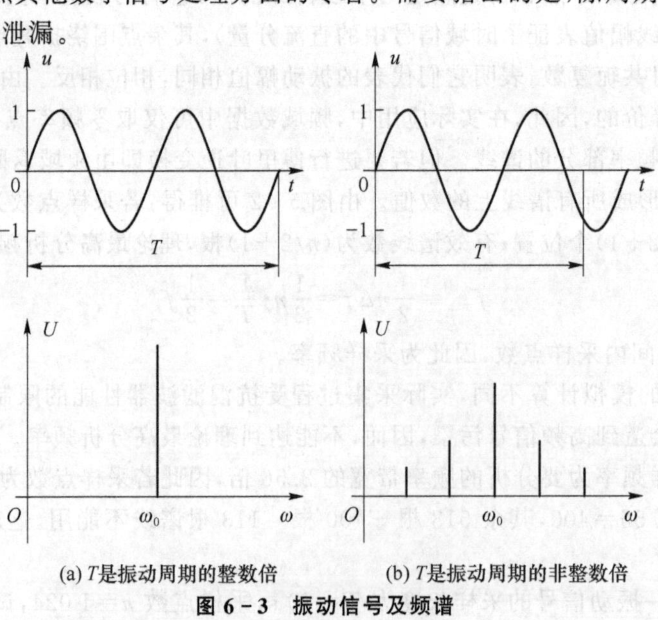

(a) T是振动周期的整数倍　　(b) T是振动周期的非整数倍

图 6-3　振动信号及频谱

6.2　模态激励技术

6.2.1　实验设备

振动实验总体上可以分为信号采集和信号分析两大步。信号采集是信号分析的基础，只有得到真实可信的信号，才能分析得到正确的结果。一个完整的振动信号采集系统主要包含以下仪器设备。

1. 传感器

传感器的作用是将其接收到的结构机械振动转变为电信号。根据接收信号方式不同，振动传感器可分为相对式和惯性式两种。其中相对式又分为顶杆式和非接触式，以传感器的外壳作为参考系，借助顶杆或间隙的变化接收振动，如激光加速度计就是常用的非接触式传感器；惯性式传感器通过传感器内部由质量、弹簧和阻尼器构成的单自由度系统接收被测振动。惯性式传感器测得的是相对于惯性坐标的绝对振动，所以也称为绝对式振动传感器。

此外，振动传感器按测振参数可分为位移传感器、速度传感器和加速度传感器；按变换原理可分为磁电式传感器、压电式传感器、电阻应变式传感器、电感式传感器、电容式传感器和光学式传感器等。在振动测试中，最常用的是压电式加速度传感器和磁电式绝对速度传感器，这两者都属于惯性式测振传感器。

(1) 压电式加速度传感器

在振动实验中最常用的一类传感器是压电型加速度传感器。这类传感器的工作原理是石英晶体在受力作用时可以产生电压信号。压电加速度传感器的特点是体积小，适用的频带宽。图 6－4 所示是常见的几种加速度计外形。加速度计的灵敏度通常以其感受到主轴线方向 1 g(g=9.8 m/s^2)加速度时输出的电压值来衡量，常见的灵敏度有 10 mV/g、100 mV/g 和 500 mV/g；加速度计的量程是指其所能测量的最大加速度范围。由于信号采集系统输入端的电压范围通常为±5 V，因此灵敏度高的传感器量程小，灵敏度低的传感器量程大。例如，图示 10 mV/g、100 mV/g 和 500 mV/g 灵敏度的传感器对应的量程分别为 500 g、50 g 和 10 g。加速度计的工作频率范围是指其灵敏度保持不变的工作频率范围，由于制造精度所限，同一型号不同个体加速度计的灵敏度会有些许差异。因此，每一个加速度计在出厂时都会随附一张灵敏度曲线图，该图给定了加速度计的灵敏度和使用频率范围。图 6－5 是某加速度计的频率特性图，横轴为频率(Hz)，纵轴为灵敏度增益(dB)。由图可以看出，该加速度计在 10 Hz 以下和 3 000 Hz以上的灵敏度相对 100 Hz 处的值均有所变化。一般来讲，加速度计在 5 Hz 以下的灵敏度会大大下降，因此加速度计难以测量频率很低的信号。

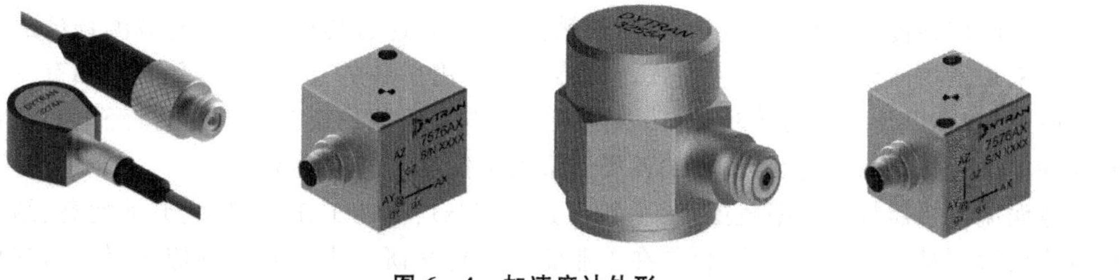

图 6－4　加速度计外形

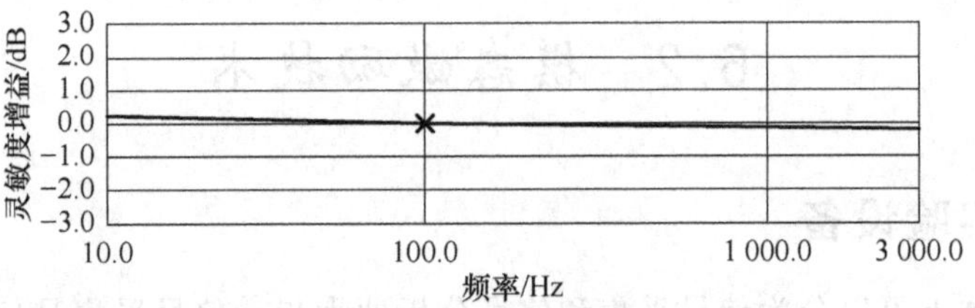

图 6-5　加速度计频率特性

(2) 磁电式速度传感器

磁电式速度传感器也是常见的一种用于测量振动信号的传感器,图 6-6 为实际使用的磁电式速度传感器的结构图。封闭的外壳里面由两个弹簧片支撑着一个芯杆,芯杆上装有线圈和阻尼杯,组成一个有阻尼的质量弹簧系统。传感器的壳体固定在被测对象上,线圈则固定在外壳上,磁铁用弹簧支撑在外壳上。当外壳及线圈随被测对象一起振动时,由于其振动频率大大高于磁铁与弹簧组成的系统的自然频率(即传感器的固有频率),磁铁实际上近乎保持不动。这样,磁铁与线圈之间就产生了相对运动,该相对速度近似等于线圈及壳体的绝对速度。由于相对运动,线圈切割磁力线,从而在线圈中产生了感应电势,该感应电势与相对运动速度成正比,而相对运动速度又近似地等于壳体的速度,因而测得了线圈中的感应电势,即可推知被测对象的振动速度。

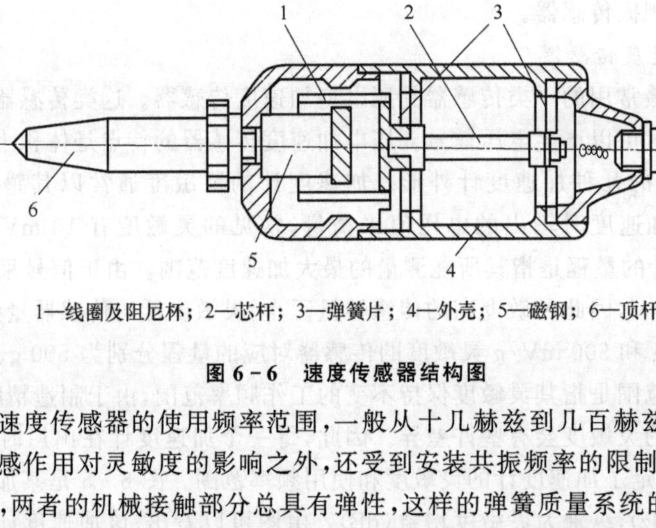

1—线圈及阻尼杯; 2—芯杆; 3—弹簧片; 4—外壳; 5—磁钢; 6—顶杆

图 6-6　速度传感器结构图

上述磁电式速度传感器的使用频率范围,一般从十几赫兹到几百赫兹。使用频率的上限除了阻尼杯的互感作用对灵敏度的影响之外,还受到安装共振频率的限制。此外,传感器固定于被测物体上时,两者的机械接触部分总具有弹性,这样的弹簧质量系统的固有频率直接限制了传感器的使用频率。另外由于结构的原因,这种传感器的位移量程也有一定限制,一般最大可测振幅为 1 mm。

(3) 电涡流式位移传感器

电涡流位移传感器是一种相对式非接触传感器,它通过传感器端部与被测物体之间的距离变化来测量物体振动的位移或振幅。传感器一般用单独的支架固定,并与转轴有一定的初始间隙,当转轴以角速度旋转时,沿转轴径向振动引起间隙的变化,该变化量经电涡流传感器转换为电信号,然后经前置器输出到各类记录指示仪器上进行测量。

电涡流传感器具有频率范围宽(一般可达 9 kHz)、线性工作范围大、灵敏度高、结构简单以及非接触测量等优点。因此,目前在工业监测及科学研究中得到广泛应用,例如,静位移的测量、振动位移的测量、旋转机械中监测转轴的振动等。

由于电涡流传感器是靠电涡流效应来完成机电转换的，因此被测物体必须是金属导体。不同的金属导体，它的电导率、磁导率及涡流损耗不同，这些电磁参数直接影响传感器的灵敏度。一般来说，被测物体材料的电导率越高，其灵敏度越高。若被测物体是非导电材料，则应在被测物体上附贴金属片。金属片的直径约为传感器直径的两倍，金属片的厚度一般应在 0.2 mm以上。

(4) 激光传感器

激光传感器一般由激光器、激光检测器和测量电路组成，也属于非接触式传感器的一种，优点是测量距离远，速度快，精度高，量程大，抗光、电干扰能力强等。可用于激光测长、激光测距、激光测振、激光测速。

激光测振传感器则是基于多普勒原理测量物体的振动速度的。这种测振仪在测量时由光学部分将物体的振动转换为相应的多普勒频移，并由光检测器将此频移转换为电信号，再由电路部分作适当处理后送往多普勒信号处理器将多普勒频移信号变换为与振动速度相对应的电信号。它的优点是使用方便，不需要固定参考系，不影响物体本身的振动，测量频率范围宽、精度高、动态范围大。缺点是测量过程受其他杂散光的影响较大。

2. 信号适调器/数据采集与分析系统

信号适调器的主要作用是将传感器输出的信号进行放大和滤波，或给内置放大型传感器供电。在专用的信号采集与分析系统中，信号适调功能常常集成在系统内。

数据采集与分析系统的作用是对信号进行采集和保存，并对其进行分析处理。以往，数据采集与分析系统主要是专用的仪器，如 Agilent 35670A(见图 6-7(a))。这类系统的优点是集成度高，便携性好，测量精度很高，稳定可靠；其缺点是测量通道少，数据存取速度很慢，分析功能弱，再开发性差。目前的发展趋势是以微型计算机为核心构筑成数据采集与分析系统，如 VXI 或 PXI 测试系统(见图 6-7(b))。这类系统的优点是充分利用现代微机高性能的数据处理能力和采用了大量的数据分析与处理软件，可实现多通道、大速率数据采集和强大的数据分析处理功能，系统的再开发性好。

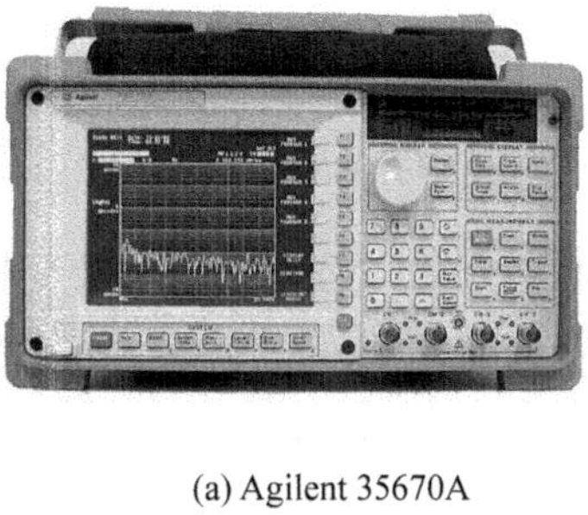

(a) Agilent 35670A

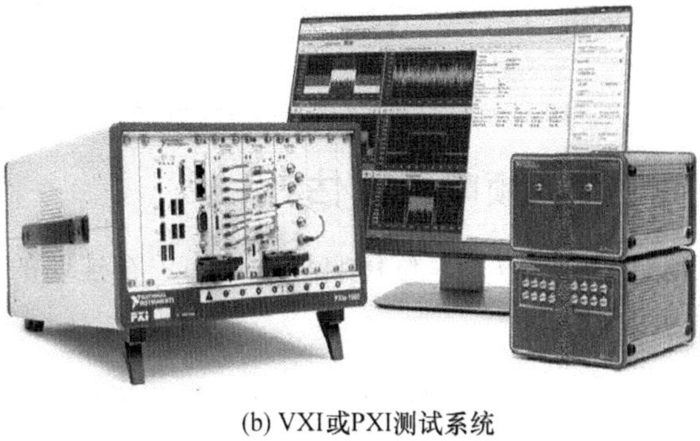

(b) VXI或PXI测试系统

图 6-7　数据采集与分析系统

从传感器中输出的电信号是随时间连续变化的，称这样的信号为模拟信号，如图 6-8(a)所示。计算机只能对离散的数值进行处理，因此必须将这种连续信号用一系列离散的数值点来代替，将其输入到计算机内，此时模拟信号就转变成了数字信号，如图 6-8(b)所示。对这一过程的实现就称为信号采集或简称采样，也称为模-数转换（ADC）。

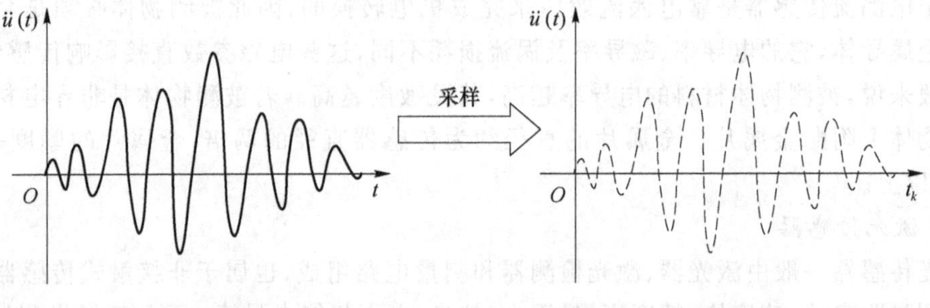

图 6-8　从模拟信号到数字信号

采用力锤或激振器开展模态激励实验的原理如图 6-9 所示。使用激振器的优点是激励力形式可以选择，常用的有随机、突发随机、周期和突发周期等，激励力的幅值大小和频带可精确调整；缺点是激振器的安装非常困难，技术要求较高，对被测结构有附加影响。使用力锤的优点是方便、快捷，附加影响小；缺点是激励力大小和频带难以控制。

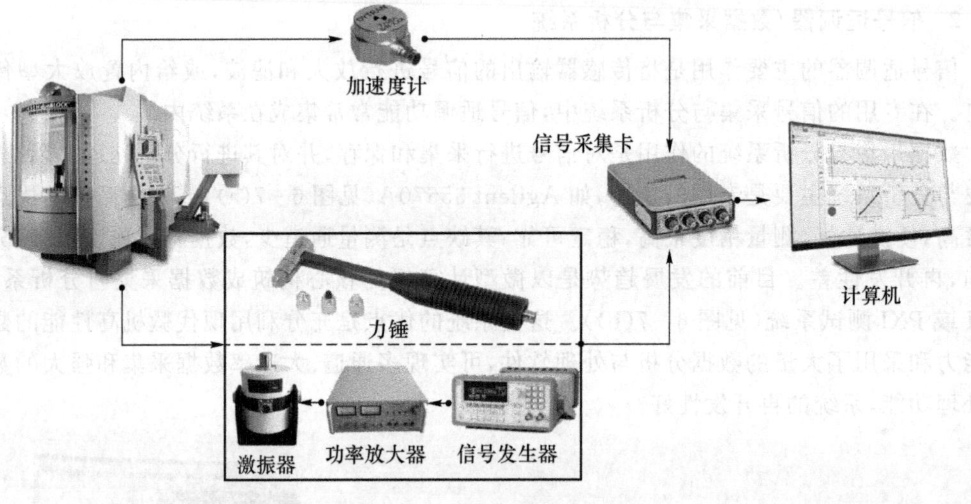

图 6-9　模态测试原理

6.2.2　频响函数估计

设激励力为 $F(t)$，位移响应为 $x(t)$。在连续的时间域内，激励力与位移的傅里叶变换可以表示为

$$\mathscr{F}\{x(t)\}=\int_{-\infty}^{+\infty}x(t)\mathrm{e}^{-\mathrm{j}\omega t}\,\mathrm{d}t,\quad \mathscr{F}\{F(t)\}=\int_{-\infty}^{+\infty}F(t)\mathrm{e}^{-\mathrm{j}\omega t}\,\mathrm{d}t \tag{6.2.1}$$

但是，实际测试中激励力和位移的采集时间 t_l 的长度总是有限的，式(6.1.5)可改写为

$$X(\mathrm{j}\omega)=\frac{1}{t_l}\int_0^{t_l}x(t)\mathrm{e}^{-\mathrm{j}\omega t}\,\mathrm{d}t,\quad F(\mathrm{j}\omega)=\frac{1}{t_l}\int_0^{t_l}F(t)\mathrm{e}^{-\mathrm{j}\omega t}\,\mathrm{d}t \tag{6.2.2}$$

$X(\mathrm{j}\omega)$和 $F(\mathrm{j}\omega)$分别为位移和激励力的功率谱。根据定义，机械结构的频响函数是傅里叶变化后位移与激励力的比，可以表示为

$$\Phi(\mathrm{j}\omega)=\frac{X(\mathrm{j}k\omega_r)}{F(\mathrm{j}k\omega_r)}=\frac{X(\mathrm{j}\omega)}{F(\mathrm{j}\omega)} \tag{6.2.3}$$

可见频率响应函数是复数。由于激励力和位移是通过数据采集卡在离散时间点(T_s)上测得的,如果所测得的数据需达到 ω_r 的频率分辨率,则采集总时间需满足 $t_l=2\pi/\omega_r$,测试信号的最高频率为

$$\omega_m=\frac{2\pi/T_s}{2}=\frac{1}{2}\cdot\frac{2\pi N}{t_l}=\frac{N\omega_r}{2} \tag{6.2.4}$$

但是,由于测试过程中传感器信号存在噪声的干扰,通常情况下式(6.2.3)不会被用于频响函数的计算。假设位移干扰为 $N(\mathrm{j}\omega)$,激励力干扰为 $M(\mathrm{j}\omega)$,则频响函数可表示为

$$\Phi_1(\mathrm{j}\omega)=\frac{X(\mathrm{j}\omega)+N(\mathrm{j}\omega)}{F(\mathrm{j}\omega)+M(\mathrm{j}\omega)} \tag{6.2.5}$$

与式(6.2.3)相比,该式考虑了噪声干扰的影响。干扰的影响可以通过引入互功率密度谱来减弱,激励力和位移响应的互功率谱可通过

$$S_{XF}(\mathrm{j}\omega)=X(\mathrm{j}\omega)\cdot F^*(\mathrm{j}\omega) \tag{6.2.6}$$

得到。其中,$F^*(\mathrm{j}\omega)$是激励力 $F(\mathrm{j}\omega)$的共轭复数。对式(6.2.5)进行变换,有

$$\begin{aligned}\Phi_1(\mathrm{j}\omega)&=\frac{X(\mathrm{j}\omega)+N(\mathrm{j}\omega)}{F(\mathrm{j}\omega)+M(\mathrm{j}\omega)}\times\frac{F^*(\mathrm{j}\omega)+N^*(\mathrm{j}\omega)}{F^*(\mathrm{j}\omega)+M^*(\mathrm{j}\omega)}\\&=\frac{X(\mathrm{j}\omega)F^*(\mathrm{j}\omega)+X(\mathrm{j}\omega)M^*(\mathrm{j}\omega)+N(\mathrm{j}\omega)F^*(\mathrm{j}\omega)+N(\mathrm{j}\omega)M^*(\mathrm{j}\omega)}{F(\mathrm{j}\omega)F^*(\mathrm{j}\omega)+F(\mathrm{j}\omega)M^*(\mathrm{j}\omega)+M(\mathrm{j}\omega)F^*(\mathrm{j}\omega)+M(\mathrm{j}\omega)M^*(\mathrm{j}\omega)}\end{aligned} \tag{6.2.7}$$

由于激励力、位移的有效信号与对方的干扰信号没有直接关联,因此与干扰有关的互功率谱为零。

$$X(\mathrm{j}\omega)M^*(\mathrm{j}\omega)=N(\mathrm{j}\omega)F^*(\mathrm{j}\omega)=N(\mathrm{j}\omega)M^*(\mathrm{j}\omega)\simeq 0$$

$$F(\mathrm{j}\omega)M^*(\mathrm{j}\omega)=M(\mathrm{j}\omega)F^*(\mathrm{j}\omega)\simeq 0$$

式(6.2.7)简化为

$$\Phi_1(\mathrm{j}\omega)=\frac{X(\mathrm{j}\omega)F^*(\mathrm{j}\omega)}{F(\mathrm{j}\omega)F^*(\mathrm{j}\omega)+M(\mathrm{j}\omega)M^*(\mathrm{j}\omega)}=\frac{S_{XF}(\mathrm{j}\omega)}{S_{FF}(\mathrm{j}\omega)+S_{MM}(\mathrm{j}\omega)} \tag{6.2.8}$$

其中,位移和激励力的互功率谱是 $S_{XF}(\mathrm{j}\omega)=X(\mathrm{j}\omega)F^*(\mathrm{j}\omega)$,激励力的自功率谱是 $S_{FF}(\mathrm{j}\omega)=F(\mathrm{j}\omega)F^*(\mathrm{j}\omega)$,力传感器信号干扰的自功率谱是 $S_{MM}(\mathrm{j}\omega)=M(\mathrm{j}\omega)M^*(\mathrm{j}\omega)$。将式(6.2.8)分子分母同时除以力的自功率谱 $S_{FF}(\mathrm{j}\omega)$得

$$\Phi_1(\mathrm{j}\omega)=\frac{\Phi(\mathrm{j}\omega)}{1+S_{MM}(\mathrm{j}\omega)/S_{FF}(\mathrm{j}\omega)} \tag{6.2.9}$$

其中,$\Phi_1(\mathrm{j}\omega)$是系统频响函数的预测值。考虑到实际测试中干扰应远小于激励力,$\Phi_1(\mathrm{j}\omega)\approx\Phi(\mathrm{j}\omega)$。因此,实际情况下频响函数的计算应该用测量获得的互功率谱除以激励力的自功率谱

$$\Phi(\mathrm{j}\omega)\simeq\frac{S_{XF}(\mathrm{j}\omega)}{S_{FF}(\mathrm{j}\omega)} \tag{6.2.10}$$

为进一步减小测量中的干扰,实际操作中采用多组取平均值的方法。

另外,式(6.2.5)乘以 $X^*(\mathrm{j}\omega)$得到频响函数:

$$\Phi_2(\mathrm{j}\omega)=\frac{S_{XX}(\mathrm{j}\omega)+S_{NN}(\mathrm{j}\omega)}{S_{XF}(\mathrm{j}\omega)} \tag{6.2.11}$$

如果测量是在线性结构和理想情况下进行的,式(6.2.8)和式(6.2.11)会得到同样的值。计算值的一致性可以通过两个频响函数值之比得到检验

$$\gamma_{XF}^2=\frac{\Phi_1(j\omega)}{\Phi_2(j\omega)}$$

$$=\frac{S_{XF}(j\omega)S_{XF}(j\omega)}{[S_{FF}(j\omega)+S_{MM}(j\omega)][S_{MM}(j\omega)+S_{NN}(j\omega)]}\approx\frac{|S_{XF}(j\omega)|^2}{S_{FF}(j\omega)S_{XX}(j\omega)} \tag{6.2.12}$$

如果干扰和信号均为零的话，相关函数一致，那么位移在这个频率下与输入的激励力因素有关。如果相关函数为零，则说明位移由其他因素决定而不是激励力，因此，测量结果是没有说服力的。

6.3 模态测试方法

振动测量涉及内容众多，受篇幅所限，以下将简要介绍模态测试方法。图 6-10 是采用力锤激励并测量结构频响函数的示意图，加速度传感器位于点 1，力锤依次激励各测点（1, 2, 3, …）。这种试验方法仅同时采集单个激励力和加速度信号，因此称为单输入单输出法。

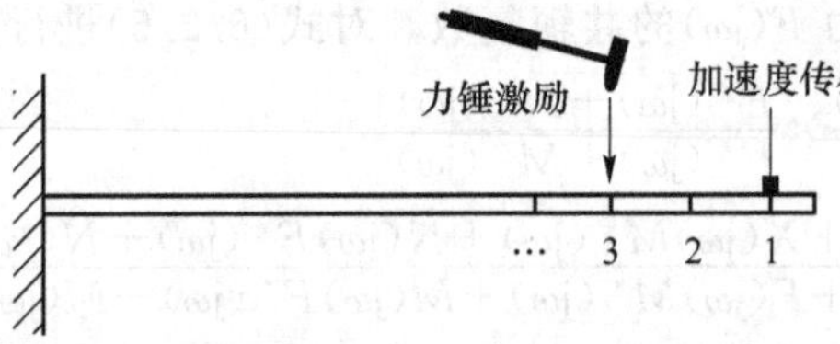

图 6-10 频响函数测量示意图

根据定义，频响函数 $H_{i,j}(\omega)$ 可以表示为

$$H_{i,j}(\omega)=\sum_{k=1}^{n}\left[\frac{A_k}{j\omega-r_k}+\frac{A_k^*}{j\omega-r_k^*}\right]_{i,j} \tag{6.3.1}$$

其中，k 为模态数目。合并整理，并表示为矩阵形式为

$$[\boldsymbol{H}(\omega)]=\sum_{k=1}^{n}\frac{[\boldsymbol{R}]_k}{-\omega^2+2j\zeta_k\omega_{n,k}\omega+\omega_{n,k}^2} \tag{6.3.2}$$

其中，$[\boldsymbol{R}]_k=[\alpha+\beta_\omega]_k$ 代表模态 k 的留数矩阵，系统的模态振型可以从中求得。

由于 $\{\boldsymbol{x}\}=\left(\sum_{k=1}^{n}\{\boldsymbol{P}\}_k\{\boldsymbol{P}\}_k^{\mathrm{T}}\Phi_{q,k}\right)\{\boldsymbol{F}\}$，$\boldsymbol{\Phi}_{q,k}$ 为模态坐标系下的频响函数矩阵，因此频响函数矩阵可表示为

$$[\boldsymbol{H}(\omega)]=\sum_{k=1}^{n}\{\boldsymbol{P}\}_k\{\boldsymbol{P}\}_k^{\mathrm{T}}\Phi_{q,k} \tag{6.3.3}$$

综合式(6.3.2)和(6.3.3)，可以得到

$$[\boldsymbol{H}(\omega)]=\sum_{k=1}^{n}\frac{\{P\}_k\{P\}_k^{\mathrm{T}}}{m_{q,k}}\frac{1}{-\omega^2+2j\zeta_k\omega_{n,k}\omega+\omega_{n,k}^2}=\sum_{k=1}^{n}\frac{[\boldsymbol{R}]_k}{-\omega^2+2j\zeta_k\omega_{n,k}\omega+\omega_{n,k}^2} \tag{6.3.4}$$

对应无缩放的振型向量 $\{\boldsymbol{P}\}_k$，模态 k 的模态质量为

$$m_{q,k}=\{\boldsymbol{P}\}_k^{\mathrm{T}}[\boldsymbol{M}]\{\boldsymbol{P}\}_k \tag{6.3.5}$$

$[\boldsymbol{M}]$为物理坐标系($X/Y/Z$)下的质量矩阵。因此$(\{\boldsymbol{P}\}_k\{\boldsymbol{P}\}_k^{\mathrm{T}})/m_{q,k}$表示利用模态质量的平方

根(即：$\{\boldsymbol{u}\}_k=\{\boldsymbol{P}\}_k/\sqrt{m_{q,k}}$)对每个振型向量进行归一化。留数矩阵与模态振型之间有下列关系

$$(\{\boldsymbol{P}\}_k\ \{\boldsymbol{P}\}_k^{\mathrm{T}})/m_{q,k}\equiv\{\boldsymbol{u}\}_k\ \{\boldsymbol{u}\}_k^{\mathrm{T}}=[\boldsymbol{R}]_k \tag{6.3.6}$$

式中，$\{u\}_k$ 对应于单位模态质量的归一化模态振型。换句话说，当采用下列变换时，此时模态质量为单位质量

$$\{\boldsymbol{u}\}_k^{\mathrm{T}}[\boldsymbol{M}]\{\boldsymbol{u}\}_k=1 \tag{6.3.7}$$

通过式(6.3.6)，可以用下列通用形式表示特定模态 k 的留数矩阵

$$[\boldsymbol{R}]_k=\begin{bmatrix} u_1u_1 & u_1u_2 & \cdots & u_1u_l & \cdots & u_1u_n \\ u_2u_1 & u_2u_2 & \cdots & u_2u_l & \cdots & u_2u_n \\ \vdots & \vdots & & \vdots & & \vdots \\ u_lu_1 & u_lu_2 & \cdots & u_lu_l & \cdots & u_lu_n \\ \vdots & \vdots & & \vdots & & \vdots \\ u_nu_1 & u_nu_2 & \cdots & u_nu_l & \cdots & u_nu_n \end{bmatrix}_k \tag{6.3.8}$$

从模态 k 的留数矩阵中抽取第 l 列(或行)，可得

$$\begin{Bmatrix} R_{1l} \\ R_{2l} \\ \vdots \\ R_{ll} \\ \vdots \\ R_{nl} \end{Bmatrix}_k=\begin{Bmatrix} u_1u_l \\ u_2u_l \\ \vdots \\ u_lu_l \\ \vdots \\ u_nu_l \end{Bmatrix}_k \tag{6.3.9}$$

选取激励和测量点匹配时，满足 $R_{ll,k}=u_{l,k}u_{l,k}$，则 $u_{l,k}=\sqrt{R_{ll,k}}$，将其代回式(6.3.9)，就可以求得模态 k 的模态振型矢量为

$$\left.\begin{aligned} u_{l,k}&=\sqrt{R_{ll,k}} \\ u_{1,k}&=\frac{R_{1l,k}}{u_{l,k}} \\ u_{2,k}&=\frac{R_{2l,k}}{u_{l,k}} \\ &\vdots \\ u_{n,k}&=\frac{R_{nl,k}}{u_{l,k}} \end{aligned}\right\} \tag{6.3.10}$$

因此在实际测试中，可通过测量频响函数矩阵的一行或一列计算出任意阶模态振型；然后对其余模态重复上述过程，就可以构造出完整的模态矩阵。注意实际情况中模态矩阵不一定是方阵，可能是一个由 n 维振型列向量构成的模态数为 m 的 $n\times m$ 矩阵，即

$$[\boldsymbol{P}]=[\{\boldsymbol{P}\}_1\ \{\boldsymbol{P}\}_2\cdots\{\boldsymbol{P}\}_m] \tag{6.3.11}$$

式中，n 对应于结构上的测量点或坐标数。例如，对于不同数目的模态可能只有 2 或 3 个测量点，这取决于结构和用于振动分析的测量点数。辨识出的传递函数可以用于分析机床在不同载荷条件下的动力学行为，以及研究机床在加工过程中的切削稳定性。

6.4 模态参数辨识

6.4.1 单自由度系统

单自由度振动系统的传递函数可以表示为

$$H(s)=\frac{x(s)}{F(s)}=\frac{\omega_n^2}{k}\frac{1}{s^2+2\zeta\omega_n s+\omega_n^2} \tag{6.4.1}$$

转换到频域,有

$$H(\omega)=\frac{X(\omega)}{F_0(\omega)}=\frac{\omega_n^2}{k}\frac{1}{-\omega^2+2\mathrm{j}\zeta\omega_n+\omega_n^2} \tag{6.4.2}$$

幅频值和相频值分别为

$$|H(\omega)|=\left|\frac{X}{F_0}\right|=\frac{\omega_n^2}{k}\frac{1}{\sqrt{(\omega_n^2-\omega^2)^2+(2\zeta\omega\omega_n)^2}}=\frac{1}{\sqrt{(1-r^2)^2+(2\zeta r)^2}}$$

$$\angle H(\omega)=\tan^{-1}\frac{-2\zeta\omega\omega_n}{\omega_n^2-\omega^2}=\tan^{-1}\frac{-2\zeta r}{1-r^2} \tag{6.4.3}$$

其中,$r=\omega/\omega_n$ 为外界激励与固有频率比。式(6.4.3)被称为频响函数,用复数表示为 $H(\omega)=\mathrm{Re}(\omega)+\mathrm{Im}(\omega)$,图 6-11 为其图解,可以分解为 $X\mathrm{e}^{\mathrm{j}(\Phi-\alpha)}/F_0$ 的实部 $\mathrm{Re}(\omega)$和虚部 $\mathrm{Im}(\omega)$:

$$\mathrm{Re}(\omega)=\frac{1-r^2}{k[(1-r^2)^2+(2\zeta r)^2]+(2\zeta r)^2}$$

$$\mathrm{Im}(\omega)=\frac{-2\zeta r}{k[(1-r^2)^2+(2\zeta r)^2]+(2\zeta r)^2} \tag{6.4.4}$$

在共振峰处($\omega=\omega_n,r=1$),$\mathrm{Re}(\omega_n)=0$,$\mathrm{Im}(\omega_n)=-1/(2k\zeta)$。

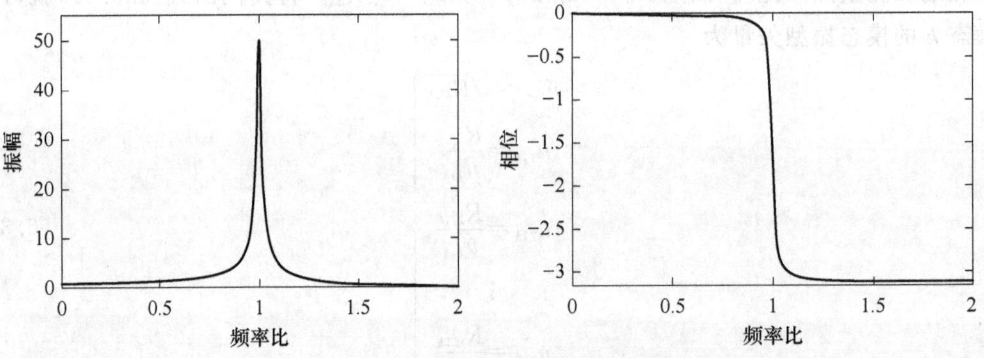

图 6-11 单自由度系统的频响函数

系统频响函数的实部和虚部如图 6-12 所示。当频率等于零时,实部等于静柔度($1/k$),当激励频率趋近于固有频率(如 $r=1$)时,系统发生共振,振幅达到最大值,相位角趋近于 -90。对于谐波激励频率 ω,激励和响应之间的时间滞后可以由 $t_{\mathrm{d}}=H/\omega$ 求得。如果激励频率继续增加,相位角将趋于-180,或者时间滞后为激励的半个周期,振幅减小,这是因为物理结构对高频扰动不能响应。可以用傅里叶分析仪测得系统频响函数,从中分析阻尼比、刚度和固有频率。在激励频率为 $0(\omega=0)$时,$\Phi(\omega)$的幅值和其实部 $G(\omega)$的值等于静柔度($1/k$)。在低频时读取该数值一定要注意,因为此时速度和加速度传感器的测量灵敏度很差。也可以从系统频响函数的高频段进行外插值得到共振幅值,进行刚度估算。位移传感器测得的静柔度精度比较高,$H(\omega)$的最大幅值发生在 $\omega=\omega_n\sqrt{1-2\zeta^2}$处。其实部 $\mathrm{Re}(\omega)$有两个极值,分别位于

$$\left.\begin{aligned}\omega_1=\omega_n\sqrt{1-2\zeta}\rightarrow \mathrm{Re}_{\max}=\frac{1}{4k\zeta(1-\zeta)}\\ \omega_2=\omega_n\sqrt{1-2\zeta}\rightarrow \mathrm{Re}_{\min}=-\frac{1}{4k\zeta(1+\zeta)}\end{aligned}\right\}\tag{6.4.5}$$

进一步的,可以求得 ζ:

$$\zeta=\frac{\Delta\omega}{2\omega_n}\tag{6.4.6}$$

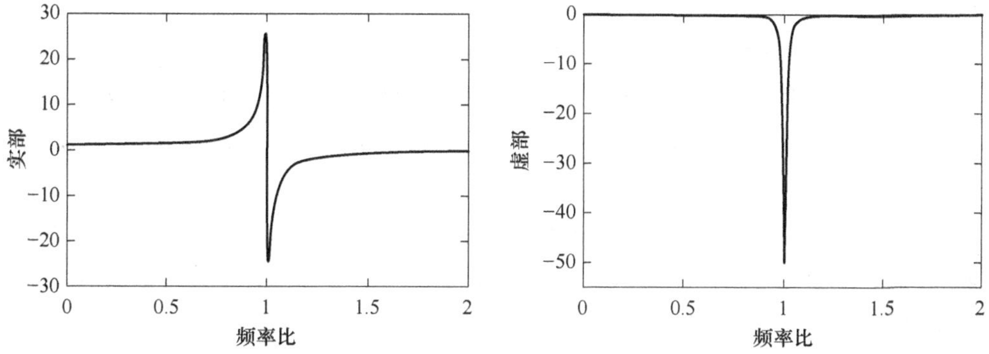

图 6-12　单自由度系统频响函数的实部和虚部

6.4.2　多自由度系统

1. 正交多项式算法

正交多项式算法最早由 Richardson 提出,在此基础上,本文从另一角度进行了推导。一个 n 自由度系统的频响函数可用两个多项式表示为

$$H(\omega)=\frac{\sum_{k=0}^{m}a_k\,(\mathrm{j}\omega)^k}{\sum_{k=0}^{n}b_k\,(\mathrm{j}\omega)^k}\tag{6.4.7}$$

令误差 $e_i=\sum_{k=0}^{m}a_k\,(\mathrm{j}\omega_i)^k-H_{X,i}\cdot\sum_{k=0}^{n}b_k\,(\mathrm{j}\omega_i)^k(i=1,\cdots,L)$,其中,$H_{X,i}$为测试频响函数第 i 点的采样值。将误差表示为矩阵形式,则有

$$\{\boldsymbol{E}\}=\{\boldsymbol{e}_i\}^{\mathrm{T}}=[\boldsymbol{P}]\{\boldsymbol{A}\}-[\boldsymbol{Q}]\{\boldsymbol{B}\}\tag{6.4.8}$$

其中,

$$\{\boldsymbol{A}\}=\{a_0\quad\cdots\quad a_m\}^{\mathrm{T}},\quad \{\boldsymbol{B}\}=\{b_0\quad\cdots\quad b_n\}^{\mathrm{T}}$$

$$[\boldsymbol{P}]=\begin{bmatrix}1 & \mathrm{j}\omega_1 & \cdots & (\mathrm{j}\omega_1)^m\\ 1 & \mathrm{j}\omega_2 & \cdots & (\mathrm{j}\omega_2)^m\\ \vdots & \vdots & & \vdots\\ 1 & \mathrm{j}\omega_L & \cdots & (\mathrm{j}\omega_L)^m\end{bmatrix}$$

$$[Q]=\begin{bmatrix} H_{X,1} & H_{X,1}\cdot(\mathrm{j}\omega_1) & \cdots & H_{X,1}\cdot(\mathrm{j}\bar{\omega}_1)^n \\ H_{X,2} & H_{X,2}\cdot(\mathrm{j}\omega_2) & \cdots & H_{X,2}\cdot(\mathrm{j}\omega_2)^n \\ \vdots & \vdots & & \vdots \\ H_{X,L} & H_{X,L}\cdot(\mathrm{j}\omega_L) & \cdots & H_{X,L}\cdot(\mathrm{j}\omega_L)^n \end{bmatrix}$$

定义误差函数：

$$J=\{\boldsymbol{E}^*\}^{\mathrm{T}}\{\boldsymbol{E}\} \tag{6.4.9}$$

J 满足最小值的条件为

$$\frac{\partial J}{\partial \boldsymbol{A}}=\frac{\partial J}{\partial \boldsymbol{B}}=\{0\} \tag{6.4.10}$$

结合式(6.4.9)和(6.4.10)，并表示为矩阵形式

$$\begin{bmatrix} [\boldsymbol{P}^*]^{\mathrm{T}}[\boldsymbol{P}]+[\boldsymbol{P}]^{\mathrm{T}}[\boldsymbol{P}^*] & -[\boldsymbol{P}^*]^{\mathrm{T}}[\boldsymbol{Q}]-[\boldsymbol{P}]^{\mathrm{T}}[\boldsymbol{Q}^*] \\ -[\boldsymbol{Q}]^{\mathrm{T}}[\boldsymbol{P}^*]-[\boldsymbol{Q}^*]^{\mathrm{T}}[\boldsymbol{P}] & [\boldsymbol{Q}^*]^{\mathrm{T}}[\boldsymbol{Q}]+[\boldsymbol{Q}]^{\mathrm{T}}[\boldsymbol{Q}^*] \end{bmatrix}\begin{Bmatrix}\{\boldsymbol{A}\}\\ \{\boldsymbol{B}\}\end{Bmatrix}=\begin{Bmatrix}\{0\}\\ \{0\}\end{Bmatrix} \tag{6.4.11}$$

由于 $H(\omega)$为两多项式相除，可设定 $b_n=1$。同时，可用分块矩阵表示$\{\boldsymbol{B}\}$和$[\boldsymbol{Q}]$：

$$\{\boldsymbol{B}\}=\{B_1;1\} \tag{6.4.12}$$

$$[\boldsymbol{Q}]=[\boldsymbol{Q}_1|\boldsymbol{Q}_2] \tag{6.4.13}$$

式中，$\{B_1\}$为$\{\boldsymbol{B}\}$中第 1～n 个元素；$\{\boldsymbol{Q}_1\}$、$\{\boldsymbol{Q}_2\}$分别为$\{\boldsymbol{Q}\}$中第 1～n 列向量、最后一列列向量。通过矩阵的分块运算可获得

$$\begin{bmatrix}\boldsymbol{Y} & \boldsymbol{X}\\ \boldsymbol{X}^{\mathrm{T}} & \boldsymbol{Z}\end{bmatrix}\begin{Bmatrix}\boldsymbol{A}\\ \boldsymbol{B}\end{Bmatrix}=\begin{Bmatrix}\boldsymbol{G}\\ \boldsymbol{F}\end{Bmatrix} \tag{6.4.14}$$

其中，$\boldsymbol{X}=-\mathrm{Re}([\boldsymbol{P}^*]^{\mathrm{T}}[\boldsymbol{Q}_1])$，$\boldsymbol{Y}=\mathrm{Re}([\boldsymbol{P}^*]^{\mathrm{T}}[\boldsymbol{P}])$，$\boldsymbol{Z}=\mathrm{Re}([\boldsymbol{Q}_1^*]^{\mathrm{T}}[\boldsymbol{Q}_1])$，$\boldsymbol{G}=\mathrm{Re}([\boldsymbol{P}^*]^{\mathrm{T}}[\boldsymbol{Q}_2])$，$\boldsymbol{F}=-\mathrm{Re}([\boldsymbol{Q}_1^*]^{\mathrm{T}}[\boldsymbol{Q}_2])$。

由于方程组(6.4.14)的求解过程中会出现病态，Richardson 通过引入有理正交多项式基函数，获取子式(6.4.7)中频响函数的分子、分母系数。下文稳定图的绘制将基于该正交多项式算法。

2. 改进后的正交多项式算法

(1) 极点辨识

对大多数模态参数拟合算法而言，在分析频率范围内模态数目的确定是个难点，尤其是在频响函数中包含有密集模态。测试频响函数时有限的分辨率及噪声的干扰无疑增加了模态数目判断的困难。一系列数学工具的出现被用于辅助模态阶次的确定，包括模态指示函数(MIF)及稳定图。模态指示函数简单易行，缺点在于仅能显示出模态固有频率；稳定图则可以包含不同拟合阶次下频响函数的极点信息，其基本原理是当数学模型的拟合阶次逐渐增加时，如果某极点是真实的，则将会重复出现。从而在稳定图基础上，可以通过主动选取最佳极点从而来最大限度地避免模态遗漏或者虚假模态的出现，对模态拟合过程进行控制。

模态指示函数定义如下：

$$\mathrm{MIF}(\omega)=\frac{\sum(|\mathrm{Re}(H(\omega))||H(\omega)|)}{\sum(|H(\omega)|^2)} \tag{6.4.15}$$

式中，$H(\omega)$为频响函数；模态指示函数取值范围在 0～1 之间，在接近固有频率处，其值接近 0；模态指示函数值接近 1 的点将被视为虚假极点。修改后的稳定极点计算流程如图 6 - 13 所示。$\omega_{j,n}$为模态拟合阶次是n时的极点，将该极点与最邻近的拟合阶次为$n-1$时的极点$\omega_{k,n-1}$进行比较。当两者差值较大时，该极点被视为新极点；反之，则被视为稳定极点。考虑到实际情况下的阻尼范围，将阻尼过高(≥10%)或过低(≤0.01%)的极点视为可能极点，并分别在稳定图中加以标记。一般情况下，取图 6 - 13 中 $f_1=0.95$，$f_2=1\%$，$f_3=5\%$。

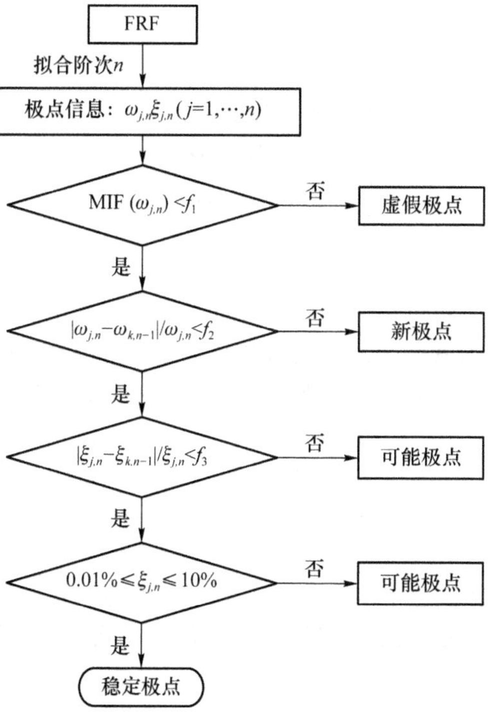

图 6 - 13　稳定极点计算流程图

(2) 留数辨识

在极点已确定的情况下，频响函数的未知量仅剩留数。考虑残余模态的影响，频响函数可表示为

$$H(\omega)\cong\frac{1}{\gamma_1\omega^2}+\sum_{k=1}^{n}\left(\frac{\alpha_k+\beta_k\mathrm{i}}{\mathrm{i}\omega-r_k}+\frac{\alpha_k-\beta_k\mathrm{i}}{\mathrm{i}\omega-r_k^*}\right)+\frac{1}{\gamma_2}\tag{6.4.16}$$

其中，r_k为函数极点，* 表示共轭；$\alpha_k+\beta_k\mathrm{i}$ 及 $\alpha_k-\beta_k\mathrm{i}$ 为共轭留数对；γ_1、α_k、β_k 及 γ_2 均为实数。对式(6.4.16)重新整理可得

$$H(\omega)\cong\frac{1}{\gamma_1\omega^2}+\sum_{k=1}^{n}\alpha_k\cdot\left(\frac{1}{\mathrm{i}\omega-r_k}+\frac{1}{\mathrm{i}\omega-r_k^*}\right)+\sum_{k=1}^{n}\beta_k\cdot\left(\frac{\mathrm{i}}{\mathrm{i}\omega-r_k}-\frac{\mathrm{i}}{\mathrm{i}\omega-r_k^*}\right)+\frac{1}{\gamma_2}\tag{6.4.17}$$

由于频响函数的测量包含一系列频率点，将式(6.4.17)在所有频率点处展开得

$$\begin{bmatrix} \frac{1}{\omega_1^2} & \left(\frac{1}{i\omega_1-r_1}+\frac{1}{i\omega_1-r_1^*}\right) & \left(\frac{i}{i\omega_1-r_1}-\frac{i}{i\omega_1-r_1^*}\right) & \cdots & \left(\frac{1}{i\omega_1-r_n}+\frac{1}{i\omega_1-r_n^*}\right) & \left(\frac{i}{i\omega_1-r_n}-\frac{i}{i\omega_1-r_n^*}\right) & 1 \\ \frac{1}{\omega_2^2} & \left(\frac{1}{i\omega_2-r_1}+\frac{1}{i\omega_2-r_1^*}\right) & \left(\frac{i}{i\omega_2-r_1}-\frac{i}{i\omega_2-r_1^*}\right) & \cdots & \left(\frac{1}{i\omega_2-r_n}+\frac{1}{i\omega_2-r_n^*}\right) & \left(\frac{i}{i\omega_2-r_n}-\frac{i}{i\omega_2-r_n^*}\right) & 1 \\ \vdots & \vdots & \vdots & & \vdots & \vdots & \vdots \\ \frac{1}{\omega_L^2} & \left(\frac{1}{i\omega_L-r_1}+\frac{1}{i\omega_L-r_1^*}\right) & \left(\frac{i}{i\omega_L-r_1}-\frac{i}{i\omega_L-r_1^*}\right) & \cdots & \left(\frac{1}{i\omega_L-r_n}+\frac{1}{i\omega_L-r_n^*}\right) & \left(\frac{i}{i\omega_L-r_n}-\frac{i}{i\omega_L-r_n^*}\right) & 1 \end{bmatrix} \begin{bmatrix} \frac{1}{\gamma_1} \\ \alpha_1 \\ \beta_1 \\ \vdots \\ \alpha_n \\ \beta_n \\ \frac{1}{\gamma_2} \end{bmatrix} = \begin{bmatrix} H_{X,1} \\ H_{X,2} \\ \vdots \\ H_{X,L} \end{bmatrix} \tag{6.4.18}$$

式中，L 为采样点数。式(6.4.18)表示成矩阵形式为

$$\boldsymbol{WC}=\boldsymbol{D} \tag{6.4.19}$$

式中，$\boldsymbol{W}$ 为 $L\times 2n$ 矩阵，$\boldsymbol{C}$、$\boldsymbol{D}$ 分别为 $2n$、L 维列向量。

由线性最小二乘法，可得

$$\boldsymbol{C}=(\boldsymbol{W}^{\mathrm{T}}\boldsymbol{W})^{-1}\boldsymbol{W}^{\mathrm{T}}D \tag{6.4.20}$$

相对式(6.4.17)而言，此时矩阵维数已大幅降低，求解过程中将不会出现病态。然而，由于 $\boldsymbol{W}$、$\boldsymbol{D}$ 的元素中有复数，求解式(6.4.20)获得的待定系数向量 $\boldsymbol{C}$ 将会是复数。在式(6.4.18)成立的基础上，须满足等式两边的复数实部及虚部均对应相等，故而可将式(6.4.19)中的 $\boldsymbol{W}$、$\boldsymbol{D}$ 扩展成

$$\boldsymbol{W}=\begin{bmatrix}\mathrm{Re}(W)\\ \mathrm{Im}(W)\end{bmatrix},\quad \boldsymbol{D}=\begin{bmatrix}\mathrm{Re}(D)\\ \mathrm{Im}(D)\end{bmatrix} \tag{6.4.21}$$

式中，Re 和 Im 分别表示求实及求虚运算。将式(6.4.21)代入式(6.4.20)后可获得实数解 $\boldsymbol{C}$。

(3) *算法流程图*

综上所述，在稳定图及模态指示函数基础上进行模态参数辨识的算法流程图如图 6-14 所示。同时，可将该算法扩充至频响函数的整体拟合；在确定全局极点的基础上，再分别对每条频响函数的留数进行估计。

图 6-14　模态参数辨识算法流程图

3. 算　例

以对某机床进行实验模态分析后的一组模态耦合严重的频响函数为例，运用上述算法进行模态参数辨识。

(1) *局部拟合*

以该机床原点频响函数为例，绘制的稳定图如图 6-15 所示。横坐标为频响函数固有频率，纵坐标为多项式拟合阶次。图中，红色曲线为对数表示的频响函数幅值；蓝色的五角星表明真实、稳定的极点，在拟合过程中可优先选取；圆形及菱形分别表示新极点及可能极点。各极点所对应阻尼的范围用不同颜色加以区分：绿色、紫色分别表示该极点的阻尼过高(≥10%)和过低(≤0.01%)，蓝色表示该极点的阻尼范围适当。由图可知，随着拟合阶次的增加，用五角星表示的稳定极点在某些频率处一直保持出现，表明在该频率处存在一阶模态。采用上述辨识算法后再生成的频响函数如图 6-16 所示，拟合后的频响函数与测试结果吻合较好。表 6-1 为模态参数辨识结果。

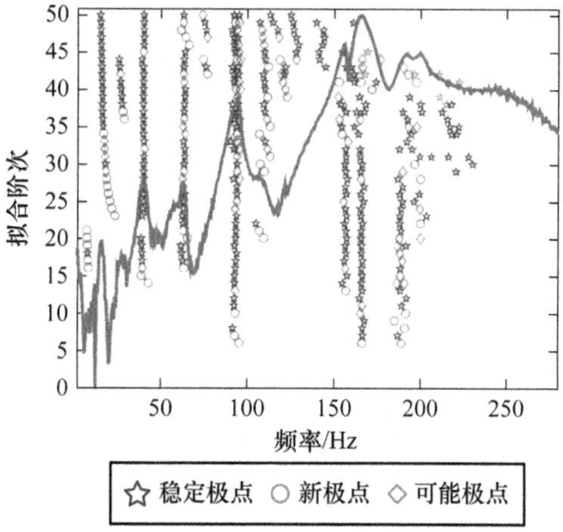

图 6－15　稳定图

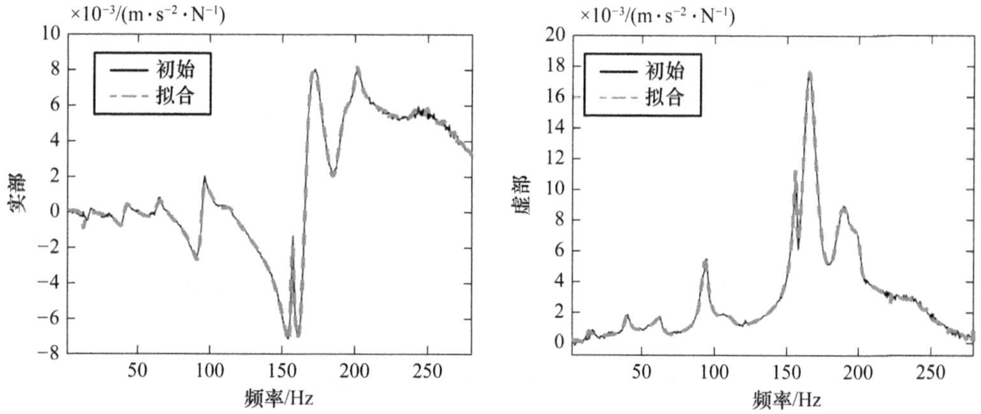

图 6－16　频响函数局部拟合结果比较

表 6－1　局部拟合部分模态参数辨识结果对比

模态阶次	固有频率/Hz	阻尼比/%	留　数
1	9.5	0.057	－0.0040＋0.0021i
2	27.5	0.035	－0.0011＋0.0018i
3	44.6	0.062	－0.0037＋0.0092i
4	60.1	0.043	－0.0238＋0.0200i
5	91.7	0.023	－0.0302＋0.0861i

(2) 整体拟合

图 6－17 所示为应用上述算法对多达上百条的所有机床测试频响函数进行整体拟合后的部分结果，具体数据如表 6－2 所列。此外，由于机床本身存在的一些非线性因素，同一阶模态反映在不同的频响函数上可能会出现频率的偏移，采用整体拟合可以避免参数辨识过程中由于这种偏移所导致的虚假模态的出现。

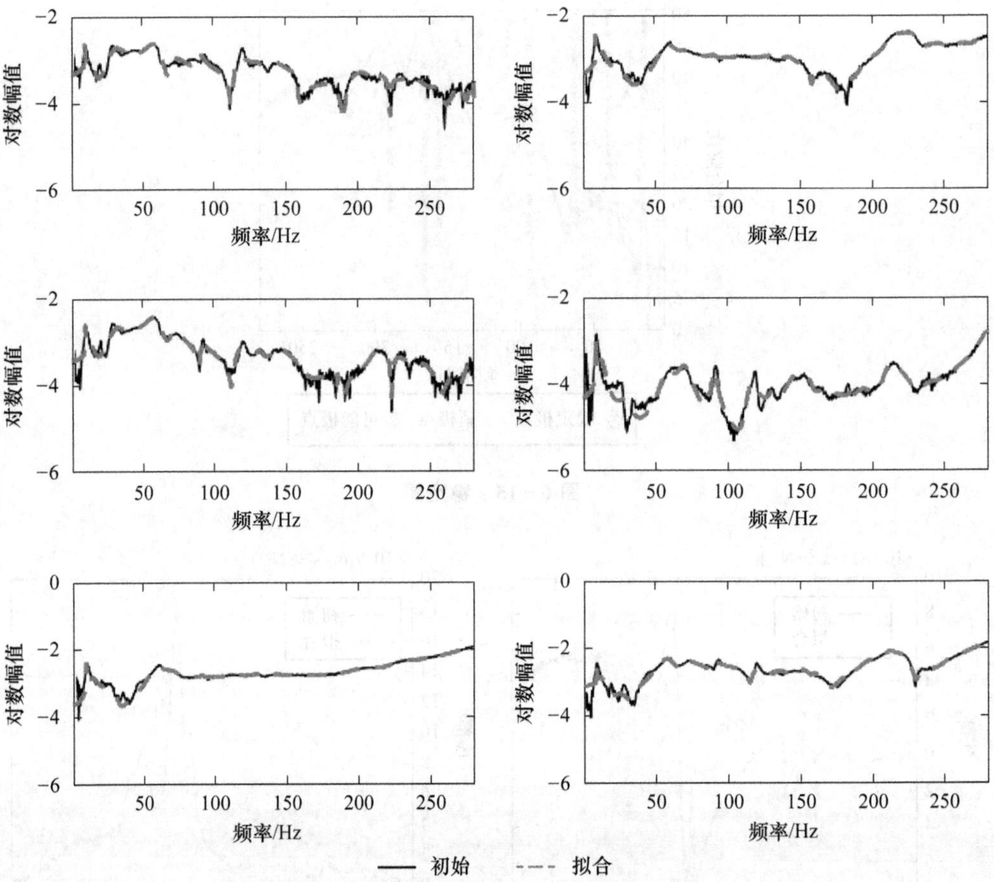

图 6-17 频响函数整体拟合部分结果比较

表 6-2 整体拟合部分模态参数辨识结果对比

模态阶次	固有频率/Hz	阻尼比/%	留 数
1	9.1	0.060	−0.0014+0.0080i
2	27.2	0.037	−0.0012+0.0010i
3	44.6	0.063	−0.0112+0.0243i
4	58.1	0.050	−0.0521+0.0124i
5	90.0	0.015	−0.0503+0.0414i

6.5 工程应用

6.5.1 三轴立铣床模态测试及分析

1. 实验准备

对图 6-18 所示的 SAJO 立铣床进行模态测试。测试系统包括 IMI 中性力锤、Kistler 三向加速度传感器、LDS DACTRON 信号采集及分析系统。为充分激励出机床的低阶模态，在进行整机测试前，须对机床模态进行预览。通过比较主轴头、工作台局部坐标系下 X、Y、Z 三个方向的原点频响函数，选取 1 点＋Z、106 点＋X 方向为机床激励方向（图 6－18）。采取单点激励、多点拾振的方法，分别测量主轴头、立柱、底座、工作台上共 106 个点（图 6－19），X、Y、Z 三个方向的响应。

图 6－18　SAJO 立铣床

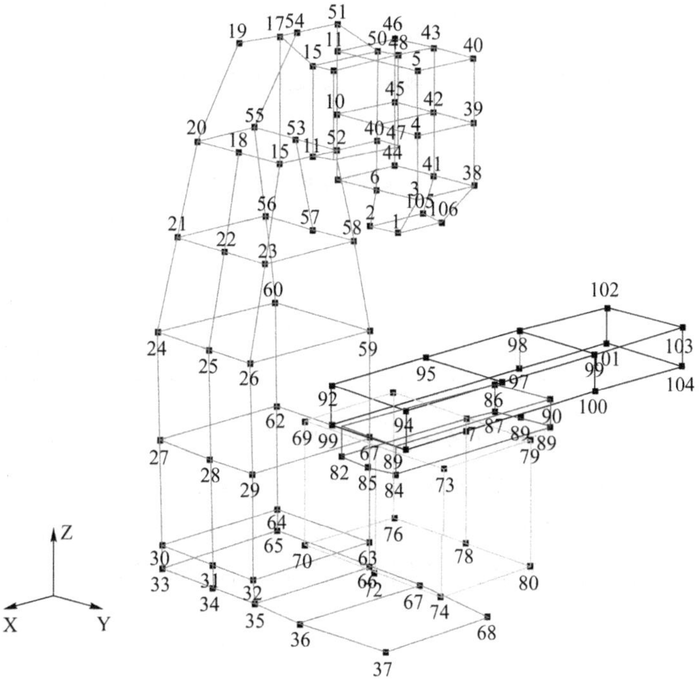

图 6－19　模态实验测量点分布

2. 模态分析结果

图 6－20 所示为以对数形式表示的 SAJO 铣床部分测试加速度频响函数的幅值曲线。采用正交多项式算法进行整体拟合，辨识后的部分模态参数如表 6－3 所列。

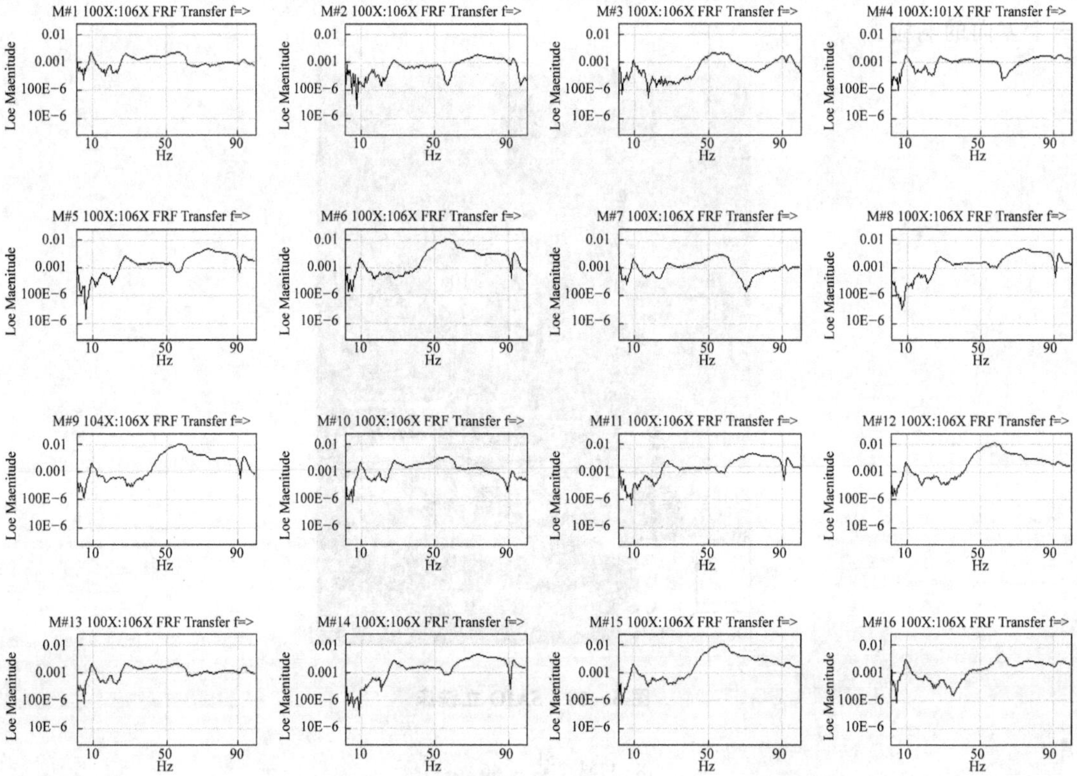

图 6－20　SAJO 铣床部分测试加速度频响函数的对数幅值

表 6－3　SAJO 铣床模态参数

模态阶次	1	2	3	4	5	6	7	8	9	10	11
频率/Hz	9.5	16.5	25	45	57	79	92	119	155	165	222
阻尼比/%	6.02	3.71	4.21	5.91	5.34	6.81	1.37	1.33	2.67	2.76	1.66

图 6－21 所示为模态辨识后的部分机床振型。其中，第 1、3 阶分别为机床绕 Y、Z 轴的摇摆；第 5 阶为工作台绕 Y 轴的转动；第 6 阶为主轴头及工作台绕 Z 轴的扭摆运动，且相位相反；第 7 阶为主轴头及工作台绕 X 轴的摇摆运动，且相位相反；随着固有频率的增加，第 8、11 阶出现局部运动的趋势渐明显。图中虚线为振动前的形状，实线表示机床的振型。

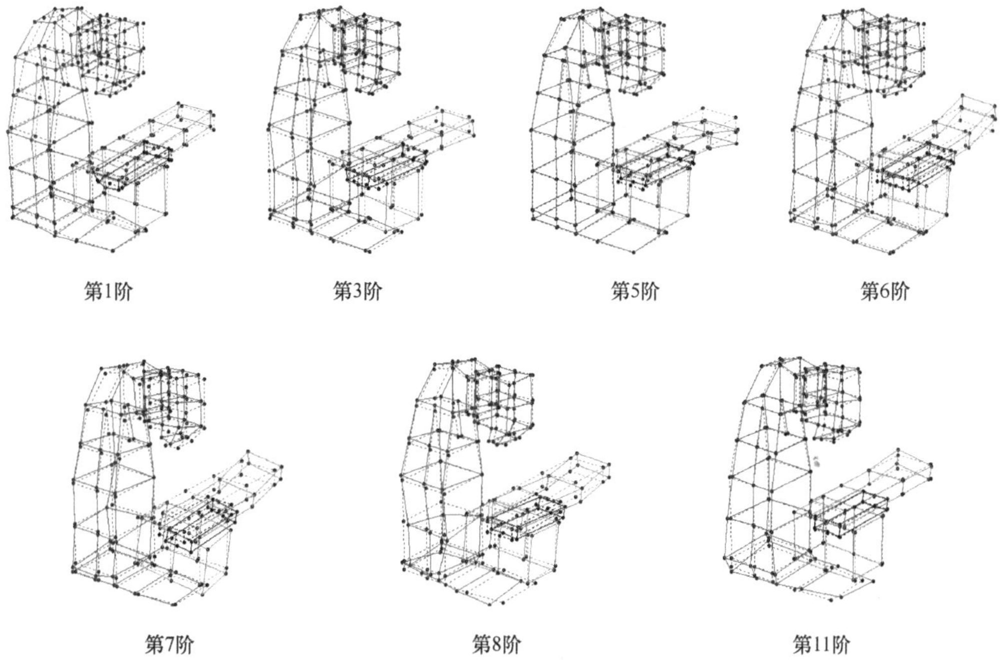

图 6－21　SAJO 铣床部分振型

6.5.2　四轴并联数控机床模态测试及分析

对四轴并联数控机床(见图 6－22)进行分析。选取 2 为激振点，拾取整机共 93 个点，X、Y、Z 三个方向上的响应；机床上各测量点分布如图 6－23 所示。模态测试所获取的共 279 条频响函数的三维方式如图 6－24 所示。理论上，由于频响函数反映了系统的固有特性，不同测试点处频响函数的各阶模态(波峰)应相同。图 6－24 中叠加后的频响函数基本反映出了这一特点。采用复模态多自由度法对频响函数进行整体拟合，辨识后的各阶模态参数如表 6－4 所列。

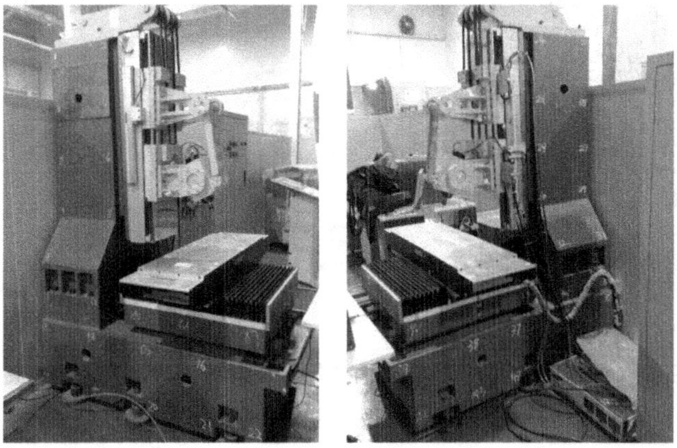

图 6－22　四轴并联数控机床

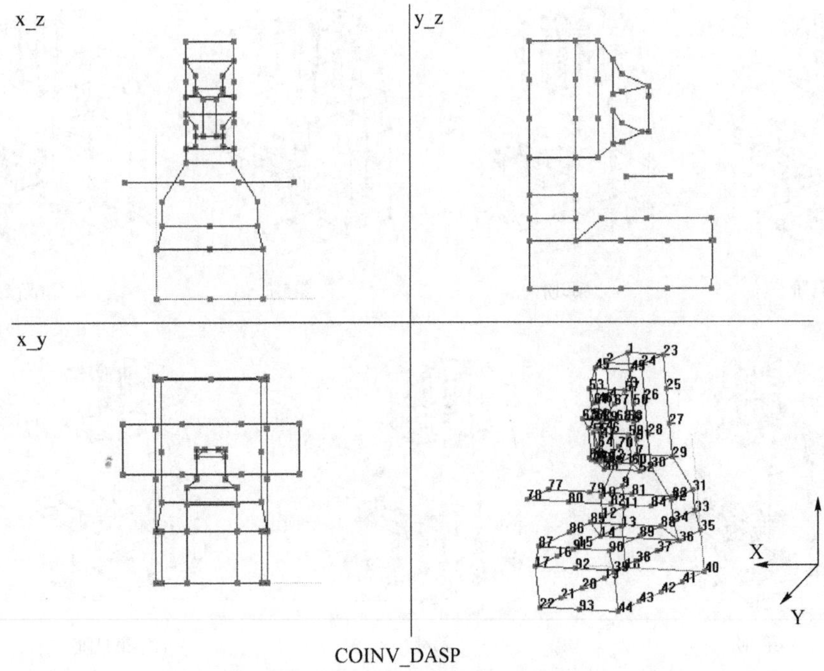

图 6-23　四轴数控机床测点布置

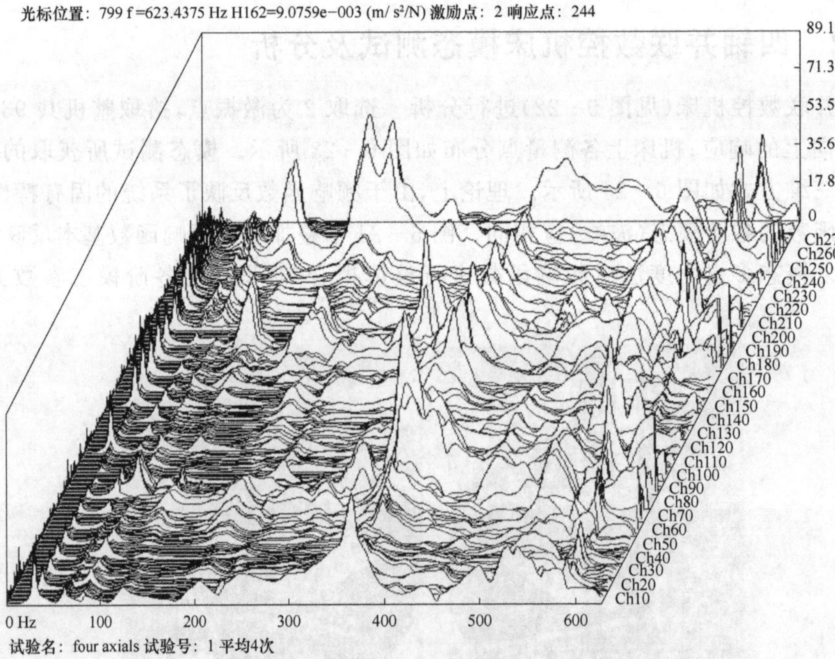

图 6-24　以三维图形式表示的四轴机床所有测试频响函数的叠加

表 6-4　四轴数控机床部分模态参数

模态阶次	1	2	3	4	5	6	7	8
固有频率/Hz	30.3	62.2	83.2	122.9	202.3	229.6	297.0	326.1
阻尼比	3.12%	2.57%	3.92%	4.78%	6.77%	3.05%	1.71%	4.87%

模态参数辨识后的机床 1～4 阶振型如图 6－25 所示。第 1 阶的振型为整机绕 Y 轴的摇摆；第 2 阶的振型为立柱及工作台绕 Z 轴的扭转，且相位相同；第 3 阶的振型为立柱及工作台绕 Z 轴的扭转，但相位相反；第 4 阶的振型为并联主轴头及工作台绕 Z 轴的扭转。

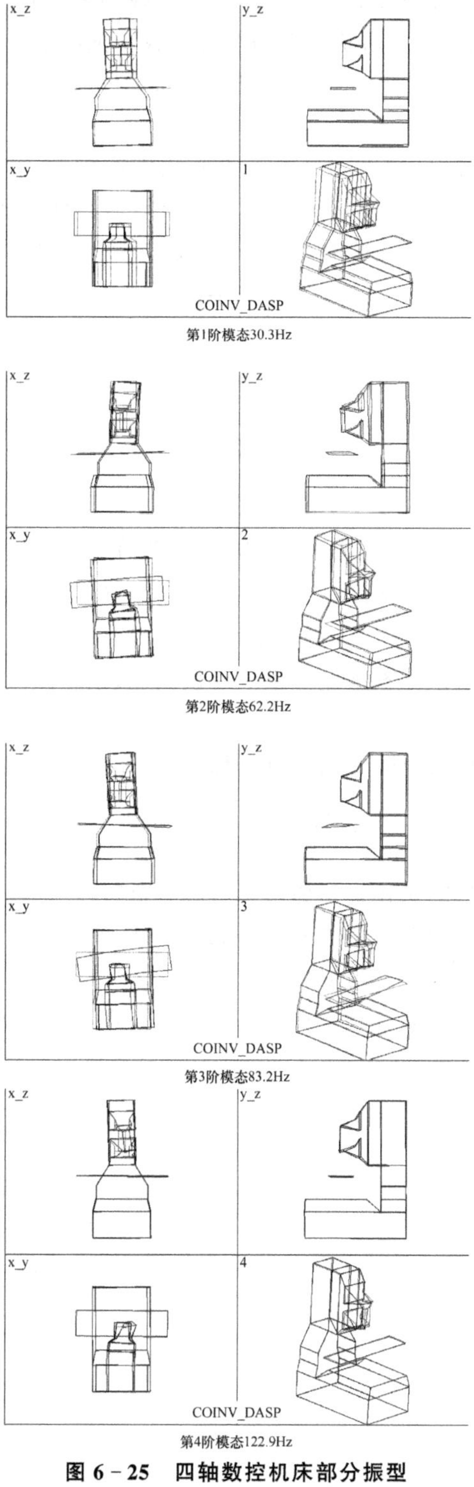

图 6－25　四轴数控机床部分振型

习 题

6-1 如果实验中无法得到近似自由状态的软支撑边界条件，可否由已知的支撑刚度来修正实验结果，进而得到系统在自由状态下的模态参数？试以单个支撑为例进行分析。

6-2 分析单自由度系统的单位脉冲响应函数和单位阶跃响应函数的频谱，由此评价脉冲和阶跃激励适用于振动实验的场合。

6-3 把电磁激振器简化为如图 6.1 所示两自由度系统，其中 m_1 是激振器内可动部件的质量，k_1 是它与外壳间支撑弹簧的刚度，m_2 是外壳和不动部件的质量，k_2 是安装刚度。讨论该激振器用于单自由度系统振动实验时，安装刚度 k_2 对频率测量结果的影响。

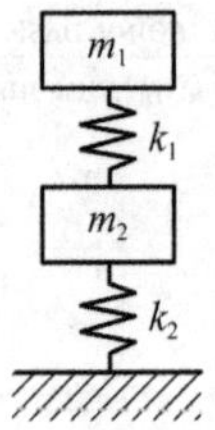

图 6.1 习题 6-3 用图

6-4 已知一信号的最高频率成分为 128 Hz，现采集 1 024 个数据进行分析 FFT 处理。试选择适宜的采样频率，并由此确定分辨频率及采样周期。

6-5 时域中 n 个实值采样数据经傅里叶变换为频域中 n 个复数，试指出复数序列中不独立的成分。

6-6 对下述窗函数作傅里叶变换，讨论窗的宽度 $2T_0$ 对傅里叶幅值谱的影响。

$$\omega(t)=\begin{cases}1 & (|t|\leqslant T_0)\\ 0 & (|t|>T_0)\end{cases}$$

6-7 对信号加窗的目的是什么？加窗是否总有益？

6-8 若一系统可化简为单自由度系统并已测得其频响函数 $H(\omega)$，试列举三种以上的图解方法来确定系统的固有频率和阻尼比。

6-9 一悬臂梁的前三阶固有频率在 0～200 Hz 频带内。试设计一宽频带激励的振动试验来测定梁的前三阶模态参数。

参考文献

[1] 胡海岩. 机械振动基础[M]. 北京：北京航空航天大学出版社，2005.

[2] 杨可桢，程光蕴，李仲生，等. 机械设计基础[M]. 北京：高等教育出版社，2020.

[3] 张策. 机械动力学[M]. 北京：高等教育出版社，2008.

[4] Yusuf Altintas. Manufacturing Automation[M]. New York：Cambridge University Press，2011.